福岡
佐賀
長崎
大分
熊本
宮崎

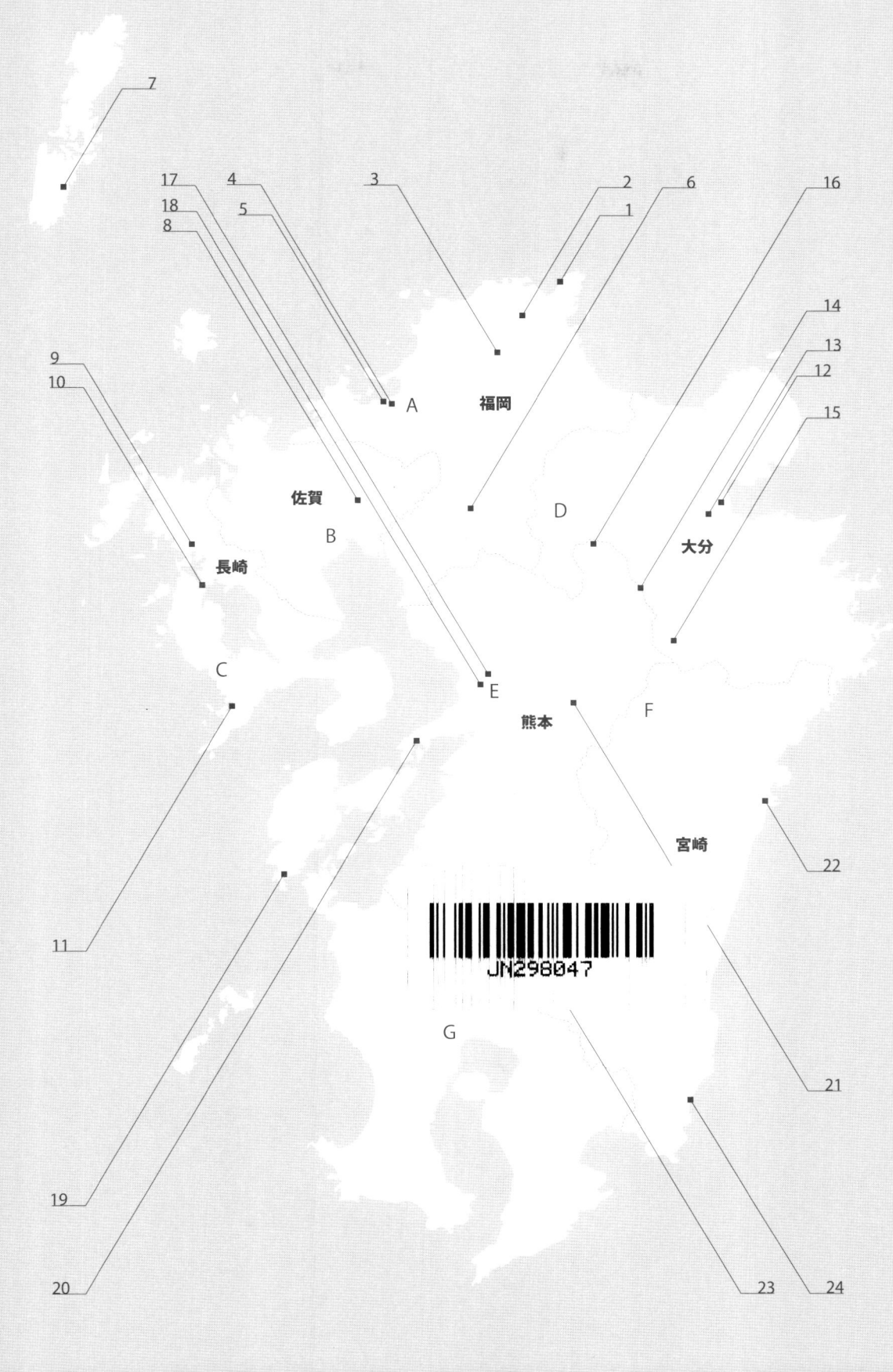

A B C D E F G
1 2 3 4 5 6 7 8 9 10 11 12 13 14 15 16 17 18 19 20 21 22 23 24

風景のとらえ方・つくり方

九州実践編

小林一郎 監修
風景デザイン研究会 著

共立出版

まえがき

　2006年7月14日（偶然ですが，フランス革命記念日）に，九州に風景デザイン研究会が発足しました．その趣意書に，「豊かな自然と人の情けに溢れる故郷を再び取り戻すためには，まずその器である公共空間を守り，育てることが大切です．人々が暮らす場所こそが，心地よく整えられておく必要があります．」と書きました．単に人目を引く構造物を設計することに腐心するのではなく，地域づくりに，官民学が一体となって取り組むことが必要であると思います．幸い，私たちの考えに100名以上の方が賛同していただき，少しずつではありますが，実践活動も始まっています．

　「風景デザイン」とは何か．これは，なかなか簡単に答えられません．各人各様の思いの総和だからです．ただし，基本的に全員が了解すべき用語やものの見方は，共有しておいたほうが良いはずです．本書は，そのような認識のもとに書かれました．2通りの読者を想定しています．①大学の初学者も含め，風景デザインに関心を持つが，知識や経験のない方．②官民の技術者で，実際に公共空間の設計に関連した業務を担当している方．私たちが，両方同時に書くことの必要性を感じたのは，風景デザインとは現場なしには考えられないからです．デザインの実践と暮らしの実践は双方向で影響を及ぼし合います．つまり，風景の「とらえ方」と「つくり方」は不可分であり，実践を通して各自の能力を涵養するしかないと考えています．

　本書のタイトルに「九州実践編」と付け加えました．風景デザインは，少数の優れたデザイナーによってできるものではありません．住民を中心とした多くの人々が，子供や孫たちの時代に実現する地域づくりを志し，実践することです．本書の後半は，まさしく九州実践編です．しかし本書は，九州在住でない方にこそ手にとってほしいと思っています．ぜひとも有志を募り，「関西奮戦記」や「東北健闘史」などが次々と世に出ることを願ってやみません．

2008年10月

小林　一郎

執筆者一覧

小林　一郎（熊本大学大学院自然科学研究科　教授／現在：熊本大学　名誉教授）
日野川橋詰広場，白川緑の区間，曽木の滝分水路等のデザイン指導を行う．

島谷　幸宏（九州大学大学院工学研究院環境都市部門　教授）
板櫃川多自然川づくり，石井樋復元事業，アザメの瀬湿地再生などを行う．

樋口　明彦（九州大学大学院工学研究院　建設デザイン部門　准教授）
嘉瀬川本ダム・副ダム，厳原大町通り街路，遠賀川河川敷等の景観設計を行う．

仲間　浩一　九州工業大学工学部 建設社会工学科　教授／現在：（一社）リージョナル
　　　　　　インタープリテーション協会代表理事
小国町「杖立温泉景観整備基本計画」策定，世界遺産登録暫定リスト「宗像・沖の島と関連遺産群」包括的管理保存計画，山国川青地区河川改修事業などを行う．

吉武　哲信（宮崎大学工学部土木環境工学科　准教授／現在：九州工業大学大学院　工学研究院　教授）
新日向市中心市街地活性化基本計画策定委員会委員，宮崎県西都城駅前広場検討委員会委員，日南市油津地区・都市デザイン会議委員などを務める．

柴田　久（福岡大学工学部社会デザイン工学科　准教授／現在：同　教授）
警固公園のデザイン，大分県昭和通り・交差点四隅広場再整備，津久見川激特事業の景観設計などを行う．

田中　尚人（熊本大学大学院自然科学研究科　准教授／現在：熊本大学大学院先端科学研究部　准教授）
天草市﨑津・今富地区文化的景観整備，通潤用水下井手水路の改修，菊池市かわまちづくりなどを行う．

星野　裕司（熊本大学大学院自然科学研究科　准教授／現在：熊本大学くまもと水循環・減災研究教育センター　教授）
熊本駅周辺都市デザイン，白川緑の区間，加久藤トンネルなどの景観設計を行う．

高尾　忠志（九州大学大学院工学研究院建設デザイン部門　学術研究員／現在：一般社団法人地域力創造デザインセンター　代表理事）
長崎駅，出島表門橋・公園，長崎まちなか夜景，長崎市庁舎，西鉄柳川駅，五島列島・久賀島景観まちづくり，由布院・湯の坪街道 潤いのある町並みの再生等を行う．

石橋　知也（福岡大学工学部社会デザイン工学科　助教／現在：長崎大学大学院　工学研究科　准教授）
星野川災害復旧助成事業，波佐見町文化的景観の取り組み，宗像市大島港景観設計などを行う．

目　次

まえがき ……iii
執筆者一覧 ……v
目　次 ……vii

第1部　風景のとらえ方 ——————————— 1

第1章　人と活動 …… 3
- 1.1.1　風景について …… 4
- 1.1.2　景観把握モデル …… 8
- 1.1.3　視覚と景観 …… 12
- 1.1.4　モノのカタチ …… 16
- 1.1.5　空間のスケール …… 20
- 1.1.6　風景の使い心地 …… 24
- 1.1.7　体験する風景 …… 28
- 1.1.8　風景とイメージ …… 32
- 1.1.9　住民参加の風景づくり …… 36
- 1.1.10　風景の規範 …… 40

第2章　人と空間 …… 45
- 1.2.1　自然地理条件 …… 46
- 1.2.2　地形と土地利用 …… 50
- 1.2.3　自然に則した暮らしの景 …… 54
- 1.2.4　地形の「つくり」 …… 58
- 1.2.5　近世城下町の都市計画 …… 62
- 1.2.6　近代都市計画の導入 …… 66
- 1.2.7　機能の読み解き …… 70
- 1.2.8　暮らしの「しつらえ」 …… 74

第3章	風景の読み解き	79
1.3.1	博多　複眼都市の楽しみ	80
1.3.2	長崎　地形という器	84
1.3.3	佐賀　低平地のしつらえ	88
1.3.4	日田　水郷の営み	92
1.3.5	熊本　二層の流れ	96
1.3.6	高千穂　農林業の暮らし	100
1.3.7	鹿児島　往還からの眺め	104

第2部　風景のつくり方 ——— 109

第1章　演習のポイント ……… 111
- 2.1.1　シャレットという取組み ……… 112

第2章　プロセス解題 ……… 123
- 2.2.1　石井樋 ……… 124
- 2.2.2　加久藤トンネル ……… 132
- 2.2.3　白川「緑の区間」 ……… 140
- 2.2.4　杖立温泉 ……… 148
- 2.2.5　厳原町大町通り ……… 160
- 2.2.6　駅周辺の都市整備 ……… 170
- 2.2.7　児童参加の広場づくり ……… 178
- 2.2.8　遠賀川リバーサイドパーク ……… 186
- 2.2.9　湯の坪街道周辺地区景観計画 ……… 192

第3章　事例編 ……… 201
- 2.3.1　白水溜池堰堤 ……… 202
- 2.3.2　河内貯水池堰堤 ……… 204
- 2.3.3　河内貯水池周辺の施設空間 ……… 206
- 2.3.4　三角西港 ……… 208
- 2.3.5　やまなみハイウェイ ……… 210
- 2.3.6　西海橋 ……… 212
- 2.3.7　鮎の瀬大橋 ……… 214
- 2.3.8　牛深ハイヤ橋 ……… 216

2.3.9 朧大橋 …………………………………………………… 218
2.3.10 イナコスの橋 ………………………………………… 220
2.3.11 門司港レトロ ………………………………………… 222
2.3.12 日向市駅周辺地区 …………………………………… 224
2.3.13 日南市油津地区 ……………………………………… 226
2.3.14 長崎水辺の森公園 …………………………………… 228
2.3.15 福岡市けやき通り …………………………………… 230
2.3.16 日野川橋詰広場 ……………………………………… 232

ブックガイド　　……234
索　　引　　　　……236

第 1 部

風景のとらえ方

　第1部は，初学者（大学1，2年生）を対象とし，最低限の景観工学に関する用語の紹介と風景の「読み解き方」の視点を示しました．
　最初の2章は合計18節あるので，1回2節ずつで1学期分の講義内容に対応しています．第1章は，風景を眺める人間に焦点をあてて，さまざまな知見をまとめました．第2章は，人々を取り巻く空間の側から風景について説明を試みています．これらの章を通して，デザインとは，各自の好みで行うことでもなければ，出来の良くない構造物を化粧で誤魔化すことでもないということが判るはずです．大半の人にとってモノの見え方は同じであり，空間の心地よさの基準はそれほど変わりはないのです．
　第3章では，九州の代表的な都市や地域を事例に，7人の筆者が「風景のとらえ方」の着眼点を示しました．各人の個性と対象地の特徴が相まって，それぞれに興味深いものになっています．応用問題として，皆さんも自分の出身地やお気に入りの地域の読み解きに挑戦してみてください．

第 1 章

人と活動

1.1.1 風景について

星野裕司（熊本大学）

　学校や会社へ行くために，扉を開けて外に出る．もう，そこに風景は広がっている．外へ出る必要もないかもしれない．朝，目を覚まして，カーテンを開ける．窓の向こうに見えるものが風景である．このように，風景とは観光地などにある特別なものでは決してなく，私たちの暮らしの中で，とても身近に存在しているものなのである．この第1部では，そのような身近にある風景を，気づき，語り合い，大切にするために必要な考え方を紹介する．まずは，風景という言葉について考えることからはじめよう．

風景という言葉

　「風景」，「景観」，あるいは，「景色」，「情景」，「光景」など，「けしき」を表す言葉はさまざまとある．これらの言葉の違いを正確に定義することは大変難しいが，とりあえず「風景」と「景観」という言葉について考えてみよう．『漢和大辞典』（学研）によれば，「景」という字は，「日光によって生じた明暗のけじめ．明暗によってくっきりと浮きあがる形」を表す．この文字を核として，「風景」では，動きや時間をイメージさせ，体に直接働きかけるような「風」が，「景観」ではそのような対象を観るという具体的な行為がつけ加えられている，とイメージしてよいだろう．ニュアンスの違いとして理解すれば，「景」と「人」の関係が，「風景」のほうが混然としており，「景観」のほうが明快に切り離されているということとなる．いずれにせよここでは，光に照らされた環境の中に人がいる，そこに風景（景観）が成立するのだと，とりあえず考えておこう．

　しかし，ここで私たちが確認しておかなければならないのは，上のような言葉の多様性は，決して定義の不明瞭さを示しているのではないということである．よく知られたことだが，日本語では，雨をさまざまな言葉で表現する．「時雨」，「五月雨」，「秋雨」，「夕立」，「驟雨」など．私たちは，このような言葉で，量や降り方，季節によって異なる雨の違いを，丁寧に表現し共有する．雨の多い日本の気候に由来するものだろうが，対象に対する繊細な感性を多様な言葉で表現しているのである．同様に，「けしき」に関する言葉が多いことも，私たちは長い時間をかけて，「けしき」に関する感性を繊細に育んできた結果なのである．

風景をみる視点

　このような風景に対して，中村は「地に足をつけて立つ人間の視点から眺めた土地の姿」と明快に定義を与えている[1]．この定義の含意を具体的に確認するため，二つの写真を見比べてみたい（写真1）．これらはともに，筆者が所属する大

学周辺を写した写真だが，左は航空写真で，右は河川敷から遠方を写した写真である．結論から述べよう．左は風景ではなく，右が風景である．ともに「土地の姿」を写したものであるのに，なぜ，異なるのか．とても単純なことだが，視点が違うのである．

つまり，右が「地に足をつけて立つ人間」の視点（アイレベルという）から眺めた「土地の姿」なのだ．この単純な違いによる影響は大きい．左の写真では，大学や大きく蛇行した川，川沿いに広がる住宅街，マンションなど近傍にある要素が等しく写っている一方で，この範囲の外にある要素は一つも写ってはいない．右では，大学が撮影者の背後にあるため写っていないように，近くにあっても写っていないものが多いと同時に，何キロメートルも離れた山並みまで遠望できる．

ここに，風景の面白さがある．近くのものは大きく，遠くのものは小さく見える．また，見えるものは遠くまで見えるが，見えないものは近くでも見えない．その結果，右の写真で遠くの山並みと近くの河川敷に何となく連続性を感じてしまうように，地図上ではまったく無関係であっても，見えるもの同士の間で，何らかの関係が生じてしまう．また，見る場所を少し変えるだけで，見えているものが失われ，代わりに見えないものがあらわれる．その風景は，一瞬前の風景とはまったく異なるものとなるだろう．このように，風景のおもしろさとは，「人」が「土地」の近いところにいるために，双方の微妙な関係によって，新たな意味が生まれたり，劇的に変化したりすることなのである．

景観の類型[2]

風景は，このように曖昧模糊とした様相を持つが，多少客観的に（すなわち「風景」というよりは「景観」として）見た場合，いくつかのタイプ（類型）が存在する．代表的なものは，「シーン景観」と「シークエンス景観」といわれるものである．「シーン景観」とは，まさに「絵のような風景」といわれるような，固定した視点から見られる景観である．先に分析した，河川敷の土手からの風景も，写真として表現される限りにおいて，「シーン景観」である．一方，視点が動くことによって変化する景観のひとまとまりを「シークエンス景観」という．歩きながら，車に乗りながら，体験する景観である．人は動いているのが普通であるし，ジッと止まっていても眼球は細かな動きを継続しているから，この「シークエンス景観」のほうが一般的で，「シーン景観」はその特殊な場合と考えることもできる．ただ，縁側からぼんやりと庭を眺めている場合と，車窓から流れゆく風景を目に映している場合を比較すれば，その両者にまったく異なるものを感じるだろう．これも，風景が「地に足をつけて立つ人間の視点から眺めた土地の姿」

写真1 熊本大学工学部周辺（左：航空写真，右：白川河川敷から金峰山を望む）
写真左は国土交通省熊本河川国道事務所による（2004年3月撮影）

であることの効果である．「シーン景観」では目に映る要素の関係性が印象に残り，「シークエンス景観」では移りゆく景観の変化がより印象に残るのである．

風景の評価

ここで問題となるのは，人と土地との繊細な関係によって，さまざまに味わいを変える風景に対して，良い／悪い，あるいは，美しい／醜い，などという評価を客観的に下すことができるか，ということである．この問題はとても難しい．むしろ，この教科書を読む読者が，第1部の知識や第2部の実践を通して，自ら考えるべきものかもしれない．ただ，問題を先送りにするだけでは建設的ではないので，その問題を次のように設定してみよう．すなわち，風景は共有できるのか，というものである．たとえば，土地の条件をよく読み込んで建設され，丁寧に維持されてきた棚田の風景．これを，私たちは日本の典型的な風景として，共有できるのではないだろうか．

あるいは，パリのエッフェル塔のように，建設当時は伝統的な風景を破壊するものとして大きな問題を引き起こしたものも，歴史を重ねることで，いまや，パリを代表する風景として人々に共有されている．このように，ときを経て共有されるものもある．そもそも，先に紹介した「けしき」を表すさまざまな言葉も，風景に対する微妙な感性を正確に表現したいという願いと，それを人々の間で共有したいという願いの相克が，あのようなバリエーションを生んだのであろう．

さて，このような風景の共有の問題に対して，小林が提案した，橋梁を対象とした「特異点探索」という景観調査の手法は参考となる[3]．この手法の由来は，

写真2　汐井川・堂山橋梁（旧宮原線）と涌蓋山（わいたさん）
学生による特異点探索の結果．背後の涌蓋山（小国富士）を引き立てる双子の橋

写真3　白水堰堤（大分県竹田市）
昭和の建設だが，この美しい造形には，わが国に育まれた風景への繊細な感性が反映しているのではないだろうか

　小林がフランスで石橋の調査を行い，石橋ばかりに気をとられて写真を撮っていたときに，ある老人から，「あの橋の写真なら，ここから撮りなさい」と言われた，まさにその場所からの風景がとてもすばらしかったという個人的な体験によるものだ．フランス人はそのような場所を「point singulier（特異点）」といい，大切にしているらしい．これも共有された風景があることの実例である．この「特異点探索」において小林が強調するのは，まず，その橋のある環境の歴史や地形，風土や生活などをよく理解すること，次に，橋の周りをよく歩き回り，一歩の違いで変わる風景に対して敏感となること，そして，この調査をできるだけ複数の人々で行い，まず個人の特異点を探し，その後，それらを持ち寄ってよく議論し，グループの特異点を探し出すこと，である．そうすれば，おのずとその橋の特異点は決まってくるというのである（写真2）．

　これはいわば，積み重ねた「シークエンス景観」から，少数の「シーン景観」を抽出するものであると考えられるが，その土地の風土への理解や，繊細に移り変わる風景への感性，他者との語り合い，それらに基づけば，個人の主観を超えた共有される風景が発見できるのだ，ということをその思想的な根拠としているのである．

参考文献
1) 中村良夫：「風景学入門」，中公新書，1982．
2) 篠原修編：「景観用語辞典 増補改訂版」，彰国社，2007．
3) 小林一郎：「風景の中の橋」，槙書房，1998．

1.1.2 景観把握モデル

柴田 久（福岡大学）

風景の構造を共有する基礎ツール

　前節で風景とは「地に足をつけて立つ人間の視点から眺めた土地の姿」であり，個人の主観を超えて共有されることが述べられた．では，そうした風景の構造をいかに発見し，読み取っていけばよいのだろうか．ここではその手掛かりとなる有用な方法論として，「景観把握モデル」の存在について述べておこう．

　篠原は景観を構成する要素として，「視点」，「視点場」，「主対象」，「対象場」を挙げ，それらの関係性によって景観現象を捉える「景観把握モデル」を提案している[1]．図1はモデルを図式化したものであるが，この図の存在によって，それまで感覚的で捉えにくかった景観現象の構造を工学的に議論できる土俵が作られたと言ってよい．特に複雑で主観を含まざるを得ない景観に対し，計画・設計者がより的確に景観現象の操作性ならびにその理解を促す指標として，本モデルは重要な意味を持っている．現在，景観把握モデルは景観の設計や計画，評価のための基礎ツールとして一般的である．また後述する「視点場」は景観計画や設計の現場において，関係者間の意識共有を図るデザインボキャブラリーとしても活用されている．ここでは篠原の提示した視点，視点場，主対象と対象場の考え方を解説しながら，景観把握モデルの意義について考えてみよう．

視点

　景観を把握する主体は「人間」であり，視点とは景観を眺める人間の「位置」である．特に視点がどの場所に位置するかによって，眺められる景観の性質は大きく異なってくる．なぜならば視点の位置によって「可視領域（どの範囲が見えているか）」や視点と対象との距離「視距離」が変化し，それぞれまったく別の景観現象が把握されるからである[2]（これらについては1.1.3節「視覚と景観」で詳述する）．

　たとえば，ある地域に大規模な建造物が建てられるケースを想定してみよう．まず設計対象となる建造物が，周囲に住む人々にとって重要な視点から見える範囲にあるかどうかは，その地域の景観を考慮するうえで重要な問題となる．つまり，視点の位置によって，可視領域の大きさ，建造物の見え方は異なり，そのことが建造物だけでなく周辺空間をも含めた景観設計上の制約条件となり得る[3]．また後述する主対象と視点の位置によって相互の関係が決まることで，その対象自身の見えのかたちも決まることになる．

　前節でもふれたように，小林は最も印象的な見えのかたちが得られる視点を「特異点」とし，主対象と周囲の環境の調和が見事な「全域的特異点」と複数の

「局所的特異点」を提案し，景観設計における視点位置の重要性を指摘している[4]．このように視点は，景観現象を構造的に捉えるうえで欠かせない要素であるとともに，その位置をどこに設定するかが景観に対する重要なデザイン行為につながることを覚えておきたい．

視点場

視点場とは，視点の存在する空間（視点近傍の空間）であり，景観設計や景観計画を考えるうえで基本的，かつ最も重要な検討項目である．視点場をどの位置に，どのような空間環境で設定するかによって，眺められる対象の見え方が変わるだけでなく，印象的な景観として感じられるかどうかが決まってくる（写真1）．たとえば，視点場からの視線を一定方向に向けることで，その地域や場所のランドマークを効果的に見せる「ヴィスタ」（写真2）や「山アテ」が景観設計の手法として挙げられる．また，視点場からの眺望を一定範囲におさめることで，地形や美しい遠景などを生けどる「借景」は庭園技法としてもよく知られている（写真3）．

特に，視点場が居心地の良い空間になり得ているかどうかは，快適な景観体験に欠かせない項目の一つである．たとえば，風景写真を撮ろうと展望台を訪れた際，手入れのされていない雑木がそこからの見晴らしを阻害している経験をお持ちではないだろうか．さらに見晴らしは十分であっても日差しが強すぎてすぐにそこから立ち去ってしまうケースも往々にしてある．つまり，視点の位置（高さ）は十分であっても，眺める対象がよく見えるように視点近傍の空間，つまり視点場がいかなる空間的状況（身体感覚的な居心地）を呈しているかが重要なのである．これについては1.1.6節で詳しく解説される．

主対象と対象場

天野によれば「主対象」とは，景観の性格を規定し，他の対象を景観的に支配している対象（群）とされている[3]．またそれら主対象によって橋梁景観，道路景観などと区別して呼ばれることも多い．さらに「対象場」とは，眺められる対象群から視点場と主対象を除いたすべての対象である．つまり，「対象場」とは景観の中で主役となる要素を浮かび上がらせるための背景といえる．ここで取り上げておきたいのは，川沿いの護岸や街路などの路面舗装にしばしば挿入される派手な絵模様の評価である．景観に配慮するということが，単に絵を描くことや舗装の色を統一するといった，いわば「お化粧」と誤解されることが未だに少なくない．景観設計や景観計画では，水辺における人の親水行動，オープンスペースに集う人々の振舞いなど，これら景観の主役を引き立たせる「背景のデ

ランドマーク
灯台や鉄塔といった，その地域や場所の目印になる建物，モニュメントなどを指す．地域を象徴するシンボル的な存在として，山岳などの自然地形や大木なども景観設計上，重要なランドマークになり得る．ケヴィン・リンチは都市のイメージを構成する要素の一つとしてランドマークを挙げている．

山アテ
周辺にある魅力的な山や天守閣に街路等の方向を合わせることで，特徴的な景観を形成させる手法．山アテは目印となる山との視覚的関係から自己の位置を確認する方法であり，地域のアイデンティティを保持した景観設計手法の一つとして有効である．

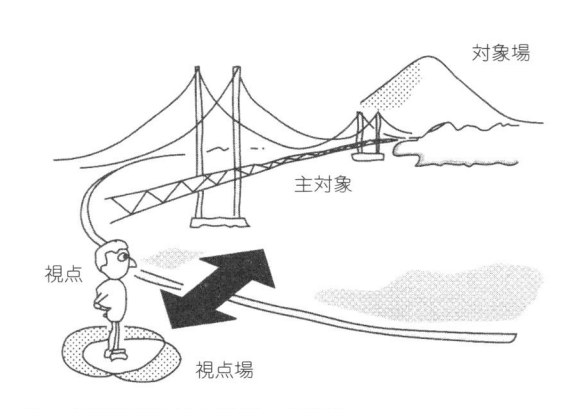

図1 景観把握モデル（出典：文献3）　　　　**写真1** 視点場の例　七ツ釜（佐賀県唐津市）

ザイン」が重要なアプローチとなる．すべてのものをデザインの対象として手を加えるのではなく，ときに「デザインしない」というデザインのあり方も求められるのである．

景観把握モデルの主体

篠原の景観把握モデルに対する広義の解釈として星野は，景観を体験している主体（モデル中の「視点」となる人）と，いわば図1を眺めている我々のように，モデルを外から眺める（モデルには含まれない）主体の存在について言及している[5]．つまり，そうした主体をモデルの外に置くことで，景観を体験している主体の活動や行為を含めた景観把握の重要性を示唆している．主対象や対象場といった，いわゆる「モノ」のデザインだけでなく，人々が視点場において，いかに心地良く過ごすことができるかは風景デザインの重要な検討項目といえる．

つまり，図1を見て主対象や対象場さらには視点場で，さまざまに繰り広げられる人々の活動が想像できるはずだ．さらに，写真1のように楽しげに座る複数の利用者を想定してみよう．人と「モノ」の関係だけでなく，人と人との関係も大切である．風景デザインにおいては，「モノ」と「コト」は分けることはできない．

景観把握モデルの活用意義について

これまで景観把握モデルについて解説してきたが，景観設計や景観計画において主対象となる山や河川などの自然地形，高層ビルなどの既存建造物の造形をすべて変えることは到底できない．また，良好な景観を創出するために，他の

写真2　ランドマークを象徴的に見せるヴィスタ景(福岡タワー)　　写真3　仙巌園(鹿児島市)桜島を借景とした磯庭園

　都市計画やまちづくりのすべての方針を変更することも難しい．覚えておきたいのは，景観の設計や計画が対象物自体の造形を直接デザインするだけではないこと，さらに道路舗装といった建造物の表層部分や建物高さを統一することのみで，景観整備が実現するものと捉えてはならない点である．景観設計において重要なのは，対象が美しく見える「視点場」をいかに探索・計画・設計し，魅力ある景観を人々に体験させることができるかである．次節でふれる俯角，仰角といった景観の構図に関わる論点は，「視点」と「主対象」との関係によって提起され，景観評価は「視点場」の空間的状況から多分に影響を受けることになる．篠原の景観把握モデルには，そうした景観現象全体を捉えるデザイナーの考え方が隠れているといっても過言ではなかろう．無論，実際の景観設計の現場ではこれら景観把握モデルによる検討のみに終わらず，他節で述べられるさまざまな設計手法や分析概念とともに本モデルが活用される必要がある．つまり，景観把握モデルは，現場ごとに異なる景観を読み解き，良好な景観設計につなげていく必携の「ものさし」として，その活用が期待できよう．

参考文献

1) 土木学会編，篠原修著：「土木景観計画」，新体系土木工学，技報堂出版，1982.
2) 中村良夫：NHK人間講座「風景を愉しむ 風景を創る」，日本放送出版協会，2003.
3) 篠原修編：「景観用語事典(増補改訂版)」，彰国社，pp.30-35，2007.
4) 山下真樹・小林一郎・増田剛士・橋本淳也：「橋梁景観の評価と設計への特異点概念の利用」，構造工学論文集，pp.615-622，1999.
5) 星野裕司：「状況景観モデルの構築に関する研究―明治期沿岸要塞の分析に基づいて―」，東京大学学位論文，2005.

1.1.3 視覚と景観

柴田　久（福岡大学）

視覚を中心とした景観指標

　風景画を数多く残したフランスの画家セザンヌは「画家には二つのものがある．それは眼と頭脳である」と述べ，題材とした自然をよく「見ること」，そして頭の中にある自らの感覚によって自然を「読むこと」の大切さを説いた[1]．人間は触・臭・聴・視・味の「五感」を備えているが，景観を論じるうえで最も重要な感覚として「視覚」が挙げられる．「視覚」は本書で論じられている景観工学のみならず，心理学や人間工学などの幅広い分野において研究されている．ここでは先行研究の成果を紹介しながら，景観に対する視覚に関連した指標について解説していこう．

視野

　視覚と似た言葉に「視野」がある．「視野」とは医学の分野で，眼球を固定したときに視覚が成立する範囲として定義され[2]，いわば人間が対象を眺める際の「見えている範囲」と位置づけられる．心理学者ギブソンによれば，注視点（見ている中心点）を静止して固定した場合の両眼の視野は，左右各々ほぼ60度，上で70度，下で80度とされる[3]．またゴールドフィンガーや芦原によれば，人間の視野は上下でほぼ60度の頂角を有する円錐（コーン）とされ[4]，視知覚特性の簡便な指標として用いられている[5]（図1）．

　無論，人は普段，眼球や首を瞬時に動かして対象を眺めており，視野の範囲がそのまますべての景観設計に有益な知見となり得るわけではない．しかし，景観現象を捉えるのは言うまでもなく人間であり，その基本的な視知覚特性や身体機能の限界を認識しておくことは，人間に適した（人間の存在を忘れない）空間規模や景観設計の解を導く基礎知見として重要である．

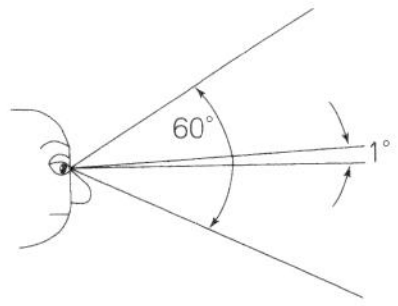

図1　視野60度コーン説
（出典：文献5）

仰角・俯角

　景観現象は透視形態（見えのかたち）として捉えられるため，視線の角度は重要な前提条件となる．つまり，景観として対象群がどのような構図（コンポジション）で見えるか，また個々の対象がどのくらいの大きさで見えるかは視線の角度に大きく依存する．景観設計においては視線角度を基本的な指標として用いることも多く，特に視点の高低差によって対象をどのように望むかの鉛直方向の指標として「仰角」と「俯角」が挙げられる．

　「仰角」は対象を見上げる際の視線の水平に対する角度であり，対象に対して視点が低い場所に想定される角度である．これに対し，「俯角」は対象を見下ろ

す際の視線の水平に対する角度であり，展望台からの眺めといった，視点が対象よりも高い場所に想定される角度である．またこれらの角度による眺めをそれぞれ「仰瞰景」，「俯瞰景」と表現することも多い．

仰角・俯角の大きさと視覚的快適性

景観を眺める人間にとって，仰角や俯角がいかなる大きさになるかは，景観に対する視覚的な印象や快適性を左右する重要な指標である．たとえば，俯角に関してドレイフェスは，人間の立った姿勢での標準的な視線の方向は水平より10度下，さらに座った姿勢での視線は水平よりも15度下にあり[6]，俯角にして0度～30度の領域を「ディスプレイに最適な領域」との調査結果を残している．一方，樋口はこれらの結果を踏まえながら，俯角にして10度近傍が人間にとって見やすい領域であり，これを俯瞰景における中心領域と定義した[7]（図2）．

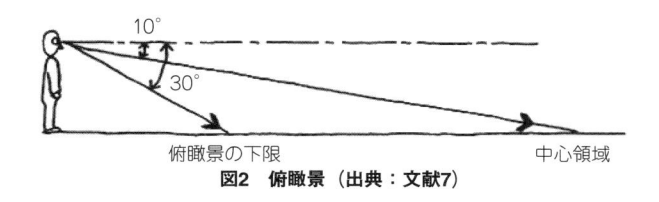

図2 俯瞰景（出典：文献7）

私たちが風景を眺めるとき，俯角以上に仰角が重要である．たとえば，多くの人々が生活する低平地からその土地固有の山岳に対する眺めを考慮する場合や，高層ビルが建ち並ぶ都市内街路など，仰角によって対象と視点との景観的関係が捉えられる．中村によれば，風景の「見やすい大きさ」は5～6度くらいが限界とされている[8]．私たちが，腕を伸ばしたときの拳骨の見えの大きさが約10度くらいであり，風景を眺める「ほど良い」仰角を探るときの簡単な目安となるだろう（図3）．またスプライゲンの研究成果によれば，壁面に対する仰角の場合，45度（1：1）で完璧な囲まれ感（囲繞感），18度で囲まれている感覚の最小値，さらに14度で囲まれ感覚は消失するとしている[9]（図4）．

可視・不可視

地上からの眺めとされる景観の重要な指標として，地表の起伏によって生じる可視領域と不可視領域が挙げられる．樋口は見えない領域（不可視領域）の視覚的特性について「不可視深度」を設定し，景観を分析するうえでの有効性を示唆した[7]．不可視深度とは，手前の地形や建物などの障害物によってどの程度見えない部分があるかを垂直方向の深さで表そうとするものである．図5を見てほしい．ある地点の視点から不可視領域におけるA，B，C地点の不可視深度はD_A，

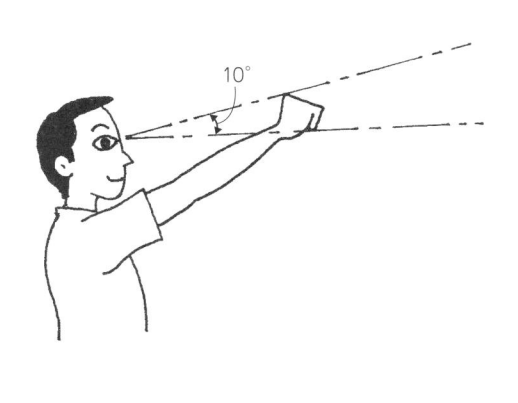

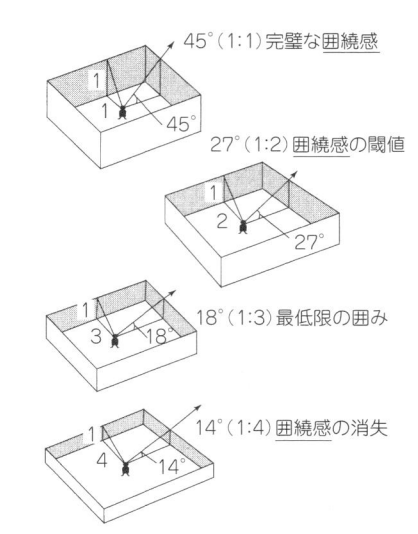

図3　拳骨の見えの大きさ（出典：文献8）　　　図4　囲みの感覚と仰角（出典：文献5）

D_B, D_Cとなる．不可視深度は景観計画や景観アセスメント，ならびに大規模建造物などの開発許容制限を考えるうえでも重要な指標となる[5]．たとえば山辺に大規模建造物が建てられるケースでは，あらかじめ不可視深度を考慮しておくことで，背後に見える山の眺望を阻害しない建築物の高さや向き，容積変更を検討できる．また借景庭園などは，庭の築地塀の高さを不可視深度とし，庭園からすぐ近くを不可視領域，遠景の山を可視領域として取り込んだデザイン技法として有名である．一方，複数の視点によって可視領域が重なる地点は「見られ頻度」が高い所であり，目立つ場所として特に配慮が必要である[5]．

視線入射角

　視対象を面として捉え，その面の見え方，見やすさを規定する指標に「視線入射角」がある．樋口はギブソンの視空間知覚理論を踏まえ，視線に垂直な面と平行な面との関係を「視線入射角」として設定した（図6）．

　視線入射角は視線が対象（面）となす角度を指し，対象の見やすさや奥行き感，立体感を表す指標として用いられる．たとえば視線入射角が90度の場合，対象は視線と垂直に見えることになり，その角度の変化によって対象の見えの形や立体感は変化する（図7）．主対象を眺める視点場をどの辺りに設定するかを計画する場合，視線入射角は重要な指標となる．視点場からの景観保全を念頭に対象物への視線入射角をあらかじめ考慮し，対象物自体の造形を検討する方法も考えられよう．

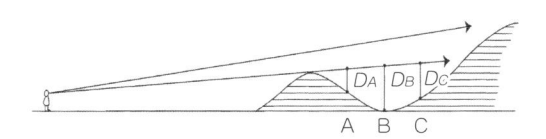

図5 不可視深度の概念図（出典：文献5）

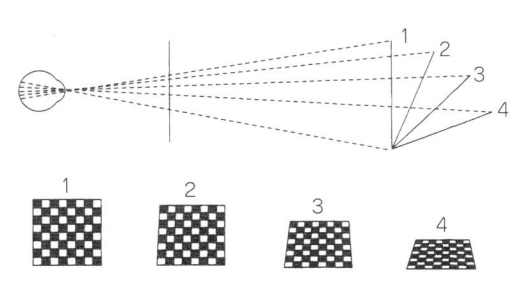

図6 視線入射角の変化による面の見え方（出典：文献5）

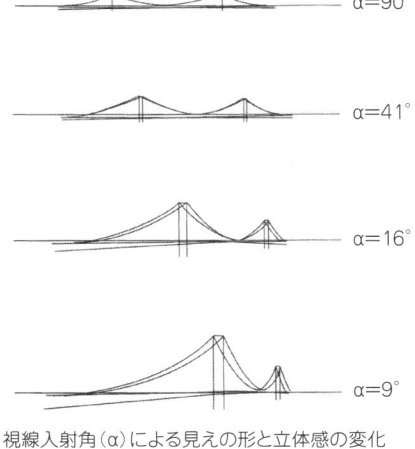

視線入射角（α）による見えの形と立体感の変化
（水平見込角 $\theta=30°$，視点高 $H=$路面）

図7 視線入射角による見えの形と立体感の変化（出典：文献5）

視覚から五感へ

　視覚に関連したいくつかの指標は，目前の景観現象を客観的に分析する手立てとして有効といえる．こうした指標を用いることで，「美しい」という主観を含まざるを得ない景観の設計や評価の妥当性，または根拠をより明確化できるだろう．ただし，視覚を中心とした指標のみで，景観の設計や評価が十分であるといっているわけではない．たとえば自然の多い河川敷に立ったとき，風の心地良さや聞こえてくる水の音が，河川景観としての魅力をより感じさせることはよくある．冒頭でも述べたように，視覚は五感のうちの一つである．視覚的な指標によって景観をさまざまな角度で分析し，その結果を足がかりとして，見えにくくともその場所から身をもって感じられる景観の魅力を捉えることが大切である．

参考文献

1) P.M.ドラン編 高橋孝次・村上博哉訳：「セザンヌ回想」，淡交社，1995.
2) 日本建築学会：「建築・都市のための空間学事典」，井上書院，1996.
3) Gibson, J. J.："*The Perception of the Visual World*", Riverside Express, 1950.
4) Erno Goldfinger：The Sensetion of Space, Arch. Review, Nov., 1941.
　　芦原義信：「外部空間の設計」，彰国社，1975.
5) 篠原修編：「景観用語事典（増補改訂版）」，彰国社，p.42, 2007.
6) Henry Dreyfuss: "*The Measure of men : Human Factors in Design*", Whitney Publication, New York, 1959.
7) 樋口忠彦：「景観の構造」，技法堂出版，1975.
8) 中村良夫：「風景を愉しむ風景を創る―環境美学への道」，NHK人間講座，日本放送出版協会，2003.
9) P.D. スプライゲン著,波多江健郎訳：「アーバンデザイン，町と都市の構成」，青銅社，1966.

1.1.4 モノのカタチ

星野裕司(熊本大学)

　たとえば，小物を入れる箱でもいい，何かのモノを設計する場合を考えてみよう．私たちはスケッチなどをしながら，四角くしようか，丸くしようか，色は黒くシックにしようか，派手な赤なんかもよいかも，とか，木で作ろうか，紙で作ろうか，など，さまざまなことを悩みながら決めていく．このようなちょっとしたモノの設計にも，複雑な思考を必要とするが，簡単に言えば，私たちが決めていくのは，形(四角か丸か)，色(黒か赤か)，材料(木か紙か)の三つである．逆に言えば，設計とはこの三つを決めることだ．これらの要素について，基礎的な考え方を紹介していこう．

図と地

　形とは視覚によって知覚される「モノの見え方」なのだが，それを深く追求する学問を「ゲシュタルト心理学」という．「ゲシュタルト」とは，ドイツ語の「形状・図形」を意味する言葉で，この心理学においては，「対象を知覚する際の形態の有する秩序」を意味している．

　美術の教科書などにも載っている，「ルビンの壺」というよく知られただまし絵がある(図1)．この図の白い部分を一つの形としてみれば，装飾的な壺が現れ，黒い部分を形としてみれば，2人の人物が顔を寄せ合った様子が現れる．これは反転図形と呼ばれるものだが，どちらの絵に見えるにせよ，形となるものと背景となるものの二つが，この図の中に見えるということは共通している．形となるものを「図(ず)」，背景となるものを「地(じ)」とゲシュタルト心理学では定義し，モノの見え方の基本的な概念としている．「ルビンの壺」が教えてくれる大切なことは，形を知覚するときに必ず現れる「図」と「地」は，固定された関係にあるのではなく，相互に関係し合うことで形を表すということである．

　形は一つのモノの属性によって決まるだけではなく，いくつかの要素の関係によって決定される．これを，さらに一般的に展開した法則に「群化」というものがある．具体的には，近いものは一つのグループに見えるという「近接」，似ているものはまとまって見える「類同」，閉じた領域は一つに見える「閉合」，人はできるだけ簡単に見ようとする「簡潔性(良い形)」などである．この法則は，決して2次元の図形にのみ適用されるものではなく，私たちの風景の評価にも大きく影響するものなのである．たとえば，写真1に示す二つの写真を比較してもらいたい．多くの人が，棚田の風景のほうが繁華街の風景よりもまとまって見えるだろう．それは，棚田の風景のほうに「類同」や「簡潔性」などの群化の法則が多く貢献しており，それぞれの看板がそれぞれに目立とうとする繁華街では，群化

図1　ルビンの壺
「だまし絵」や「錯視」には，たくさんのものがある．ぜひ，「図」と「地」を意識して，よく観察してみよう

の法則がまったく効いていないからである．

プロポーション

　ある人の姿に対して，プロポーションが良いとか悪いとか，私たちは言うことが多い．人に限らず形一般においても，プロポーションという視点は重要だが，その具体的な内容はいかなるものか．

　プロポーションとは，比率である．人の例に戻れば，彼（彼女）のプロポーションとは，顔と上半身・下半身の比率であり，背の高さと胴の太さの比率である．大切なことは，人の姿という一つの形をいくつかの構成要素に分け，その比率をプロポーションとして評価しているということである．逆に，分けられた要素を操作すれば，プロポーションを変えることができる．たとえばダイエットは，「自分の形を背の高さと胴の太さに分け，背を一定に，胴を細くという操作をすること」，ということになる．

　良いプロポーションとして古くから有名なものに黄金比がある．これは$1:\Phi = (\Phi-1):1$で表される比で，Φ（ファイ）$=1.618\cdots$の無理数となる．二辺がこの比となる四角形を黄金矩形（図2）というが，この四角形は以下のような特徴を持つ．①黄金矩形から，短辺を一辺とする正方形を切り取ると，余りも黄金矩形となる．②黄金矩形に正方形を描いて得られる対角線が直交する．③円弧近似した螺旋が描ける（黄金螺旋という）．黄金比は，植物の葉，巻貝などの自然物にも見られ，大変神秘的なものとも思えるが，身近な名刺やタバコのパッケージも黄金矩形となっている．このような無理数の比を動的シンメトリーといい，私たちにとって身近な用紙のサイズ（A4など）も$1:\sqrt{2}$の動的シンメトリーである．このようなプロポーションは，黄金比も用紙のサイズも複数を組合せてもプロポーションが変わらないという特徴を持つ．

　一方，同様に私たちに身近なプロポーションである畳のサイズは$1:2$の整数比となっている．これを静的シンメトリーといい，これを組合せるとプロポーションはどんどん変わってしまう．このように，一つのプロポーションを決定することは，それらの集合体の特徴をも決定してしまう．高架橋の橋脚や道路の照明灯のように，同一の形状を数多く連続させることの多い社会基盤施設においては，このことに，より繊細でなければならない．

　単一の社会基盤施設においても，さまざまなプロポーションが存在する．ここでは，最も代表的な橋梁のプロポーションを紹介しておこう．一概に橋梁といっても，配慮すべきプロポーションは種類ごとに異なり，たとえばアーチ橋における径間とアーチ高さの比であるライズ比などがある．橋梁のプロポーションは，美しさだけではなく構造的な合理性のもとで決定されるが，一概に良いプロポー

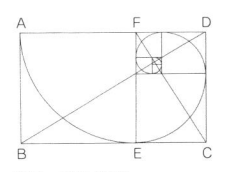

図2　黄金矩形

写真1　棚田と繁華街の風景
棚田のほうがまとまって見えるのには「群化」の法則が貢献している．ただし，これは「まとまり」としてみた場合の一つの評価であり，風景の良し悪しや好き嫌いを決定するものではない

ションを指定することは困難であり，無意味でもある．大切なことは，一つの部材の寸法を全体との関係の中で検討する必要があるということである．

　しかし，橋梁の景観設計において，橋単体のプロポーションのみ検討するのでは十分ではない．私たちは風景として，橋のみを見ることはなく，周辺の環境と一体に見る．先に述べた「図」と「地」の関係が，橋梁と周辺の間でも生じるのである．周辺環境をよく読み込んで，橋梁に美しいプロポーションを与えた例として，鮎の瀬大橋をあげたい（写真2）．深い渓谷にかかる橋は，左右対称な上路アーチ橋という形式となるのが一般的であるが，この鮎の瀬大橋は斜張橋とV型ラーメン橋の複合形式であり，非対称な形をしている．写真2をよく見ると，背景の山は写真に向かって左から右にかけて下っている．一方，橋のかかっている手前の渓谷は，向かって右が急に切り立っており，左はややなだらかである．このような周辺地形の非対称性に溶け込みつつもバランスさせ，かつ，目立ちすぎないように橋梁の存在感を表現する．この橋は，そのような難しい課題を解くための最適なプロポーションが入念に検討され，選択されているのである．

色彩と肌理

　モノの表面を彩るものは色彩や肌理（テクスチャー）である．この節の最後では，これらについて簡単にふれておきたい．

　色彩は，モノが発するか，反射した光によって知覚されるもので，三つの属性によって記述される．それらは，赤・青・緑などの色合いを示す「色相」，明るさの違いによる「明度」，鮮やかさを示す「彩度」である．また，彩度がゼロで色

写真2　鮎の瀬大橋（熊本県山都町）
周辺の地形を器として，高くそびえるタワー，水平に伸びる桁，V字に支える橋脚，それらが端正なプロポーションに整えられている（詳細については，第2部参照）

相のないもの（つまりは，白から黒の間の灰色）を無彩色，その他を有彩色という．通常，社会基盤施設や街並みの色彩を議論する場合には，色相よりも明度・彩度が問題となる場合が多い．色彩については，カラーコーディネーターという資格もあり，さまざまな専門書があるので，さらに深く勉強したい方は，それらをあたっていただきたい．

　一方，肌理とは，物体表面の手触りなどの触覚的な感覚を通じて与えられるものである．社会基盤施設の中でも，ストリートファニチャー（手すりやベンチなどを指す）などの実際に手に触れられる工作物の設計においては，材料の選択と合わせて十分に配慮する必要がある．しかし，肌理は，触覚によって直接与えられるものだけではなく，視覚によって間接的に与えられるものでもあるということが重要である．たとえば「山肌」という言葉．私たちは，山を直接なで回すことは決してないが，この優れて触覚的な言葉で，十分に山の状態を認識することができる．つまり私たちは，物体の表面を越えて，その中身のボリューム感や密度感，その先に広がる奥行きなどを感じるのだ．先の鮎の瀬大橋の写真においても，周辺の山がもつザワザワっとした柔らかさ，橋のコンクリートが持つツルツルっとした固さが，強いコントラストをなし，風景としての「図」と「地」の関係を強いものとしているのだ．

参考文献
1) 篠原修：「景観用語辞典 増補改訂版」，彰国社，2007．
2) 高橋研究室編：「かたちのデータファイル―デザインにおける発想の道具箱」，彰国社，1998．
3) 三井秀樹：「美の構成学　バウハウスからフラクタルまで」，中公新書，1996．

1.1.5 空間のスケール

星野裕司（熊本大学）

身体という尺度[1]

空間のスケールは人間の身体が基本となっている．単位について考えてみよう．私たちはメートル法を使ってモノの長さを測る．一方，アメリカでは，いまでもフィートやインチなどの単位を使用しているし，わが国でも尺や寸で長さを測っていた．単位とは，いわば共通の言語なので，1フィートが約0.3048m，1尺が約0.303mと微妙に異なっていては不便だ．でもなぜ，フィートと尺はほぼ同じ長さなのか．それは，その二つの単位はともに「足」を基準として決められているからである．同じように，インチと寸は「親指の幅」が根拠となっている（1インチ＝2.54cm，1寸＝3.03cm）．このような体を基準とした単位を身体尺という（図1）．ぜひ，読者も自分の身体寸法を測ってほしい．両手を伸ばせばどれくらいなのか，自分の歩幅はどれくらいか．自分の身体尺を持っておけば，どこか素敵な場所に出会ったとき，すぐにそのスケールを測ることができるし，そのような体験はこれからのデザインのための大切なストックになっていく．

人間の身体に適したスケールを「ヒューマンスケール」というが，私たちにとって身近な畳も大変合理的にできている．畳1枚の大きさは，およそ6尺（1.82m）×3尺（0.91m）である．古い言葉に，「座って半畳，寝て一畳」というものがあるが，これはそれだけのスペースがあれば生活できるという意味であり，まさにヒューマンスケールである．ここで，「モジュール」という考え方を紹介しておきたい．たとえば，あなたの部屋の大きさは約10m²ですよ，といわれてピンとくる人は少ないだろう．しかし，六畳といわれれば，多くの人はおよそのイメージができる．両者はおよそ同じ大きさなのだが，後者のほうがわかりやすいのは，私たちは畳の大きさを「モジュール」として使っているからである．つまり，モジュールとは，全体を構成するために基本となる「一つのまとまり」なのである．この発想は，空間をわかりやすくするためだけではなく，実際に設計を行う場合にも有効かつ大切なことである．歩道の幅を決定する場合，一人が通行する幅は75cm（車椅子を考慮すれば85cm）で，これが一つのモジュールとなるし，異なる要素のモジュール（舗装のパターンや照明・街路樹のピッチ）を調整することによって，街路空間はだいぶすっきりしたものとなる．

視距離と見え

一人の人間についてスケールを見てきたが，それでは，人と人，人とモノの関係においては，何か基準となるものはないか．まず，人と人の関係においては，コミュニケーションの可能性に基づいた考え方がある．相手の表情を確認しなが

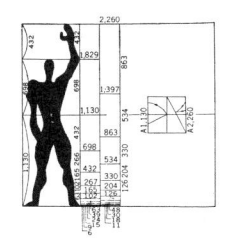

図1 ル・コルビュジエの「モデュロール」
モジュールとなる身体寸法を黄金比に基づいて描写したもの

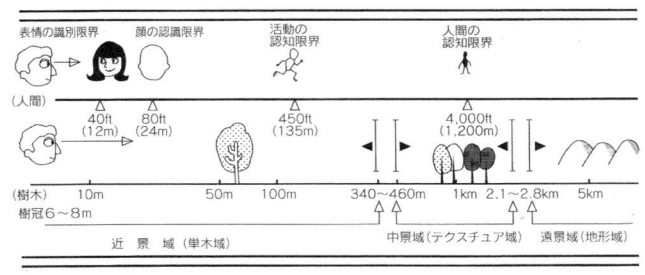

図2　視距離の分割（出典：文献3）

らコミュニケーションを取れる距離はどれくらいか，身振り手振りがわかる距離はどれくらいか，といったことである．図2の上段に，その距離をあげる．特に重要な距離は，表情のわかる距離（約12m），顔のわかる距離（約24m），動作のわかる距離（約135m）である．たとえば，表情の識別限界は，公園などでベンチの設置間隔を決定することに有効である（隣のベンチに座る人に，自分たちの表情は知られたくない）．

　一方，人とモノの関係についてはどうか．景観や風景を考える場合は通常，樹木の見え方の相違によって，視距離を分割する（図2下段）．樹木の姿を，一本一本，しっかり識別できる距離を近景域といい，およそ400m前後だといわれている．その距離を超えると，木々が集まって肌理（テクスチャー）を形成する．これを中景域といい，およそ3km未満の距離となる．さらにそれ以上距離を伸ばすと，山の形態のみを認識するようになり，これを遠景域と呼ぶ．たとえば，姿のよい山並みを遠望する場合などを考えてみよう．視点場を囲む木々は近景域，視対象となる山並みは姿（シルエット）を映す遠景域，それらをつなぐ対象場は肌理（テクスチャー）をもった中景域，という具合にである（写真1）．

街路の長さ・広場の広さ

　人間の行動に基づいた空間のスケール（ヒューマンスケール）について考えよう．街路の設計において重要なスケールは，まず歩行距離に基づいた長さである[1]．

　視覚によって一区切りの見当をつける距離，約100mである．これは，一目見て，とりあえずあそこまで行こう，という感覚を人に与える距離であるが，先に紹介した活動の認知限界とも関連していると思われる．実践的には，街路中のベンチなどの休憩施設や横断歩道の設置間隔などに適用するとよい．次が一区切りの歩行距離，約500mである．これは，大きな負荷もなく歩いていける距離であるが，バスや地下鉄などの公共交通の駅や都市計画上の小学校の設置など

近景，中景，遠景
見る対象を変えれば，それらを分ける距離は異なってくるだろうが，景観の奥行きを三つに分割して整理することは，1.1.2節（「景観把握モデル」）で説明した景観把握モデルにおける視点場と視対象や対象場，1.1.4節（「モノのカタチ」）で述べた「図と地」などと関連し，大変有効である．

写真1　馬場楠堰（白川）より，立野越しに阿蘇を望む
周囲をぐるりと山並みに囲まれた阿蘇は，唯一，立野が裂け目となり白川を流し出す

も，この約500mという距離を基準に設定されている．賑わいのある商店街を計画する場合などにも，ひとまとまりの距離として参考になる．

さて次に，広場などの広さに関してはどうだろうか．これには芦原[2]の知見が参考となる．重要なものは次の二つである．①外部空間のヒューマンスケールなモジュールは，約25mである．②外部空間は，内部空間の寸法の10倍程度のスケール感と近い．まず①については，先に示した顔の認識限界とほぼ一致している．つまり25m以内の空間であれば，その空間にいる人が誰かを特定することができるのである．この他者を認識できるスケールが，外部空間のヒューマンスケール的なひとまとまり（モジュール）となるのである．次に②は，内部空間と外部空間のスケール感の相違を表したもので，家の中と外では同じ長さも，まったく異なる印象を与えるというものである．芦原は，それが10倍（1/10）程度違うという．たとえば四畳半の部屋は，知らない人と一緒にいると気詰まりになるが，仲の良い友人と一緒ならその狭さが心地良いものとなる．これをメートル表記に直すと約2.7m×2.7mの正方形となる．これを10倍すると27m×27mとなり，先のヒューマンスケールのモジュールとほぼ一致する．一方，伝統的な旅館などでは，宴会など行う大広間は80畳となることが一般的らしいが，これは7.2m×18mとなり，10倍すると72m×180mとなる．芦原によると，これはヨーロッパの大型広場（著名なヴェネツィアのサンマルコ広場など）の大きさとほぼ一致するらしい．私たちにとって身近な，部屋のスケールと外部空間のスケールを関連づけたこの知見は非常にわかりやすく，広場などの設計においては大いに有効であろう．ただし，空間の印象は周辺の状況で大きく異なるため，これらはあくまで一つの目安であるという認識を持つことは重要である．

写真2　けやき通り（国体道路）と紺屋町通り（ともに福岡市天神）
左のけやき通りはD/H＝1.62で表通りの風格があり，右の紺屋町通りはD/H＝0.71で，より親密な街路空間を印象づけている

街路のプロポーション[3]

　街路には，表通りや大通り，裏通りや路地など，さまざまな性格を持ったものがある．それらの印象の違いをもたらす基本的な空間要件について，最後に述べておこう．街路空間をプロポーションとして評価する考え方である．

　19世紀，メルテンスというドイツの建築家は，建築の印象が対象と観察者の距離（D）と対象の高さ（H）の比（D/H）で異なることを示した．街路空間においてもその知見が援用され，街路幅員（D）と沿道の建物高さ（H）の比，D/Hが街路の印象に大きな影響を与えていることが多くの研究で示されている．すなわち，そのD/Hが，街路の開放感や囲繞感，バランスなどを規定しているということである．その知見は，下記のように整理される．①表通りなどの格の高い街路では，D/H＝1〜2が最適とされる．②D/H＞3となる場合には，街路の囲繞感がなくなるため，植栽による横断面の分節やアイストップに空間の引締めが必要となる．③D/H＜1となると，親密な裏通りのような印象となる．具体例として，福岡天神の二つの通りを挙げよう（写真2）．この二つの通りはまったく異なる印象を与えるが，その相違は，並ぶ店舗や街路樹のみによって与えられるだけではなく，それらを引立てる器として，街路のプロポーションの違いが大きく影響しているのである．

参考文献
1) 戸沼幸一：「人間尺度論」，彰国社，1978．
2) 芦原義信：「外部空間の設計」，彰国社，1975．
3) 篠原修編：「景観用語事典 増補改訂版」，彰国社，2007．

1.1.6 風景の使い心地

星野裕司（熊本大学）

「西遊記」の孫悟空の得意技の一つ，分身の術というものをご存知だろうか．毛をひとつかみ，ぷっと吹き飛ばすと，小さな悟空が多数あらわれ，敵に襲いかかる．さすがは古典，おとぎ話と侮ってはいけない．敵を襲いこそしないが，私たちも同じようなことを風景を眺めながら行っているのである．

たとえば，あの木陰に入れば涼しそうだな，とか，向こうの丘に登れば見晴らしが良さそうだな，というように，実生活で経験される空間から，私たちは行動と結びついたメッセージを受取っている．これは，眼前に展開する風景にわが分身を飛ばし，そこでの居心地やできそうな行為を事前に体験させているようなものである．すなわち私たちは，仮想の分身によって，風景を使うように眺めるのである．このような風景の見方を「仮想行動」と呼ぶ．ここでは，この仮想行動に関する基礎的な知見とその展開例について紹介していこう．

アフォーダンス

環境を使うように眺めることによって得られる情報を，環境の操作的意味という．この考え方に着目したのは，アメリカの知覚心理学者ギブソンである．「動物と環境の相補性を包含し」，「既存の用語では表現し得ない仕方で，環境と動物の両者に関連するものを言い表したい」とするギブソンは，「Afford（提供する）」という動詞からの造語として，「アフォーダンス（Affordance）」という概念を提示した[1]．端的には，対象や事象が動物に提供する「行為の可能性」であり，例えば大地のアフォーダンスは「支える」こと，道のアフォーダンスは「歩く」こと，ハサミのアフォーダンスは「切る」こと，などである．この概念の詳細については他書に譲るが，哲学者の中村雄二郎は，「動的な視知覚に対する環境からの働きかけがアフォーダンスである．（中略）環境，あるいは事物からの表情を持った働きかけである．だからそれは，知覚者の行為と一体に定義される対象の性質でもある」[2]と簡単な言葉でまとめており，よく要点をついている．「表情」は，他者からの働きかけがなければ生まれない．すなわち，環境から「表情」を持った働きかけを引き出すのが，知覚者の行為であり，その「表情」に促されて，知覚者は新たな行為を展開する．すると，また環境から「表情」を持った働きかけが返され，さらに，知覚者は・・・というように続く．ここで私たちが確認しておかなければならないのは，「アフォーダンス」とは，人と環境の間にあり，それを引き出すのは，人の行為だということである．

ギブソンがこのアフォーダンスという概念を提示するにあたって基礎としたのは，私たちを囲む環境を「包囲光配列」として捉えることである．「包囲光」とは，

私たちを包む空間を満たす光のことであり，その光によって環境は「面」のレイアウトとして知覚されるということである．ここで想起されるのは，1.1.1節（「風景について」）で述べた「景」という文字の定義（「日光によって生じた明暗のけじめ．明暗によってくっきりと浮きあがる形」）である．つまり，ギブソンが捉えた環境の姿とは，まさに本書の主題である「景」そのものだったのかもしれない．環境を観察する私たちが動けば，当然，包囲光の配列は変化する．そのような変化の中から得られる不変なものがアフォーダンスである．すなわち，「形態自体は，個々の観察点によって変化するが，対象の変形の中に現れる不変項が存在し，それこそ対象のリアルな姿」[3]となるのである．

眺望－隠れ場理論

　風景を使うように眺めるための視点として注目すべき考え方に，英国の地理学者アップルトンが提唱した「眺望－隠れ場理論」がある[4]．この考え方の最初のポイントは，風景を眺める人間も，とりあえずは動物の一種であると考えようというものである．動物が環境を知覚する目的は，まずは敵に襲われないこと，そして，餌を得ることである．襲われないためには穴の中にでも隠れていればよいが，それでは餌をとれない．逆に餌をとりに外へ出れば，敵に襲われる危険性は高まる．このような相矛盾する欲求を満足させる環境が，その動物にとって良い環境なのである．これは人間にとっても同じであり，そのような環境に美しさを感じるのだとアップルトンは言う．すなわち，「人間が環境から美的満足感を受け取るのは，その環境が棲息するのに適した場所であることを象徴的に表現しているからだ」ということである．人間は視覚が卓越している．そのため，この棲息条件は「見られずに見る (to see without being seen)」と言い換えることができるだろう．すなわち，「見る＝眺望」と「見られない＝隠れ場」を両立させる環境が居心地の良いものとなるのである．この考え方は，まず，居心地の良い視点場を作るためのしつらえについて，多くの示唆を与えるだろう．しかしこの理論はそれだけにとどまらない．これが次のポイントである．アップルトンは，環境が動物の棲息に関して，実際にどうなのかということではなく，どのように見えるのかということが重要なのだという．つまり，先に示した「眺望」と「隠れ場」を実際に両立させる必要はなく，眺める風景の中にそのように見えるもの（シンボル）が発見でき，それらがバランスよく豊富に含まれた風景がよいものであるということである．この考え方を具体的に確認してみよう．写真1の左は，古今伝授の間から見た水前寺公園の風景である．縁側から池越しに芝生に覆われた築山を見る．この場合，この視点場自体が眺望と隠れ場をよく両立したものとなっているが，眺めている風景の中にも，眺望のシンボルとして富士山をか

写真1　水前寺公園と八代市博物館
伝統的な庭園風景と現代的な建築デザイン．その気持ち良さには同じ原理が働いている

たどったといわれる築山を，隠れ場のシンボルとして築山のところどころに配された潅木を発見することができる．この庭園は回遊式庭園なので，実際に園内を回遊するようにできているが，私たちはこの場所から風景を眺めるだけでも，眺望や隠れ場を仮想的に体験できるしつらえとなっているのである．一方，このような体験は伝統的な風景のみから得られるものではないことがおもしろい．右は，伊東豊雄設計の八代市博物館である．閲覧室を埋め込んだ丘の上に，アルミとガラスで作られたエントランスやホールを載せたこの博物館は，優れて現代的な印象を与える建築である．しかし，丘の上に立つことによる眺望のシンボル性，深い庇に覆われることによる隠れ場のシンボル性によって，この建築は水前寺公園と同様，「眺望－隠れ場理論」に基づく居心地の良い印象を私たちに与えるのである．

親水象徴

水辺の整備などを行う場合，親水性ということがよくいわれる．親水性とは，水への親しみやすさのことだが，次のような整備が行われる場合がある．河川緑地の整備だから親水性は確保したい，しかし，実際に川に入るのは危険だ，では，河川敷に水道水を引いて安全なせせらぎ水路を作ろう，といったものである．河川という本物の水の真横に水道水によって偽の水を作るとは，維持費もかかるし，なんとナンセンスなことだろうと思うが，なぜこのような整備が実現してしまうのか．これは，親水性を直接的なもののみに限定しているからである．風景を使うように眺める私たちにとって，それが実際どうかということ以上

写真2　緑川ダム（熊本県美里町）
どこにでもありそうな風景だが，よい風景である．木に隠れて高台から眺める視点場は，眺望ー隠れ場を保証している

写真3　柳川の水辺（福岡県柳川市）
水辺と暮らしが密接に結びついていた柳川の風景は，さまざまな親水象徴の宝庫である

に，どのように見えるかという象徴性が重要である．親水性にとっても，これは同様である．中村良夫は，親水性にとっては「水辺に行きやすく見える」という仮想行動を満足することが良いとして，親水象徴を以下の二つに整理している．一つは，「代理行動者」というもので，実際に水辺で遊んでいる人や釣り人，あるいは，水辺の木立などである．これはまさに，それを眺める私たちの分身として機能するものである．もう一つは，「仮想接近性」というもので，うすく見える岸辺や入組んだ水際線などが相当する．これは，水辺への近づきやすさを保証する空間条件というものだろう．これは親水性のみに限ることではないが，私たちの風景体験は，このように豊かで深みのあるものなのである．親水象徴という視点が河川整備者にあれば，先の例のような安直な整備は行われないのではないだろうか．たとえば写真2, 3に示す例では，親水性をことさらに意識してつくられたわけではない．しかし，薄い岸辺や階段による仮想接近性，水辺の木立や舟による代理行動者がよく象徴されており，豊かな親水性が実現されている．ぜひ読者も，自分の好きな水辺を深く観察してほしい．そこには，このような隠れた親水性が必ず潜んでいるはずだ．

参考文献

1) J.J.ギブソン著, 古崎敬ほか訳：「生態学的視覚論」, サイエンス社, 1985.
2) 中村雄二郎：「述語集Ⅱ」, 岩波新書, 1997.
3) 佐々木正人：「アフォーダンス――新しい認知の理論」, 岩波書店, 1994.
4) ジェイ・アプルトン著, 菅野弘久訳：「風景の経験―景観の美について―」, 法政大学出版局, 2005.

1.1.7 体験する風景

石橋知也（福岡大学）

　街並みの中を縫うように走る鉄道の先頭車両に立ち，迫り来る建物や電柱・電線を眺め，その絶え間なく移り変わっていく景色に誰しも魅了された経験があるだろう．一方，散歩，ジョギング，サイクリング，ドライブ，クルージングなどを通して，気分をリフレッシュするとともに爽快さを味わうこともできる．どうしてそのような感覚が得られるのだろうか．ひとつには視覚によって得た情報から多くの刺激を受け取り，楽しみや驚きを感じ取っているからではないだろうか．ここでは，人が何らかの手段で移動する際に体験する景観について考えよう．

「シーン景観」と「シークエンス景観」の違い

　まず，1.1.1節（「風景について」）ですでにふれた「景観の類型」について，「シーン景観」と「シークエンス景観」の違いに着目しもう一度考えてみよう．「シーン景観」とは，まさに「絵のような風景」といわれるような，固定した視点から見られる景観である．一方，視点が動くことによって変化する景観のひとまとまりを「シークエンス景観」といい，歩きながら，車に乗りながら，体験する景観である．これらのことを動画に例えて考えると理解しやすい．動画は，人や建物あるいは背景などで構成された場面を1コマの静止画像として，その場面を徐々に変化させながら連続的に画像を表示することで，あたかも実際に動いているかのように見せるものである．動画はその場面の移り変わりの中に何らかの物語性を有している．このように，静止画像としての場面はまさに「シーン景観」であり，その画像の連続表示によってつくられる動画が「シークエンス景観」ということになる．動画がある種の物語性を持つことと同様に，「シークエンス景観」からは風景を実際に体験することによって生まれる楽しみや心地よさといった感覚を得ることができるのである．なお，ここまでは視点が移動する場合の景観体験について説明したが，視対象側が動くことによる「シークエンス景観」も存在し，景観体験においては重要な意味を持つことに注意したい（「水上景」の項目で後述する）．

「シークエンス景観」の特徴

　視点の移動によって生じる見え方は，移動速度の変化に大きく左右される．速度が速くなるにつれて，人は周囲の状況をよりあいまいで希薄なものとして視覚的に認識する[1]．このことは誰もが経験的に理解していることであろう．町を歩いているときには，煉瓦舗装の目地や店の看板の文字さえも認識できるが，同じ

町を車に乗って走行する際は，舗装の目地や看板の文字はほとんど読み取ることができない．つまり移動手段に応じて，認識することのできる周囲の状況は変化し，それに合わせて「シークエンス景観」もさまざまに変化するのである（図1）．

視点移動の方向もまた，「シークエンス景観」を特徴づける要因となりうる．歩行や自転車による移動においては，人は向かいたい方向にほとんど制限なく向かうことができるだろう．これは歩行や自転車移動によって生じる「シークエンス景観」が無数に存在し，きわめて多様であることを意味する．一方，車や鉄道による移動を考えると，道路や軌道の幾何学的な配置形状にその移動が限定されることになるため，車の場合は特に走行方向が主たる視点の移動方向となり，また鉄道においては車窓からの眺め，すなわち走行と直角方向が主となる．したがって，車や鉄道によって生じる「シークエンス景観」は歩行や自転車移動の場合と比較するとある程度限定されたものとなる．

歩くことの楽しさ

街を歩いていると変化に富む風景に出会うことができる．お寺をすぎると住宅があり，さらにその隣には居酒屋がある，というように街にはさまざまな建物が存在し，そこで展開される活動も多様である．この多様さこそ街（都市）が有する魅力の一つであるが，街を歩くということはこのような豊富な要素を組み合せた「シークエンス景観」を体験することである．都市内の遊歩道，河川沿いのプロムナード，森林にある散策路など，人が歩くために整備された通路はその種類も多く，人は過去から現在にかけて歩くことの楽しみを周囲を取り巻く環境の中に組み込もうと試みてきたことがうかがえる．

どれほど地図を詳細に読み取ったとしても，実際の空間構成やそこから受ける印象は理解しがたいが，ひとたび街に足を運び歩いてみれば，建物の配置や街路空間の与える印象，地面の緩やかな傾斜などが把握できるだろう．街を歩くことの醍醐味は，好きな歩行速度で向かいたい方向に歩を進め，興味を引くものを細かく観察することが容易にできることである．街の構造を把握し，地形的な特徴を読み取り，街を構成する要素の有機的なつながりを体験的に理解するために，まずは街を歩いて回ることから始めよう．

典型としての参道デザイン

わが国の神社参道は，聖域の終着点までの間，複数の結界（異なる性質をもつ領域の境界に当たる部分．主に門や鳥居などの建築物などを指す）によって参拝者の世俗性を段階的に浄化させる意味合いがある[3]．このような参道の空間演出には，「シークエンス景観」に配慮したデザイン手法が用いられている．本殿に

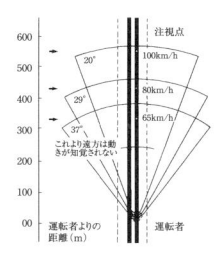

65km/h，80km/h，100km/hに対応する注視点距離，視覚および詳細な前景の認知しうる距離の関係．
図1　動視野と注視点

動視野
視点が動いている場合の視野を動視野というが，一般に移動速度の増加によって対象の細部は見えにくくなり，有効な視野は狭くなる[2]（図1）．

写真1　霧島神宮参道（鹿児島県霧島市）
沿道の植樹により視線が参道の奥に誘導され，アプローチとしての軸線が強調されている

写真2　「折れ曲がり」による演出効果
写真1の参道の突き当たりを右に大きく曲がるとあらわれてくる風景である．この写真の奥に本殿が存在する

　正面から拝することが参拝のクライマックスであり，その効果を高めるために参道空間には周到な準備が施されている．たとえば，参道の両脇に植栽を連続配置することで視線が参道の奥に誘導され，アプローチとしての軸線が強調される（写真1）．また本殿は参道の突き当たりを大きく右に曲がった先に存在する（写真2）．このように参道には植栽による視野を遮る「障り」や「折れ曲がり」など[4]の演出効果が組み込まれ，終着点である本殿まで空間が連続的に展開するよう配慮されている．このように「シークエンス景観」の考え方が反映された参道のデザインを丁寧に理解することによって，特に歩行空間の景観設計に応用できる点が多いと考えられる．

道路景観設計への展開

　前述したとおり，車を運転する人が体験する「シークエンス景観」は，視点移動の方向が限定的であり，運転者の注視点は走行軸線上にあることが多い．つまり，道路線形そのものが「シークエンス景観」を規定する最も大きな要素となる．運転者にとって運転しやすく安全であり，かつ体験される「シークエンス景観」が快適で魅力的なものになるためには，地形の変化を読み解き，その変化を考慮した道路線形の計画・設計が求められよう[5]．写真3は九重地方の山並みを遠景とするふもとの道路から撮影したものである．道路線形を周囲の地形や植生の変化に合わせることにより，自然景観を背景とした変化に富む「シークエンス景観」が創出されている．

写真3　九重地方の山並みとそのふもとの道路　　写真4　博多川船乗り込みの様子

水上景

　河川遊覧などによる水上景は，周辺環境を普段とは違った視点から見る機会を与えるだろう．水面にきわめて近い高さに視点があることで，水の流れを間近に感じ親水性が向上することはもちろんのこと，歩行でも車でも体験できない移動速度で移り変わる風景を見ることができる．一方で，視対象が動く場合の「シークエンス景観」として，動く船も魅力的な水上景となる．福岡県柳川市における掘割水路の川下りは水郷柳川の観光資源であり，福岡市街地を流れる博多川では船乗り込みにおいて演者（船上にいる人）と観客（河川沿いプロムナードにいる人）の「見る・見られる」関係が川面を舞台として築かれる（写真4）．このように水面を中心とした躍動感のある景観体験，あるいは優雅な風景は「シークエンス景観」の本質とも言える．

　また都市河川には多くの橋梁が架かっているため，河川遊覧の際には橋梁の下を次々にくぐることで橋の「シーン景観」が継続的に得られる「シークエンス景観」を体験することになる．都市河川に架かる橋梁群は，このような水上景の重要な要素となるため，一連の橋梁群として計画・設計されることが望まれよう．

参考文献

1) 樋口忠彦：「シークエンス景観」，土木工学大系13，景観論，彰国社，1977.
2) 鈴木忠義他訳：「国土と都市の造形」，鹿島出版会，1966.
3) 篠原修編：「景観用語事典（増補改訂版）」，彰国社，p328-329, 2007.
4) 伊藤ていじ他：「日本の都市空間」，彰国社，1968.
5) (財)道路環境研究所編：「道路のデザイン」，大成出版社，2005.

1.1.8 風景とイメージ

田中尚人（熊本大学）

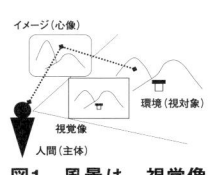

図1　風景は，視覚像とイメージの重なり

　風景を体験する人間と環境との間に，あるとき結ばれた一つの関係性を心像（イメージ）と定義しよう．このイメージに対して，人間の視知覚特性の対象となる物理的な環境の見えを視覚像という．図1をご覧いただきたい．山並みや家屋を見ている人は，その網膜に視覚像が浮かんでいるはずだ．しかし，心に描くイメージは山の名や存在感に支配され，あるいは大自然だったという思い込みに家屋など見えてさえいないことだってありうる．このように，風景とは視覚像とイメージとの重なりにおいて議論しなければならない．

共有される価値

　イメージ形成に大きな影響を及ぼすのは，人が持つ価値観や心のありさまである．同じものを見ていても，ある人には楽しいながめであったり，また違う人にはつまらなかったり，人によっては像として認知さえされていないことがある．たとえば電線のように，ある時代には発展や文明の象徴として捉えられ絵葉書にも写実されていたが，いまでは景観を乱す張本人のように語られ風景から抹殺されているような環境要素もある．イメージは時代や場所により違った様相を見せるものであり，多分に心理学的影響，社会的背景を含んだものである．

　このようにイメージを共有することは難しい．しかし，ある時代，ある場所においては，どんな心持ちの人が見ても，たいてい美しいと感じる，気持ちがいい，また逆に気分を害するというような環境が存在することも事実である．これは，単に視覚像を共有するだけでは決してイメージを共有できないのに対して，時代に共有された価値観のもとではイメージが共有可能であることを示している．このように，ある社会において共有可能なイメージをパブリックイメージという．

　絵はがきが優れた風景の共有手段であるのは，その場に行ったことのない人にもその環境の視覚像がおおよそ把握でき，その場のイメージがその人にしか語れない言葉をもって伝えられるからである．風景を共有することは，時代の価値観を共有することを基盤として，環境の視覚に対して同じパブリックイメージを持つことであるといえる．

都市のイメージ

　人々の価値観が多様であり，時代による変化も激しい都市景観について説明しよう．近代都市デザインは，19世紀オースマン知事の下，土木技術者たちによるパリ大改造に始まった．この都市デザインの潮流は，モダニズムの時代を通して大きく二つの流れに分けることができる．一つは，都市の構造と機能は不可

分であり環境認知における視覚的効果をもデザインに還元する機能主義的都市論であり，都市美運動などの流れとなる．もう一つは，場所愛が環境認知へと通ずる重要な生活者的視点であるとする人道主義的都市論であり，都市におけるコミュニティの役割や可能性に主眼を置く流れとなる．

両者は，常に対置され相互に影響をもたらしてきたが，やがてポスト・モダン的都市論として，二つの名著を生み出す．都市ならではのシークエンシャルな空間の経験に主眼を置いたカレンの『タウンスケープ』[1]と，リンチの『都市のイメージ』[2]である．ここでは，景観とイメージについて重要な示唆を与えてくれる後者について説明する．

不慣れな街で目的地を探す人は，地図を見る以外に街並みを手がかりに，経験や推量によって歩みを進める．これは，人々が都市環境から視覚的な情報を得て，都市のイメージを持ち得ることを示している．リンチは，地域住民に協力を仰ぎ認知地図（イメージマップ）を作成し，人々の環境認知過程を解明するとともに，人々に共有されうるパブリックイメージを活かした都市デザインの可能性を探った．また彼は，都市環境にはパブリックイメージを持たれるような「わかりやすさ（legibility）」が重要であるとして，これをストラクチャー（structure：構造），アイデンティティ（identity：そのものであること），ミーニング（meaning：関係の仕方）の3属性によって説明した．

リンチは，ボストンを対象に，地域住民にヒアリング調査を行い都市のイメージマップ（図2）を作成した．このイメージマップにおいて，上記の3属性を持ちうる，パス，エッジ，ノード，ディストリクト，ランドマークの五つのイメージ構成要素（エレメント）の役割（表1）を提示した．つまり彼は，人々は道や川，建物などこれら5種類の要素をたよりに都市の全体像を把握していると説明したのである．

都市を味わう

リンチが定義した五つのイメージ構成要素を道具に，カレンが提唱したシークエンス景観を物語のように楽しめるならば，それはまるで都市を味わうかのような体験ができる．さぁ，鹿児島のまちに出かけてみよう．

新幹線に乗って，鹿児島中央駅に降り立とう．ここでは駅を主要な交通結節点としてノードと位置づける．改札を出て，アミュプラザを抜け，ナポリ通りを望めるデッキまで進めば，ビルに邪魔されながらも紛れもない鹿児島のランドマークたる桜島が見える．駅前は一つのディストリクトとして認知され，商業施設やバスターミナル，タクシーベイ，駐車場などさまざまな都市機能が集約されている．

駅前からナポリ通りを天文館（てんもんかん）に向かおう．市電に乗るのもいい．同じパスも歩くのと路面電車に乗るのとでは，見える景色が違う．市電はパスでもあるし，

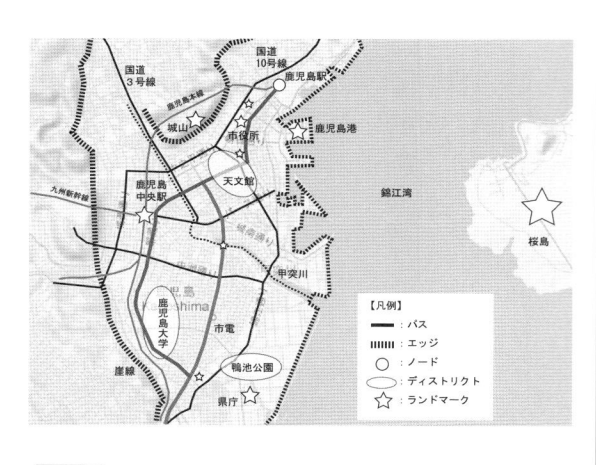

図2 鹿児島のイメージマップ

表1 リンチが定義したイメージ構成要素

パス ：path （道路）	パスとは，観察者が日ごろ通るあるいは通ることができる道筋のことである．多くの人々にとっては，これらがイメージの支配的なエレメントになっている
エッジ ：edge （縁，境界）	エッジとは，観察者がパスとしては用いない線状の要素をいう．二つの局面の間にある境界であり，連続状態を中断する要素である．これらは，二つの地域の障壁であるかもしれないし，両地域を相互に関連させ，結びつけている継ぎ目であるかもしれない
ディストリクト ：district （界隈，地域）	ディストリクトとは，ある程度の広さを持つ都市の部分である．観察者は，何か独自な特徴がその各所に見られるために要素として認識することができ，その中に入ることができる．通常は内部から認識されるが，もし外からも見えるものであれば，外からも参照されている
ノード ：node （結節点）	ノードとは，都市内部にある主要な地点である．観察者がその中に入ることができ，人がそこへ向かったり，そこから出発したりできる強い焦点（接合点，集中点など）である．ノードはディストリクトの焦点や縮図となることがあり，コア（核）と呼ばれてもよい．ノードの概念はパスの概念と結びついている
ランドマーク ：landmark （目印）	ランドマークもノードと同じく点を示す要素であるが，観察者はその中には入らず外部から見る．いろいろな角度や距離から眺められ，放射的に参照されるものである．動くものであっても，たとえば太陽のように，その動きがのろくかつ規則的なものであれば，ランドマークとなる

通りを横断する人にとってはエッジになるかもしれない．鹿児島一の繁華街天文館が見えてくる．商店街や中心市街地はいくつかの名前を持った界隈，ディストリクトとして扱われる．そして桜島を真っ直ぐ見据えながら港へ向かおう．港は交通体系にとってはノードであり，人にとってはディストリクトと言える．海岸線はエッジ，その先に船の行き交う錦江湾越しに雄大な桜島がある．水面は一般に人の行動を遮るためエッジと言われるが，かつて舟運全盛の時代，水面からの環境把握は都市にとってとても重要であった．この場合，川や海でもパスであった時代といえるであろう．

桜島を見据えた視線をぐるっと180度回転させ，鹿児島の街をふり返ってみよう（写真1）．色とりどりの建造物の背面に，シラス台地の崖線がまるで屏風のように見える．ドルフィンポートの正面，小高い山はかつて薩摩の名君島津家の居城鶴丸城があった城山，これは紛れもなく市民に愛されてきたランドマークだ．急いで城山に駆け上がると，そこには錦江湾を従え夕日に照らされる桜島が待っていた（写真2）．

さて，鹿児島の旅はいかがだっただろうか．わかりやすい鹿児島の都市空間において，等身大の景観体験を連鎖させることは，複眼的な都市の楽しみ方のよい練習となろう．目の前にあるシーン景観を楽しみながら，それらをつなげて一つの都市のイメージとすることで，都市の内部にいる自分をも楽しむことができる．まさに，都市を味わう醍醐味である．

都市のかたちとイメージ

人々は都市内を移動することによってさまざまなシーン景観を切り出し，それ

写真1　海から見た城山と鹿児島の街　　　　　写真2　鹿児島のランドマーク，桜島

らをつなげてシークエンス景観として都市を味わうのであるが，その人々の移動や物流，情報の交流を支える公共空間をかたち作るのは社会基盤施設である．

　土木のデザインは，人と環境，人と社会基盤施設，施設と環境，施設どうしなど，さまざまな関係性の編集であるという．この編集という観点において，都市にとってイメージは重要なデザイン要素である．読者のみなさんもお気づきであろうが，リンチの言う五つのイメージ構成要素とは，そのほとんどが土木技術者が手がけてきた，自然地形や道路，河川，駅や港湾などの社会基盤施設を指している．これら社会基盤施設は，公共空間の基盤であり，都市を物理的にかたち作る要素である．中村は，これらの都市要素どうしが交差したり並置されたり，特別な関係を与えられている場所の景観を特性景と呼んでいる[3]．川と道が交差する橋の景や，ヴィスタによって切り取られた山アテの景，名のある坂からの富士見の景など，都市のイメージを形成する都市要素が重層する場所は，その都市を代表する都市イメージともなりやすい．

　都市の特性景を考えた場合，人々に認知されたさまざまなシーン景観は，都市構造を物理的に支える種々の社会基盤施設によって序列づけられ，結局一つの代表的シーン景観に束ねられる．つまり，都市のかたちは，社会基盤施設によって編集され，一つのイメージとして共有されうることを意味する．

参考文献
1) ゴードン・カレン著，北原理雄訳：「都市の景観」，鹿島出版会，1975．
2) ケヴィン・リンチ著，丹下健三・富田玲子訳：「都市のイメージ」，岩波書店，1968．
3) 中村良夫：「風景学・実践篇　風景を目ききする」，p.24，中央公論新社，2001．

1.1.9 住民参加の風景づくり

柴田 久（福岡大学）

　風景デザインとは，単にモノを造れば終わりというものではない．たとえば駅前広場がきれいに整備されても，自転車の違法駐輪で埋め尽くされていては何にもならない．美しい街並みや公園を造っても，落書きやゴミが散乱していては台無しである．つまり，本当に魅力ある風景をつくり出そうとするならば，訪れる人々の意識や行動は欠かせない要件であり，特にそこで暮らす地元住民が風景に親しみを持っているかどうかは重要である．すなわち，自分たちが住む街の風景に愛着を持ち，将来にわたって長く風景を守っていこうという住民の「意志」を育てていけるかに懸かっている．「人づくり」も大切なデザイン行為であり，良いコミュニティのあるところに良い風景があるといっても過言ではない．ここでは風景づくりにおいて，コミュニティの意志や愛着を促す「住民参加のデザイン方法論」をいくつか紹介し，解説していこう．

プロセスとプログラムのデザイン

　まずは，住民参加の現場でよく聞く「プロセス・デザイン」と「プログラム・デザイン」について解説する．

　これらの定義は諸説あるものの，大別して，プロジェクト全体の流れをどのように進めていくかを決めるのが「プロセス・デザイン」，さらにその流れの中で参加のワークショップなど，個々に話し合われる場の細かな内容まで決めることを「プログラム・デザイン」と呼ぶ．特にプロジェクトの初期に「プロセス・デザイン」をまずもって行うことで，段階的に進められる活動過程とそのスケジュールを関係者が共有できる．また，プロジェクト全体の到達目標とそれまでの道のりとなる各ワークショップの成果物のつながりを明らかにすることもできる．つまり，各ワークショップで最低限必要な成果物とその具体的なあり方を事前にイメージすることができ，ワークショップの内容を決めるプログラム・デザインを進めるうえで有効となる（図1）．

　また住民参加の景観設計では，さまざまな考え方を持つ住民との話し合いが中心となるため，常に「合意形成」という課題がつきまとう．ここで考え方の一例として，プロジェクト全体の達成目標をまずもって決め，そこから逆算して個々の話し合いを設定していくやり方がある．ゴールとそこまでの大まかな道のりが見えていれば，ワークショップでの性急かつ無理な合意を取るケースを防ぎ，住民との合意形成の問題を冷静に対処しやすくなる．また住民にとっても，自分たちが何を目指して話し合っているのかを先に共有しておくことで，プロジェクト全体の円滑な進行や合意形成を促すことが期待できる．

写真1　コミュニケーション・ツールの活用

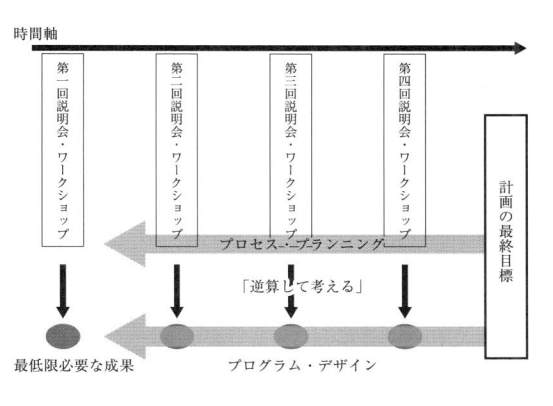

図1　プロセス・デザインとプログラム・デザインの考案例

コミュニティ・デザインにおける12ステップと四つの技術

　ではプロセスやプログラムを具体的にいかなる順序で進めていけばよいのであろうか．ここでアメリカで生まれた「コミュニティ・デザイン」の手法が参考となる．ヘスターはその著書の中で，コミュニティ・デベロップメント・バイ・デザイン事務所で用いられている12ステップを紹介している（図2）．これを見ると，第1ステップとして「コミュニティの話を聴く」，次いで「目標を設定する」が第2ステップに挙げられている．さらに第3ステップ以降，「コミュニティの特徴を地図と目録にする」，「人々が自分たちのコミュニティを知り直す」，「コミュニティの全体像を獲得する」，「予想される一連の行動を描く」と，図表等の活用によってプロジェクトの全体から詳細をビジュアルに共有し，検討するステップが続く．そしてそれら検討結果を受け「場所の特徴から形態を構想する」，「検討項目を整理する」，「複数のプランを用意する」，「プランの事前評価をする」といったプロジェクトの具体的な設計作業が進行していく．さらに公共空間に対する関わり方など，住民意識の向上を目指す「住民へ責任を移行する」ステップを経て，「事後評価をする」ことでプロジェクト終了後を見据えた持続的な取り組みが目指されている．

　さらにヘスターは，コミュニティ・デザイナーが習熟しておかなければならない技術や手法として以下の四つを挙げている[1]．

　第一に「グループ・プロセスの手法」である．これはプロジェクトにおいて人々の共同作業を促すと同時に，対立する利害をうまくまとめながら共同の決定に持っていく手法を指す．

1 コミュニティの話を聴く 場所を知る	2 目標を設定する 場所を知る	3 コミュニティの特徴を地図と目録にする 場所を知る 場所を理解する	4 人々が自分たちのコミュニティを知り直す 場所を知る 場所を理解する
5 コミュニティの全体像を獲得する 場所を理解する 場所の世話をする	6 予想される一連の行動を描く 場所を理解する	7 場所の特徴から形態を構想する 場所を理解する	8 検討項目を整理する 場所を理解する
9 複数のプランを用意する 場所を理解する 場所の世話をする	10 プランの事前評価をする 場所の世話をする	11 住民へ責任を移行する 場所の世話をする	12 事後評価をする 場所を理解する

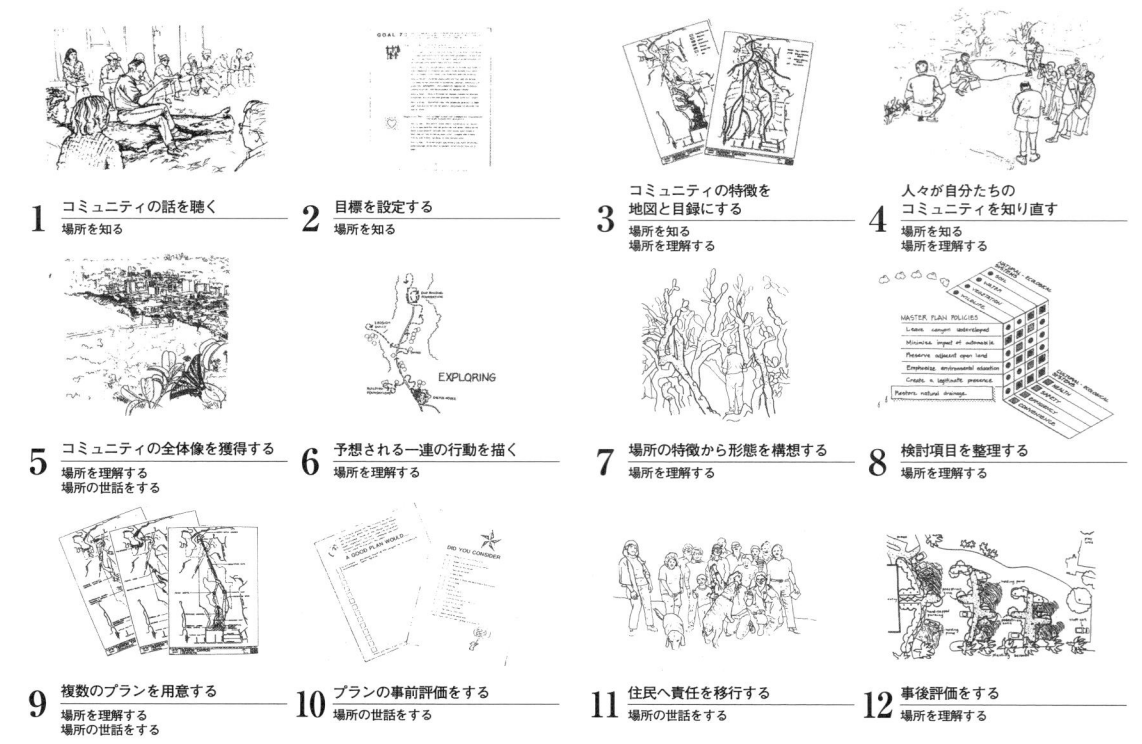

図2　コミュニティ・デザインにおける12ステップのプロセス（出典：文献1）

　第二に，コミュニティを組織する手法である．コミュニティ・デザインでは重要な作業として多くの現地踏査が求められるが，その際，同行するスタッフやボランティアの組織化はきわめて大切な配慮となる．さらに，コミュニティを取り囲む地域の権力構造を把握し，これを利用することで有益な情報の入手と話し合いの場を育てるケースもある．

　第三に，明確なデザインである．形態の読み取りなど，デザインの基礎的な理解から実際の設計技術に至る広範囲の視点を必要とし，コミュニティ・インプットから空間への集約・統合を行っていかなければならない．

　第四に，明瞭なコミュニケーションである．プロジェクトに関わる問題を普通の人が理解できるかたちに翻訳し，考えられるように表現する場面が住民との対話には必要となる．つまり，それはコミュニティに専門家としての考えを知ってもらう機会として，合意形成に向けた重要な作業といえる．ここでは地図や絵，模型の使用，紙，カード，ペンなどのコミュニケーション・ツールの活用（写真1）が有効である．

参加のワークショップとファシリテーターの役割

時折，誤解されるところであるが「ワークショップ」と「説明会」とはまったく異なる性格のものであることを理解しておきたい．大雑把に言えば，説明会では設計や計画の企画者側として携わる説明者と聞き手である住民の席が向かい合うケースが多い．これに対しワークショップは通常，そうした対立的な空間構成を避けることが前提であり（図3）．設計計画者と市民の対峙ではなく，あくまでも市民同士の創造的な話し合いの場であることが目指される．

たとえばワークショップの会場準備においては，参加者がさまざまな方向を向いて席に着くことで参加者の一体的な雰囲気づくりを図ることも重要な配慮となる．さらに住民に対して過剰に気をつかう「お客様」化も協働していくうえでかえって余計な世話となることから注意が必要といえる．

ここで，近年まちづくりの分野でよく耳にする「ファシリテーター」についてふれておこう．ファシリテーターとは，ワークショップなどの話し合いの場で参加者の話を引き出す中立的な進行役を指す．計画に携わる行政や住民双方の意見を聞きながら，第三者的な立場で最善の案を導き出す重要な役割である．ただしファシリテーターが単に話し上手で，ワークショップごとの住民意見をうまくまとめられる，いわゆる「合意形成のプロ」であればよいというわけではない．プロセス全体を考慮しつつ，プロジェクトの成功とそれに伴う地域コミュニティの再生を導く職能が求められるのである．

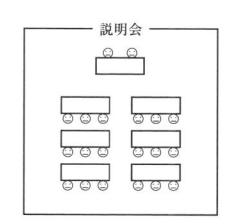

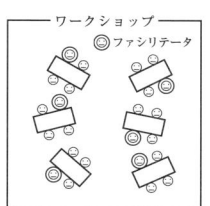

図3 「説明会」と「ワークショップ」は違う

参加による風景デザインに向けて

周知のとおり風景の価値は多様であり，人それぞれ大切に思う場所も異なり，決して一つではない．住民参加による対話のプロセスは，そうした人それぞれの風景に対する価値観を共有し，互いに深化させていく過程といえる．それは景観を題材に，住民同士が信頼関係やネットワークを形成していく可能性を持つ．逆に言えば，参加がそのような可能性を担う手続きとして十分機能しているかどうかは常に頭に入れておかなければならない．風景デザインにおける参加は，単に説明責任や住民意見の反映といった考えだけでは不十分である．つまり，デザインの成果として生み出される風景とともに，そこに暮らすコミュニティの質がいかに向上するかを問わなければならないのである．

参考文献
1) ランドルフ・T・ヘスター／土肥真人：「まちづくりの方法と技術」，現代企画室，1997.

1.1.10 風景の規範

田中尚人（熊本大学）

日本三景
日本三景とは，陸奥松島（宮城県），丹後天橋立（京都府），安芸宮島（広島県）であり，太平洋岸，日本海岸，瀬戸内海岸といずれも海岸景であること，またそれぞれに風景の眺め方に工夫があることなど，日本人の原風景を考えるうえで興味深い．

図1　坊津八景の一つ「亀浦帰帆」

坊津八景
坊津は薩摩半島の西南端に発達したリアス式海岸である．古くは遣唐使の寄港地であったが，近世以降は美しい海岸の景勝地として有名となった．文禄3年（1594）に豊臣秀吉と対立し坊津に配流された近衛信輔は，坊津海岸の八つの景勝地からなる「坊津八景」を和歌に詠んだ．

　おたまじゃくしを取ろうと入った田圃の感触，遠くで聞こえる蝉の声，小川のきらめき，草の匂い，お袋の味．故郷の風景を味わうように思い出し，ぽつぽつと言葉を並べてみる．人それぞれの故郷とのつながりは，自らが生きてきた証を確かめるように，風景として語られる．風景とは人々の生活そのものであり，原風景とは彼らの人生の拠り所となる風景を指す．自分が熱く風景について語るとき，風景は共有されうるものだと気づき，風景に励まされる．

文化という型

　三大祭，三大仏，三筆など，日本人は代表的事物を数字の3を使って言い表すことが好きである．これは，何も三つの事物ですべてを語ろうというものではなく，おおよそを表すのに，その代表を三つ選ぶという種のものである．景観に関しては，中国の瀟湘八景に源を発する「八景」が有名である．近江八景や金沢八景，坊津八景（図1）など，古今東西を問わず八景が語られている．これらは，8種の景の特徴をもってその場所，地域，国の風景の様相を語ろうという面と，それらの風景の楽しみ方，見方を共通認識とする一つの美的感覚，文化を言い表そうという面がある．

　八百万の神が君臨する日本では，さまざまな美のあり方，価値観が存在してきた．3や8のような数にはさほど価値はなく，個々の対象の特徴よりもそれらを統一する体系に重きが置かれてきた．風景においても，そのつくり方や楽しみ方などさまざまな面で，文化によるところが大きい．逆に文化とは，このような風景の時代的な価値を，後世に継承するための型であるともいえる．風景は文化という型に呼応して，その場所に立ち現われる．

原風景−風景の価値づけの型

　樋口は『景観の構造』[1]の第1編において，人間の視知覚特性を語りランドスケープの視知覚的構造をとりまとめた後，第2編において七つの原風景を抽出している．水分神社型，秋津洲やまと型，八葉蓮華型，蔵風得水型，隠国（隠処）型，神奈備山型，国見山型の七つのランドスケープの構造（図2）は，1.1.8節（「風景とイメージ」）で述べたイメージ構成要素によって構成されつつも，そこには日本固有の地形のうえに形成された伝統的価値観を含む風景が語られている．これらは樋口によって「生きられた」，「体験された」ランドスケープ，つまり日本人が住まい続け，形態づけられ，秩序づけられ，充足されてきた空間であると語られ，文化とともに歩んできた歴史を有する，まさに日本人の原風景といえる．

風景が地形のうえに，文化の型をもって読み取られる存在であるとすると，同じ文化圏に属する人々のイデア，理想郷は必然的に共有されることになる．極楽浄土，蓬莱山，桃源郷，竜宮，エデンの園，ユートピアなどが，それにあたる．このような意味で，日本の伝統的景観の源泉は，中国や韓国など大陸文化，具体的に言えば風水に由来する．原風景や伝統的景観は，人々が長い年月をかけて風景や景観づくりを行ってきた間に，目標の一つとして共有しうる価値が「かたち」となって立ちあらわれたものといえる．このような価値観を含んだ風景の古典は，人々に長らく継承され，不易となってきた．

名所－風景の読み解きの型

　都市ほど大きくなくとも，集落や家屋，個人の居場所にも，伝統的価値観は反映される．1.1.6節（「風景の使い心地」）で述べられた「眺望－隠れ場理論」に示されたように，人は生物学的に棲み家としての環境を好むとされるが，このような普遍的な価値体系による空間の志向以外にも，文化的価値を含んだ場所選びも多くなされてきた．日本の伝統的価値観によって愛でられてきた場所の多くは，名所もしくは名所地と呼ばれる．名所は，日本人の生態的志向のうえに，文化的志向が重なった環境と呼べる．

　名所は，その場を味わい愛でる，日本文化を体験する場所であるといえる．そこには，「奥の思想」や「真・行・草」，「入れ子構造」などの伝統的都市デザインの手法が，歴史的重層とともに濃密に，まるで茶碗の手沢のように集積されている．自然地形のうえに人々の手が加えられたこれら名所は，神泉苑に代表される寝殿造池泉庭園や浄土庭園，枯山水や坪庭，回遊式庭園など日本庭園に，その写しとでもいえる縮景が存在する．日本庭園では，限られた敷地内のすべての場所を歩行可能にするのではなく，柳や灯籠など点景を設置し，あたかも自分がそこへ行き（代理自我），その場が楽しめるかのような仮想行動を誘発する空間的な仕掛けが見られる．

　これら名所の多くは古代から歌にも詠まれ，日本の伝統的文化として古の人々の精神を伝えてきた．言葉に表される風景には，万葉の時代から枕詞が用いられ，約束事に則った風景の解釈が存在してきた．風景を愛でることは，その場に集い，歌を詠み，人々とそのときを楽しむ，情報共有の文化的活動に他ならなかった．あたかも使うように風景を眺める，風景の読み解きの型は，流行廃りはあるものの名所という空間と一対となって人々に継承されてきた．

型を起こし，継承する

　微妙な差異を含みながらも全体として一つの型をなす集合体を「類型」という．

風水
風水は，地勢と水脈から都城や居住適地（埋葬地も含まれる）の探索などに用いられる思想である．陰陽五行節や四神相応などの周辺思想を絡め複雑化したが，「気」をもって適地選定，環境把握を行う技術であり，特に都城の選定に関しては，わが国の中世以前の遷都にも深く関与している．原風景や伝統的景観は，人々が長い年月をかけて風景や景観づくりを行ってきた間に，目標の一つとして共有しうる価値が「かたち」となって立ちあらわれたものといえる．このような価値観を含んだ風景の古典は，人々に長らく継承され，不易となった．

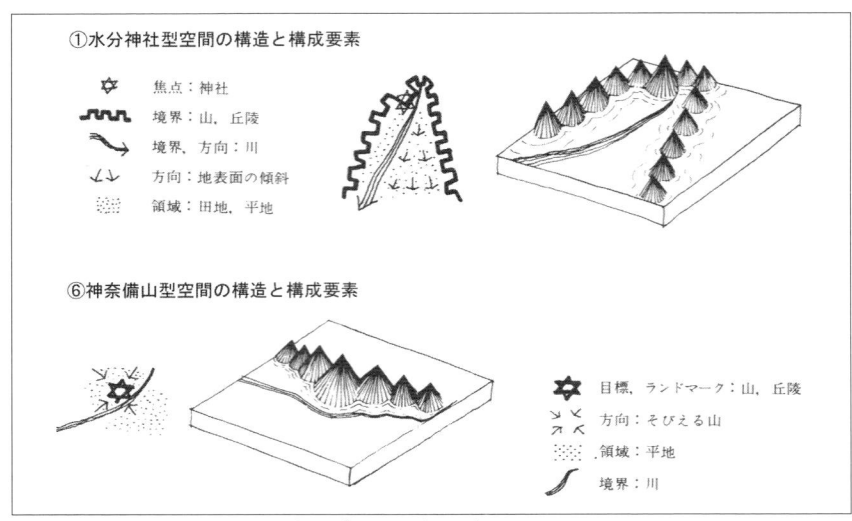

図2 樋口の定義によるランドスケープの構造（文献1）

町屋などはその典型であるが，都市レベルとなると小江戸，小京都など，文化の伝播を示す．小京都は全国に50都市ほどをかぞえ，九州にも知覧（写真1）や太宰府などがある．これらのまちは，それぞれに個性的だが，「京」あるいは「都」をイメージさせる共通の特徴を備えている．盆地や清流など地形的特徴を共有していたり，公家文化が継承されていたり，近世以来の古い街並みが保全されていたり，まちによってその「小京都」振りは違うものの，「京都」の類型であることが，そのまちのアイデンティティと深く関わっていることは共通している．

類型のような型の存在が，風景の解釈にも存在する．そして，型は継承されつつも，時代によって変化したり，新たに発見されたりする．たとえば，日本三景にも挙げられた瀬戸内の水辺は，明治開国後「内海」の美しさを認めた外国人たちの目によってその美を見出され[2]，地形学的視覚像に重きをおいた風景の価値付けが促進された[3]．日本を代表する阿蘇国定公園ややまなみハイウェイの風景（写真2）などもその範疇であろうか．近代では，日本三景に代わる名勝の選定が盛んに行われた．1927（昭和2）年，大阪毎日新聞社・東京毎日新聞社主催「日本八景」の一般公募がその代表的なものである．

このように異文化や時代の変化によって見出された新しい風景の価値は，物理的環境の変化なしに風景を変化させうる．しかし，価値観の転換期には，新しい価値体系や哲学も登場することがある．ポスト・モダン期には，地域特性に重きを置いたバナキュラーなる哲学が登場した．この中には，超工業的価値観に根ざしたテクノスケープや，生態系保全を重視するエコロジーなども含まれる．バナキュラーは地域主義ともいわれ，景観面のみならず文化体系をも取り扱

日本八景
あらかじめ設定された八つの景勝地の型「山岳・渓谷・河川・瀑布・海岸・平原・湖沼・温泉」ごとに具体的な地名を公募，選出する方法をとり，旧日本三景は対象から除外された．最終的には，「雲仙岳・上高地・木曽川・華厳滝・室戸崎・狩勝峠・十和田湖・別府」が確定したが，これらは文化に沿って選出されたというよりも，地形分類に従った景域の知名度を示す類のもので，後の国定公園の選定思想につながる．

写真1　類型としての街並み：知覧
鹿児島県知覧町の街並みは，盆地と清流という地形に支えられ，「小京都」の佇まいを見せる

写真2　やまなみハイウェイ
古の阿蘇人が見た風景と私たちが見る風景は，果たして同じなのか．風景は人と環境との相互関係の上に生成する

う広範な思想である．自動車や電子情報媒体など，さまざまな五感の拡張が可能となった現代において，地域に根ざした文化の型を起こし，地域住民たちが五感を駆使して能動的に継承していくことは，これからの風景づくりにとって好ましい流れといえる．

風景を共有するために

しかし，この地域固有の価値体系は必ずしも地域の力のみで継承されるとは限らない．地域の固有性を崩壊させる要因には，社会的な価値観の変化や制度的問題などの外的環境要因と，地域コミュニティの変質や物的環境の劣化などの内的環境要因とがある．特に風景は地域の公共財であり，伝統的価値観の継承がその存続の条件ともいえる．一度失ってしまった風景の再生は難しい．

地域固有の風景の規範となる文化の型を起こし，それを継承していくことは，自らが住まう地域の環境を理想的原風景に近づける終わりなき改善活動，つまりまちづくりと言える．私たちは美しい風景が人々に共有され，その価値が継承されるために，その類型や差異を語るための言葉を必要としている．人々が誇りをもって語る風景の言葉，それが濃縮された風景の規範といえる．

参考文献
1) 樋口忠彦：「景観の構造 ランドスケープとしての日本の空間」，技法堂出版，1975．
2) 西田正憲：「瀬戸内海の発見」，中央公論社，1999．
3) 上原敬二：「日本風景美論」，大日本出版，1943．
4) 坊津八景—国指定名勝「坊津」の海岸美—，南さつま市坊津歴史資料センター輝津館，2006．

第 2 章

人と空間

1.2.1 自然地理条件

仲間浩一(九州工業大学)

環境基盤である地勢

　私たちの目に実際に見える風景は，どのように成り立っているのであろうか．これを理解しようとするならば，まず第一に，私たち人間の生活が成立するための基盤である自然環境がどのように組み立てられているのか，という点に目を向けなくてはなるまい．

　土木技術者として，ある特定の場所を相手に仕事をするとき，その場所を取り巻く周囲の自然環境全体の組立てを読み解くために，何を頼りにすべきだろうか．さまざまな可能性はあろうが，まず第一に見るべきものは「地勢」であろう．私たちの住む国土には，たとえば火山，多島海，沖積平野や低湿地，断層山地，洪積台地など，それぞれの成立要因を持つ地勢が組み合わさって存在しており，これらが国土や九州という大きな空間の骨組みを形作っているのである．つまり，広い地域全体における生物の棲息環境の成り立ちや豊かで多様な水環境，さらには私たち人間社会の活動の前提となり，自然環境のありさまを根底で支えているのが，自然地理的な地勢であると捉えることができる．自然地理的な地勢とは，その地の風景を決定づける重要な環境基盤であるということになる．

地勢への理解と技術者の思考

　私たちが，一つの美しい建造物や一つの印象深い風景に向き合うときには，目に見える景色のたたずまいだけではなく，数キロメートル，数十キロメートルという広い範囲に及ぶ自然地理的な「地勢」を把握しておく必要がある．私たちが眺める風景とは，私たちの身体の目の前にある公園や住宅やビル街のような，人の手によって意図的にデザインされた物体だけででき上がっているのではない．もちろんそのような人工的物体のデザインや，人の営みに目を向けることも風景を理解するためには大切だが，肝心なことは，それらのたたずまいを支えている自然地理条件なのである．都市空間や道路や橋梁などの巨大な人工的構造物も，大きな環境基盤の一部に組み込まれた「その場所での必然的なありさま」としてその姿を理解しなくては，大切なことを見落とすことになるに違いない．

　特に土木施設は，人工的に作られた「モノ」の表面的なかたちだけを眺めていても，自然地理的な条件と密接に結びついたその本当の価値や魅力を知ることはできない．人工的な建造物や都市は，それが作られた時代の技術者が，自然地理条件や自然環境に対して，対立したり征服したりするのではなく，自然条件を上手に利用しながら現場の環境に敬意を払って技術の使い道を練り上げた

成果が表現されている．それが風景であろう．当時の技術を駆使しながら，現場の環境と対峙し上手につき合おうとした技術者の考え方を理解し知ることができなければ，将来自分が技術者として設計する立場になったときに，価値のあるよいものを作ることはもちろんできないだろう．

九州の地勢と風景

　九州には火山が多い．火山の火口丘（阿蘇や桜島の場合はカルデラを有する）の周囲には，人類史以前に形成された広大な噴出堆積物による高原台地が存在している．そこから流れ出るいくつもの水の流れが土砂を運んで，下流の傾斜が緩やかな場所で沖積層を形作っている．このような自然地理の構造の中で，火山性の高原台地の縁（ふち），具体的には深い谷から沖積平野（盆地）に移り変わるような「地形の構造の境界」にあたる場所においては，ダイナミックな変化に富む地形の様子を，風景をつくる輪郭として目にすることができるのである．盆地のまちを囲む山並みのスカイラインや，谷から流れ出る川の奥行き感に満ちた風景は，このような自然地理の構造から生まれる必然によって成り立っている．またそのような自然地理の構造によって生まれる場所では，人間の社会生活の中で異なる産業が接触する物流・生産の拠点として都市が形成されやすい．それゆえ，異なる大きな地勢が出会い衝突する場所こそが，美しい風景を持つ都市，局部的には滝や渓谷などを含む歴史的な風景の名所として，現代の多くの人々に広く認識され愛されるその大きな要因となっている．

　たとえば，水郷として知られる大分県日田市（写真1）は，多くの河川が集まる盆地に発達した都市であり，阿蘇の北側外輪山と九重山系に降る雨を集める場所に位置する．その条件を活かして林業が発展し材木の集散地としての都市形成が進むと同時に，そこに集まる人々の生活文化の拠点となった．また，日田市の南にある熊本県小国町の杖立温泉（写真2）は，阿蘇の北側外輪山の火山性台地の末端を杖立川が削りとった深い渓谷の底に位置する．したがって，谷の底に温泉が湧き出し，歴史ある療養観光地として発達したのは自然地理的な「必然」に支えられている．また，熊本県や大分県に多数見られる石橋群には，上記の火山活動によって生み出された凝灰岩が用いられている．石橋は，河川がその火山性の台地を深く浸食し形成した渓谷を越えるために，現場の材料を用いて建設された．結果的に熊本や大分の山間地に石橋が佇む山あいの風景が生み出されたこともまた，一つの自然地理と結びついた必然的な成り立ちであろう．

　また九州では，海洋と陸地との接点である海岸線においても，沈降性のリアス式海岸や多島海，あるいは隆起性の段丘崖海岸やその狭間に形成されるきれいな弓形の砂浜海岸，沖積層の先端に発達した遠浅の干潟など，さまざまな個

写真1　日田盆地の風景
町外れからは盆地の四方を取り囲む山並みが眺められ水の流れは山裾から町へ集まる

写真2　小国町杖立温泉の立地
阿蘇の火山台地を削った渓谷に温泉が湧き出し1200年以上の歴史を有する

性的な地勢を構成する特徴が見られる．それぞれの海岸線においては，それらが形成されるに至った自然地理上の要因を前提として，古代より私たち人間の居住地としての土地利用がなされてきていることを理解しよう．長崎県の生月島（いきつき）では，外海と急峻な山塊が接する狭間に，先人は彼らの持つ技術を駆使して生活を営み，住むことのできる風景をつくり上げてきた（写真3）．また福岡県八女（やめ）市の旧福島宿では，自然と生産活動の「接点の場所」における，人々の水との闘いと共存のありさまを，矢部川の固定堰の姿を通して理解することができる（写真4）．

　風景はいつの間にかそこにあるのではなく，生活の記録そのものである．いま現在において私たちが確認できる文化財や名勝，文化的景観のありかとして，これらの多様な海岸線に沿った風景が存在しているのである．漁村や河口の港町，海岸に面した急斜面に築かれた田畑，遠浅の海を次々に陸地に取り込んで広がってきた干拓地などがそれである．そこには，自然地理の条件を時に素直に生かし，時に自然の地勢を相手に厳しい対応をしながら長い時間をかけて居住環境を形成してきた，私たちの祖先の営みが見てとれる．

　つまり，風景とは人と自然環境とが長年密接で良好な関係を結んできた履歴の証しとなるものであり，人の暮らしの情景の背後には，常に自然地理的な環境がつくり上げる大きな国土・大地の輪郭がある．それは，常に私たちの生活の実感と結びついた情景の記憶の中に，刻み込まれてゆくのであろう．

写真3　長崎県生月島の海辺
急斜面地に張りつく集落と農地があり墓地が寄り添う

写真4　福岡県八女市黒木の矢部川
矢部川下流の集落と農地を潤す水路の固定堰は山岳地と平野とが接する位置にある

写真5　九重の火山性高原地帯
背後に地熱発電所の蒸気が立ちのぼる．風景を生み出す高原の植生は，人々の手によって継続的に維持管理された結果である

写真6　玄界灘に面した福岡県津屋崎海岸
岩山の岬と弓形の砂浜海岸が交互に連なり，防砂防風林としての松林が後背地に広がる．海岸漂着物の多さは，太古からの海上交通の適地であったことの証でもある

参考文献
1）中村良夫：「風景学入門」，中公新書，p.28，1982．

1.2.2 地形と土地利用

仲間浩一（九州工業大学）

自然地形の解読の必要性

　近代的な土木技術は，しばしば大地の表面の姿を根本的に変える力を持っている．このため現代の都市空間においては，元々そこにあったはずの地理的な要素，特に地形的な特性を消失させ，経済的，効率的な土地利用のための造成が行われ，私たちがその地で風景を眺めても，本来の地形や地理的な環境の成り立ちを理解することが困難になってきている．このため，特に都市風景の議論をする場合など，道路沿線の建築や広告物の立ち並び等にばかり目が向いてしまうことになる．

　しかしながら，風景とは，見る者が身体を置いているその現場の狭い範囲の空間だけで成り立っているものではない．周辺の環境とのつながりを理解したうえで，常にその現場を「周辺を含む大きな全体」の中の「一部分」として捉える必要がある．また，風景とは奥行き感に富み，数キロメートル，数十キロメートルも離れた空間を結びつけ一体のものとして見せるような機能を発揮する．言い換えれば，「風景を眺める」という行為は一種の「飛び道具」に例えられる性質を持っていると言えよう．このため，一つの場所の風景の成り立ちを理解するためには，その場所の現場的な土地利用だけに目を向けるのは不十分であり，周囲のより大きな自然の地形全体のありさまを把握したうえで，現場の風景が持っている特性を見抜かなければならない．

自然地形に呼応した土地利用の様相

　ここでは実際の風景の成り立ちを読み解いてみよう．九州における自然地形と人間による土地利用との関係を典型的に表す一例として，沖積層である筑紫平野と断層山地である耳納連山を例として挙げてみる．この地域では，自然地形とそれに影響を受けて定まる土地利用の姿が，比較的良好に残されている．

　耳納連山は，久留米市の東部にある高良山から，ほぼ真東へ連なり標高を高める，およそ20kmに及ぶ山脈である．日田盆地から流れ出し西へ向かう筑後川は，沖積平野である筑紫平野を形成しながら，耳納連山の西端に広がる久留米の市街地をかすめて大きく南西へと向きを変えている．

　筑紫平野に面する北側斜面は連続した断層による急峻な斜面となっており，浸食された沢筋がいくつも平行に，平野へ向かって流れ出している．このため，耳納連山の北側斜面から山麓斜面，そして筑後川による沖積平野へと，耳納連山の尾根筋に平行な，帯状に連続する土地利用が展開するため，筑後川の沖積平野や山裾の集落から眺められる風景には，地理的な地形条件に呼応するように，

一貫した特徴が認められる．

　耳納連山の断層崖は，山腹から流れ出る沢筋により形成された小規模な複合扇状地となり，傾斜を徐々に緩めながら沖積層へと緩やかにつながっていく．扇状地の発端部（最も山に近い箇所）では山岳から流れ出る沢筋の水利が良く，古くからの小集落も点在するが，むしろ特徴的なのは，個々の小さな扇状地の末端部の状況である．水はけが良い代わりに，水利の悪い砂礫層の扇状地斜面と沖積層の湿地帯との間に扇状地の伏流水が地表に顔を出す．そのためにこの扇状地の末端部分には条件の良い水利を生かした農業集落が，ほぼ同じ標高ラインに帯状に連続的に形成され，土地利用上の境界線を形作る．このことは，地形図を観察するだけである程度は理解することができるだろう．わき水を利用した小さな溜め池なども形成される．

　集落より標高の高い扇央部は，斜度があり水利が悪いために水田や畑作はできず，果樹園が等高線に沿って帯状に山麓斜面に広がっている．逆に，標高の低い側には，沖積層に到達するまでの緩傾斜地に，果樹や園芸苗木の栽培などが行われ，土地が水平になるエリアからは水田となる．つまりここでの土地利用は，標高の低いほうから順に，沖積層の水田→緩傾斜地の園芸樹木栽培地→扇状地末端部の農業集落→扇状地央部傾斜地の果樹園→扇状地発端部の沢出口→断層崖の森林と変化しており，明確な秩序をもって斜面地を横断するように移り変わっている．このように，農業的土地利用が自然地理的な地形条件に呼応するように，帯状に連坦しつつ配置されていることが見てとれるのである．

組み込まれる交通空間と風景

　上述したように，筑紫平野と耳納連山との間には，シンプルな自然地理の構造が一貫して存在し，それに呼応した多彩な土地利用が地表に張りついている．しかし，それはあくまで地表の環境のありさまであって，そのことだけで風景が生まれるわけではない．風景は，その地理的な環境の中に，人間が身を置く場所を意図的に作り出すことによって，初めて立ち現れてくる．つまり，地形空間の中に，人間の社会的な居場所，すなわち必然性のある視点場が設けられてこそ，印象的で記憶に残る風景が生まれるのである．この耳納連山の山麓地域では，一体何がその視点場の役目を果たすのであろうか．

　この筑紫平野の複合扇状地においては，地域の交通施設空間が視点場の役目を担っているといってよい．もちろん，集落そのものや神社境内地，墓地といった，歴史的に見て大切な要所はそこかしこに存在しているのであるが，注目したいのは地形空間に沿って設けられた現代的機能を持つ施設の存在である．特徴的な地形空間の中に，人間の社会生活を支えるインフラストラクチュア，特に

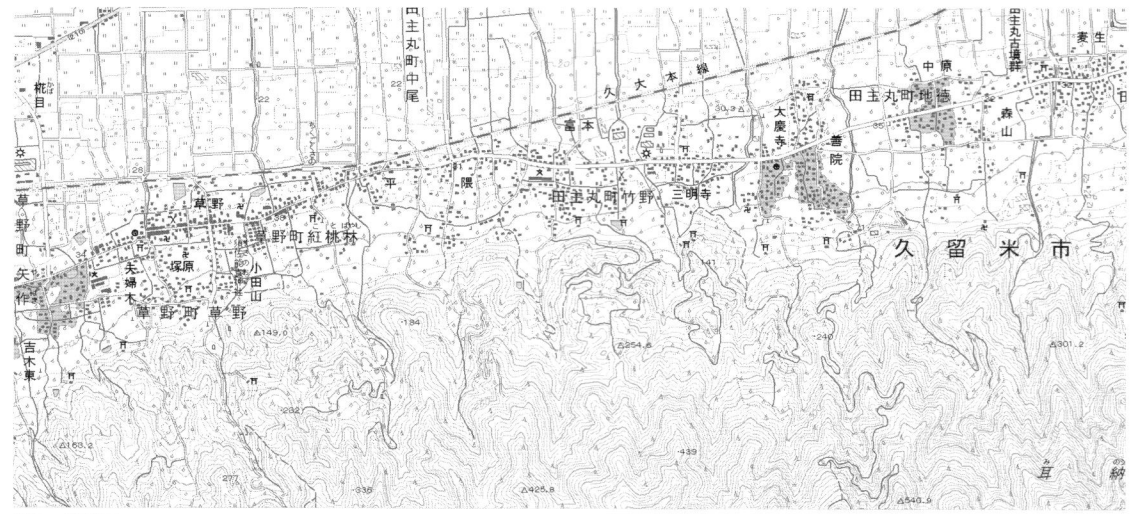

図1　地形図

　道路や鉄道といった交通施設が組み込まれたために，現代の生活の中で体験できる風景が生まれたのだと言える．交通施設空間とは，地形のうえに成り立つ地理的な環境の，言わば「体験装置」，「生活の中で風景を生み出す装置」なのである．

　地形図（図1）を見るとわかるように，この横断的な土地利用の構成の中に，歴代の技術でつくられた交通施設空間が，等高線に沿って平行に設けられている．扇状地の扇央部を等高線に沿うように曲がりくねりながら残されている中世以前からの街道や集落間路，扇状地末端部の農業集落をつなぐ近世の街道，そして農業集落下の緩斜面の果樹園地や樹林地の中を直線的に縦断する近代の鉄道，沖積層の中の自然堤防上の集落を貫く自動車交通のための国道210号線，といったものが確認できよう．

　このため，等高線に沿った道路や集落，鉄道沿線からは，山方向へ向かっては果樹園や集落を前景として，尾根のスカイラインがはっきりした断層斜面地へ向かう屏風絵のような風景が眺められ（写真1），その逆に平野方向に向けては果樹園や集落を前景とした壮大な視距離の長い平野の田園風景が展開する（写真2）．

　自然地形の秩序を損なわないよう上手に組み込まれた交通空間は，地形と土地利用からなる地域環境を風景として眺めるための良好な視点場であり，逆に言えば，そこから眺められる風景は，まさにその土地の自然地理的な個性を端的に表現しているものなのである．その反対に，高度な土木技術によって自然地形の条件からかけ離れたつくり方をされた道路や鉄道は，現場の土地利用との関係を持つことができず，そこから眺められる風景は，暮らしを実感させない単

写真1　沖積平野から眺めた耳納連山
近景の水田，中景の樹林地や果樹園と集落，そして遠景の断層崖からなる風景

写真2　複合扇状地の発端部から眺めた筑紫平野
沢筋を登る扇央部の果樹園越しに遙か筑紫平野が眺められる

写真3　沖積平野を走る拡幅された道路
道路を走る車から地域の自然地理に支えられた歴史的な暮らしぶりが目に入るだろうか

写真4　集落内に散見される文化的な要所
等高線に沿った集落間道路を歩くことで地域の風景を創り出している暮らしの現場を理解することができる

なる「壮大な景色」とならざるを得ない．結果として，そのような交通施設の利用者は，高度な利便性と効率的な移動環境を手に入れる代わりに，通過している現場の土地利用や生活環境に対して関心を持つことがきわめて困難な立場に陥らざるを得ないのである．

1.2.3 自然に則した暮らしの景

田中尚人（熊本大学）

インフラストラクチャーは，英和辞典によれば「国家，都市または地域社会などの存続，発展に関わる基本的施設」と定義されている．ここでは，人々が人間らしい共同生活を営むため，地形や気候などの自然環境のうえに構築する土木構造物およびそれに付随したシステムの総体であり，社会の要請に応える社会基盤と定義する．

この社会基盤には，その規模や機能に応じて，国土レベルのネットワークとして機能する国土基盤もあれば，都市レベルの諸機能を支える都市基盤，またコミュニティ単位の暮らしを支える地域レベルの生活基盤もある．ここでは，自然地形のうえに，地域の人々によって継承されてきた暮らしが展開される生活基盤の構築について説明する．

自然環境に則した生活基盤

近世以前，人々がそれほど大きな地形改変を行うことができなかった頃の生活基盤は，地形そのもの，もしくは木を植えたり，石垣を積んだり，せいぜいその程度の人為を尽くしたものであった．地勢を読み，かろうじてコミュニティが存続していける最低限の生活環境を保持するための技術や哲学が，地域の風景の基盤となっていた．

「白砂青松」とは，美しい松原を有する砂浜の風景（写真1）を表す言葉である．松原は飛砂を防ぎ，強い海風を遮る防風林であるとともに，かつて松葉を絞って採取される油をエネルギー資源として利用していた．周辺地域の住民は，入会地として砂浜を維持管理するとともに，松原をも貴重な生活資源，収入源となる地域資産として管理し，風景の維持に携わっていたのである．地域資産としての白砂青松の維持管理は，一人ひとりの活動が基本単位の持続可能なコミュニティ活動であった．この地域活動によって，松原と砂浜という生活基盤が，エネルギー資源から風景まで，自然環境に則って維持管理されてきた．

なお松葉を放置すると，土地が肥え繁殖力の旺盛な他の木々が茂り，やせた土地で育つ松は逆に枯れる．江戸期には，落ち葉は藩の所有物であり，人々は藩に願い出て，有料で落ち葉を利用していた．つまり自然な暮らしには，一連の必然がある．エネルギー源の転換は，「一連」の流れに支障が生じたことを意味し，松原の維持は困難になる．意図的な風景の保存が問題となるが，暮らしに則さない解決策では問題解決にならない．

もう一つ，日本の伝統的な農村風景として棚田（写真2）が挙げられる．米を主生産作物としてきた日本の農業は，あまり水田に適しているとはいえない急峻

な斜面地をも稲作に供してきた．田植えをしたばかりの水面にいくつも顔をのぞかせる月夜，収穫期の黄金の千枚田など，その風景の美しさばかりでなく，過酷な棚田耕作の苦労がその風景から偲ばれ，共感することのできる日本人の心を打つ．厳しい自然環境に則した上で，人々が地域の中で共生するためのぎりぎりの生活が，棚田の風景から読み取れる．

地形に則したかたちで植樹や微地形の操作が行われ，松原や棚田といった生活基盤が構築されてきたことがわかる．このような地域では，人々の生活も風景も，生活基盤と関わることによって，はじめてその持続可能なシステムとして成立することができる．大地のうえに人々の安寧の居場所を獲得するためには，その地域の風土を規範とした生活基盤構築が必須といえ，このような地域固有の風景が，日本の伝統的景観には少なくない．盆地景観における神奈備山や湊のそばの日和山の存在や，水分神社に対する配慮も，微地形レベルの地形改変を読み誤らないための鍵といえる．

第二の地形となる生活基盤

土木技術の発達や生活環境側の要求によって，地域基盤のつくり方にも変化が生まれる．地域レベルの協働が可能な集落では，地域の自然環境を支える第二の地形とも呼べる生活基盤が存在する．

「輪中(わじゅう)」は水害頻発地域に暮らす人々の第二の自然づくりといえる．輪中とは，近代以前の土木技術では川除が不可能であった大河川の下流域などにおいて，洪水から人命や生活環境を守るために地域をぐるりと取り囲むように築造した土堤のことである．輪中地域では，俗に輪中根性と呼ばれるように，コミュニティの結束力が強く，輪中組合によって治水対策や水防訓練などの防災に対する備えが徹底されていた．輪中地域では，万一の浸水に備え基壇を高くした家屋や，1階は浸水を想定し2階以上に倉庫機能を有する水屋(みずや)(水塚，水家などの表記も)，軒下に吊り下げられた上げ舟(あげぶね)，水害防備林，切割り，助命壇など，地域特有な景観要素が数多く存在する．輪中は，近代土木技術の発達により過去の遺物として忘れ去られようとしていた．しかし近年，度重なる都市型水害に対して，環境との共生をはかる流域管理システムとして見直されている．

同じように，90年代後半に見直された生活基盤として「里山」が挙げられる．里山は，日本固有の照葉樹林を潜在的植生として雑木林によって構成され，集落から適切な距離にある人為環境とされる．かつて里山（写真4）は単に自然地形としての山であっただけではなく，さまざまな共有空間を提供しローカルルールを生み出した．子供たちにとっては身近で近寄りやすい「飼い慣らされた自然」に触れ合う場所であり，貴重な環境学習の場であったといわれている．大人たち

神奈備山
高山大嶽のように高くはなく，里にあって森に覆われ，二等辺三角形の緩やかで端正な山容を見せる神体山．

日和山
航海の安全のため日和（天候）を見る山であり，湊に接して海を眺める適地に存する．

水分神社
里から立ち上がり，稲作に不可欠な水を与えてくれる水分山とセットで存在する神社．

写真1　虹ノ松原（佐賀県唐津市）

写真2　鬼木の棚田（長崎県波佐見）

にとっては，竹材や簡易な建築資材を調達し山菜やきのこなどを採取する，地域資源の倉庫でもあった．このような里山は，多くの人々の原風景として認知され，「ふるさと」などの童謡にも歌われてきた．

　高度経済成長の時代，宅地や工業用地開発によって次々と切り拓かれ，姿を消してきた輪中や里山を，地域の風土に根ざしたシステムとして捉え直し，再生する動きが，さまざまな地域で見られる．生活基盤の機能面のみを評価するのではなく，地縁以外にも地域の人的ネットワークの強化や地域資産としての価値を新たに創出していく取り組みは，地域と生活基盤のあり方に多くの示唆を与える．

自然に則して生きる実感

　現代では，メディアを通して屋久杉の樹林や京都の伝統的建造物の保全にも簡単に興味を持つことができる一方，自らが住む地域のゴミの分別方法も定かでないというような環境認識の歪みが生まれている．また，道や水路，橋，公園など比較的利用者にその恩恵がわかりやすい生活基盤もあれば，水道や電気，ガス，情報システムのように目に見えない媒介物や地下に埋められたネットワークのせいで，その恩恵が掴みにくい生活基盤も存在する．このように，環境認識の歪みや生活基盤の高度化により，自然に則して地域に生きる実感が薄れ，自然環境と生活環境との接続に不具合が生ずることが増えた．

　生活基盤が近代化を経て，技術の進歩や社会の要請の肥大化により，大規模化，多機能化し，使う側にとっては便利になったものの，すべてを使いこなすこ

写真3　緑川中流部右岸にある甲佐町「やな場」
山腹に腹付けされた堤防内に，細川家御用命の鮎やな場がある

写真4　里山の風景（熊本県山都町）

とは難しくなり，中身がよくわからなくなってしまった状況がある．同じ社会基盤でも，人々の生活と直結していた生活基盤が衰退し，都市基盤あるいは国土基盤ネットワークの末端に組み込まれ，余剰の恩恵しか受けなくなってしまうようなねじれ現象を引き起こしたりした．

　自然環境に則した生活基盤は，住民が協働して暮すというごく簡単な目的を達成するための必然がかたちとなって現れたものである．地域にとって適切な規模や機能を備えた地域基盤が，持続可能な地域活動や経済システムのうえに構築され，風景をなしてきたのである．松葉を拾うにしても，棚田を耕すにしても，自然に則した生活の姿は風景になる．

　蛇口をひねれば水が出る，スイッチを押せば電灯が点る，という都市レベルの生活は便利ではあるが，自然を体感することは難しく，実感を失った伝統的景観の喪失は後を絶たない．しかし，地域における生活は本来自然環境に則したものであり，人間本来の居場所の感覚を取り戻せばさほど難しいことではないようにも思える．地産地消など，第一次産業に思いを馳せれば，その有効性は確認できる．自然のなかで活かされている実感，これを担保できる地域基盤づくりがコミュニティ再生や地域に対する愛着形成にも繋がるのではないだろうか．

参考文献
1) 和辻哲郎：「風土」, 岩波書店, 1978.

1.2.4 地形の「つくり」

仲間浩一（九州工業大学）

地形の理解と地形図の縮尺

　自然環境を理解するためには，生態や植生，土壌，水環境などさまざまなアプローチがあるが，ここでは特に自然地形の「つくり」に目を向けることにしよう．1.2.1節（「自然地理条件」）や1.2.2節（「地形と土地利用」）で論じたような，大きな風景の輪郭を決めていく大規模な地形ばかりでなく，小さな個々の場所の地形的な特徴，さらにはその特徴から生まれる風景や暮らしの情景にも，私たちは目を向ける必要がある．そのためには，地形を把握し理解するための情報について，ある程度は通じている必要があろう．

　私たちが風景と地形との関係を理解するうえで，最も基本的な情報を得ることのできるものは，国土地理院の発行する1/25,000地形図である．1/25,000地形図は，二つの点で私たちの風景理解の基本となる特徴を有している．一つは，編集図ではなく実測図であること．もう一つは，同一の規格によって日本の国土のすべてを網羅していることである．これよりも詳細な（大縮尺の）地図で，日本全体を同じ規格で網羅している情報はない．また，これよりも小縮尺な地図は編集図となり，1/25,000の地形図の持っている情報を統合して取捨し表現している．したがって，わが国における特定の場所の風景や周辺の地域環境を理解しようとする際には，この1/25,000地形図が信頼のおける必須の道具である．

大地形と微地形

　地形図には等高線があり，土地の起伏がわかるように表現されている．1/25,000地形図であれば，実線の主曲線が標高10mおきに描かれ，50mごとにやや太い実線の計曲線が描かれる．また，起伏が緩やかな平坦地や低地では，部分的に5mの間曲線が挿入される．地域全体の大きな風景の輪郭や骨組みを大づかみに理解するのであれば，この情報で事足りるであろう．

　しかし，実際に地形空間の中を歩き，風景と地図との照合を行おうとすると，1/25,000地形図の情報だけでは，地形の「つくり」を理解するには不十分であると気づかされる．都市や中山間地の生活空間においては，わずか2m，3mといった標高差の起伏が，暮らしの風景に大きな影響を及ぼしていることが多い．

　たとえば，沖積平野の水田地帯に点在する農村集落は，周辺の水田地の標高に比べてわずか1.5mから2mほど高い土地に立地する．これは「自然堤防」と呼ばれる微地形のうえに成り立っている生活空間である．平野をつくった河川がかつて蛇行する中で氾濫を繰り返しながら砂礫が堆積した，周囲の低湿地よりも一段高い土地であり，実際に歩けば集落の周囲にはわずかな短い坂道がある．

また，河川沿いに形成される小さな河岸段丘なども，現在の市街地に飲み込まれてしまえば，意識して見なければそれとわからず，わずかな緩い坂道として体験されるだけでほとんど記憶に残ることもない（写真1）．しかしそのわずかな地形の機微こそが，土地の防災上の機能や利用状況，さらには生活の中での場所の意味的な格式までも大きく左右する可能性があることは知っておきたい．たとえば河川際のわずかな土地の高低差や水際線との位置関係を読み取って，神社境内，果樹園，河川敷の荒れ地，といった使い分けがなされている状況を，私たちは農村地の風景の中に発見することができる（写真2）．

　このような微地形の存在と，それを上手に使いこなした暮らしの営みの風景は，1/25,000地形図上の等高線を見ているだけでは理解することができない．地形図に示される標高10mの間隔の等高線に挟まれた「余白」の部分には，私たち人間の暮らしや，生活の中での土地の使いこなし方のエッセンスが，実は凝縮されている．このような情報を把握するための地形図は，縮尺1/5,000国土基本図（自治体の都市計画区域においては，1/2,500の都市計画基本図がある）などに頼らなければなるまい．風景の骨格を理解するための大地形と，現場での生活空間の生きた使われ方を理解するための微地形との双方に対して，私たちは同時に目を配ることが求められているのである．

古い地図との重ね合わせによる環境への理解

　私たちがふだん書店などで手に入れることのできる地形図は，常に最新の測量結果が反映された空間を表したものである．だが，そのような現在の地形図に掲載されている「測量された空間」の形状は，その周辺地域の地形を長い間かけて形づくってきた自然の地形構造と，まったく異なっている場合が少なくない．その最も大きな要因の一つは，沖積平野における河川の河道改修である．

　自然の形は複雑であり，さまざまな地物が相互に有機的な関係を持って環境全体を作り上げてきた．その中で，川の流れは大きな力を持ち，地域の人々の暮らしや土地利用に強い影響を与えてきた．しかし，現在の地形図に載る河川の形状は河道改修の末の人工的なものであり，よほどの洞察力がない限り，地形図の観察だけから地域の本来の自然地形と暮らしの関係を理解することは困難だろう．

　このために有効な方法の一つは，同じ地域の過去の地形図との重ね合わせによる比較，対照を丁寧に行うことである．

　1.2.2節（「地形と土地利用」）でもふれた筑紫平野における事例を見てみよう．（図1，図2）筑紫平野を流れる筑後川は，かつては斜度のきわめて小さい平坦な沖積平野を大きく蛇行しながら，平野のあちこちに河跡湖や自然堤防を形成してい

写真1　福岡県久留米市内に見られる坂道
筑後川河畔にあったかつての河岸段丘の痕跡であるが，通常それを意識することは困難である

写真2　福岡県八女市郊外に見られる河岸の風景
土地の標高差に従って，荒れ地，果樹園，神社，畑地，集落，ときめ細かに利用される

た．わずか50年前までは，このような数万年の単位で自然がつくり上げた構造そのもののうえで，地域の人々は土地とつき合いながら生活を組み立てていたのである．

しかし，1953（昭和28）年の西日本全域を襲った大水害を一つの契機として，日本の河川の姿は急激に大きく変わってしまった．沖積層を流れる河川は水を

写真3　かつての軽便渡し場跡地と現代の橋梁
近代的な治水がなされた河川の風景は清潔で明快である．そして，それは本来の自然の川が持っていた様相とはかけ離れている

図1　大正期の筑紫平野と筑後川の河道

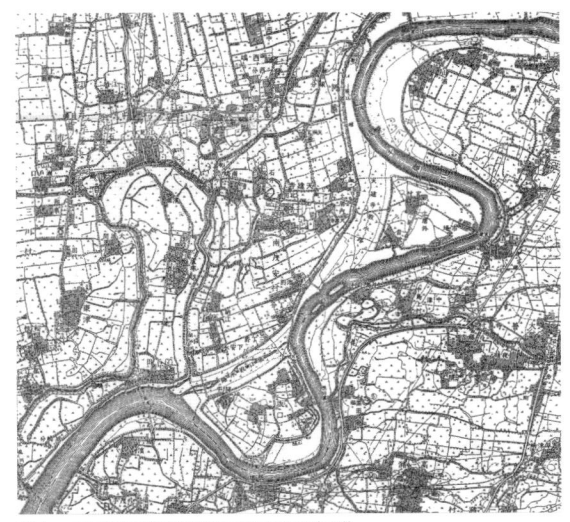

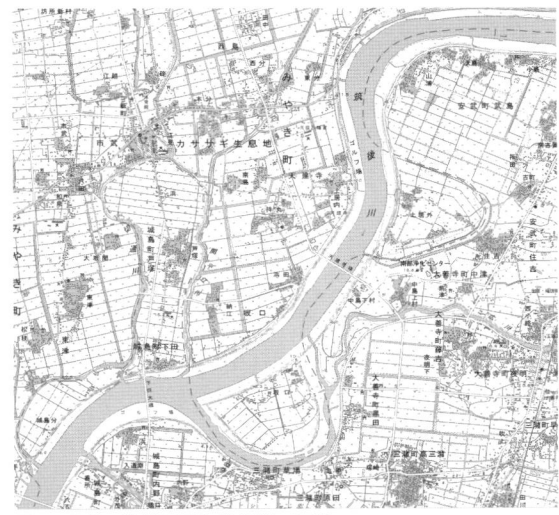

図2　現代の筑紫平野と筑後川の河道

効率的に最短時間で下流へ流すための水路として位置づけられるに至り，そのために最適化された河道形状へと，治水事業により改修させられた．このため，現在見ることのできる筑後川は，自然本来の水の流れが持つ特性とはまったく異なる直線的な形を，強固な堤防によって与えられている．この結果，私たちが平野で眼にする風景の中で，自然堤防上の集落群や河岸段丘の森などの配置と，実際の水の流れの位置形状との間に，有機的な関係を見出せなくなっている．つまり，河川は水を流す機能的な技術空間として，また都市空間は道路を軸とした機能的な技術空間として，互いの関係を持たずにつくられてきた．そして自然地形とそれに依存する土地利用は，それら現代的な都市の骨組みから切り離された役割の曖昧な空間として，風景の中に孤立して存在しているのである．人の暮らす地域の風景は，自然地形を骨格とする本来の地理的なつながりの中に，再びその縁（よすが）を取り戻すことができるのであろうか．

1.2.5 近世城下町の都市計画

樋口明彦（九州大学）

われわれが暮らし働く日常活動の場を空間として見たとき，そこには実にさまざまなものが存在するが，それらを包括する一つの大きな単位として「都市」という空間を考えてみよう．一般に都市というものは，地域の業務機能・商業機能等が集中する中心部，その外縁を取り囲むように分布する住宅地区，さらにその外側に広がる農地と農業集落，そしてそれらを結ぶ道路のネットワークというような，同心円的な構造から成り立っているとされている．たしかに，今日の都市のほとんどはこうした形態的特徴を多かれ少なかれ有しているが，現在の状況だけを見るのではなくその形成期から現在に至るまでの長い時間の経過をつぶさに眺めてみると，戦後に田んぼを埋め立てたり山を平らに削ったりしてゼロから造られたいわゆるニュータウンは別として，九州の都市の多くが近代以前に大きな構造的改変を経験しており，その当時の構造的な特徴や景観が今日の都市の形態に強く影響していることに気づくだろう．本節では，日本的都市の典型としての近世城下町に目を向け，そこで誕生した都市の空間構造はどのようなものでありどのような意図で創出されたのか，そして今日的都市の姿の中に城下町空間の文脈をどのように読み取ることができるのかについて概観する．

都市構造の大きな変革期であった近世

わが国の都市の多くは，1600年の関ヶ原の戦を境に始まった江戸時代の初頭に形成された近世城下町がその基礎となっている．徳川幕府の指示で多数の大名が新たな領地へ引っ越したが（国替え），彼らが最初に行わなければならなかった仕事は，城下町の建設であった．特に江戸から遠く離れた九州では，徳川幕府の方針で，島津氏の薩摩藩，鍋島氏の佐賀藩，黒田氏の福岡藩，有馬氏の久留米藩，稲葉氏の臼杵藩，大村氏の大村藩，細川氏の熊本藩，伊藤氏の飫肥藩など，多数の外様大名が領地を構えることとなり，それら雄藩をおさえるかたちで，小笠原氏の小倉藩，同唐津藩，内藤氏の延岡藩などの譜代大名が配置され，それぞれに城下町を築いていった．

江戸期にはまた，参勤交代や物資の流通のために街道の整備が進み，多数の宿場町が形成された．それらの多くが今日も都市あるいは都市のなかのまちとして存在している．長崎と小倉を結んだ「長崎街道」沿いや，日田（徳川幕府が九州諸大名を監視する目的で西国筋郡代が置かれた）と福岡・久留米・大分などを結んでいた「日田往還」沿いなど，数多くの街道沿いにこのタイプのまちが形成された．背骨のような街道を挟んでその両側に本陣・脇本陣・番所・旅館・商店などが並んでいた．こうした往時の面影を色濃く残した風景は，九州の各地

で今日も見ることができる．
　また農村地域においても，耕地の拡大等の目的で自然に対してそれまでになく大規模な人為の手が加えられた結果，たとえば佐賀平野に見られる大規模な干拓地とクリーク，各地の山間部に見られる棚田の風景などが誕生している．こうした近世・江戸期に形成された都市構造や田園形態は，今日でも九州の風景の骨格となっている．

近世城下町の構造的特徴

　近世城下町は，領主である大名が政治経済上の中心として計画・建設した計画都市として捉えることができる．それらの多くでは，地域固有の自然条件に十分配慮したうえで，城の配置，堀の配置等が決定され，さらに町割りの骨格を決定していくという計画プロセスが採用されたと考えられている．佐藤らは，そうした計画のアプローチを次の三つに分類している．

　①周辺の山並みや自然地形との関係から大まかな骨格を決定すること
　②同心円や三角形など幾何学的な形態を用いて重要な建物や施設を配置すること
　③固有のモジュールを用いて空間を分節化すること

　上記の具体的な例の一つが「山アテ」と呼ばれる空間規定の手法である[1]．
　ここでは，近世城下町の事例として佐賀県唐津市の旧城下町地区を見てみよう．唐津城とその城下町は，寺沢志摩守により1602年にその建設が始まり，1608年ごろにほぼ城下の町割りが完成したと言われている．写真1に示すように，唐津は地形的には松浦川の河口西岸に拓かれた城下町を囲むように多数の山や島が存在している．唐津湾には，高島，鳥島に加え，現在は埋め立てにより陸続きとなっている大島がある．さらにその沖には神集島(かしわじま)が望める．東には日本三大伝説の一つである小夜姫伝説の舞台となった鏡山がそびえ，西にもやはり小夜姫伝説にまつわる衣干山(きぬほしやま)が認められる．また，南側にも借山(かりやま)・西谷山(にしたにやま)などからなる丘があり，さらにそれらの外周には段丘状の丘陵地が連なっている．これら地物の多くは，現在も市内の各所から遠望することができ，古くから唐津に暮らす人々により主要地物として認知されていたことが推察される．
　図1は1670年代における城下の町割りの状況を示した絵図である．旧城下町地区は，掘割によって城内にあたる本丸・二の丸・三の丸と城外の外郭・外町（町人町）に分けられている．町の中心にはこの地の主社である唐津神社が置かれている．一方，今日の街路形態は図2のようになっている．2枚の図はよく整合しており，道路の拡幅や堀の消失などの変化はあるものの，江戸期の町割りが今日も唐津中心部の構造の基盤となっていることがわかる[2]．これらの町割りを形

写真1　唐津城とそれを取り囲む主な地物の分布状況
矢線は，旧城下町の主要街路から見通すことのできる山・島等の方角を示している

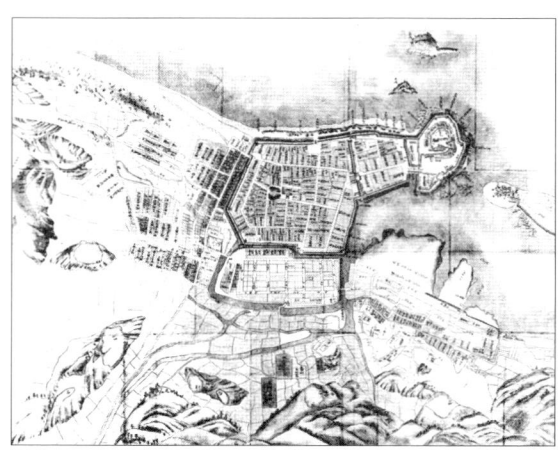

図1　1670年代の町割り図（出典：佐賀県立図書館蔵「唐津城郭海岸之図」）

成している街路のうち周辺の地物への山アテが行われていたと推察されるものを抽出したのが図2中の矢印である．城下町建設当初は多くの街路で山アテによるヴィスタ景が計画的に創出され，暮らしの一部としてそれらの風景が存在していたのであろう．

都市空間の時間のなかで蓄積されたデザインの文脈を読み取る

　今日，唐津の旧城下町地区を歩いても山アテ景観軸の存在を確認できる機会は少なく，唐津城や一部に残る石垣などから往時のよすがをわずかに感じ取ることができるにすぎない．自動車社会に対応した街路の拡幅や市街地拡大に伴う街路延伸の際に旧城下町地区街路の軸線が対象地物からずれてしまったこと，街路整備事業や区画整理事業に伴う掘割や河川の埋め立て，ヴィスタを遮る大型建築物や看板・電線類等の出現などが山アテ景観の主な阻害要因となっている．これらの阻害要因はすべて明治維新以後の都市成長の過程で発生したものであり，とりわけ戦後導入された近代都市計画のフレームの下での急激な都市の更新・拡大によって発生したものが多い．しかし，歴史的・俯瞰的に都市の成り立ちを遡っていくと，一瞥しただけでは気づかない都市の姿が見えてくる．都市の今後のありようを考えるとき，われわれはともすると現在の状況ばかりに目を向けて思考を組み立てがちであるが，九州には近世城下町を起源に持つ都市が多数存在し，それらの多くでは，新しい都市構造や都市機能の底辺に往時の都市デザインの思想が摺り込まれているのである．

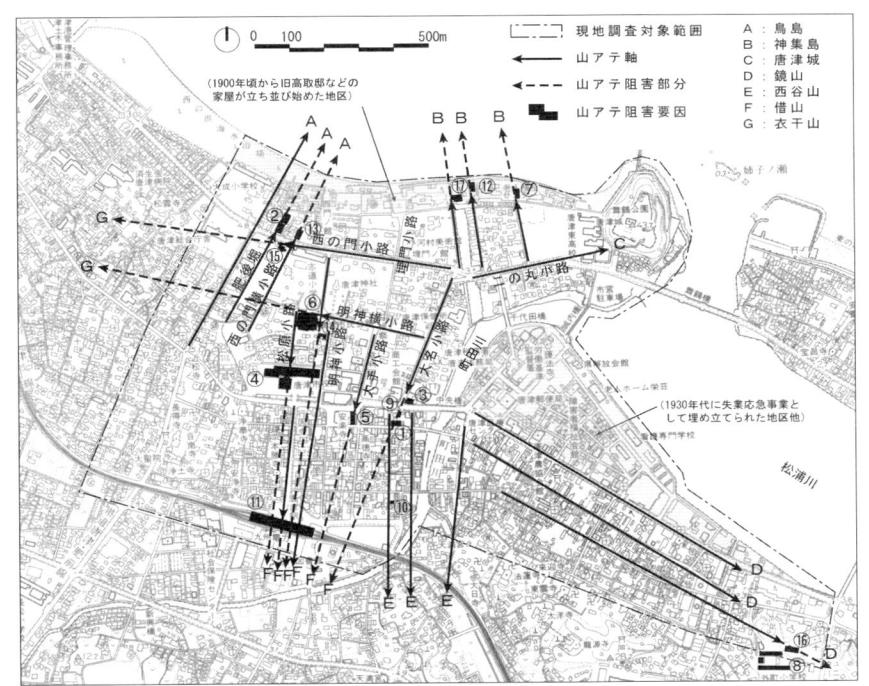

図2 唐津の山アテ街路の分布状況

　さて，今日そうした旧城下町の多くで，江戸時代以来の歴史的街並み景観の保全，城下町をモチーフとした景観整備・観光振興の取組みなどが行われている．しかし，建設当初に街並みの中に仕組まれた近世城下町固有の歴史的景観構造に着目した事例はほとんど認められない．わが国固有の手法である近世城下町のデザイン手法をこれからの都市づくりの過程でどのように再評価し都市デザインのなかに位置づけていくかは，今後のまちづくりにおける大変興味深いテーマである．街路整備や河川改修など専門家として都市に手を加える機会の多いわれわれ土木技術者は，その都市が歩んできた履歴や都市構造の文脈をきちんと理解した上で，次の時代に向けてそれらをどのようなかたちで残していくか，そして活用していくかをしっかりと考える姿勢を持つ必要があるだろう．

参考文献

1) 佐藤滋＋城下町年研究体編著：「図説城下町都市」，鹿島出版会，2002．
2) 樋口明彦他：「唐津市旧城下町地区における山アテ景観阻害要因に関する研究」，日本都市計画学会都市計画論文集，vol.42-3，2007．

1.2.6　近代都市計画の導入

樋口明彦（九州大学）

前節で概観したように，九州における今日の都市景観の骨格は近世城下町や宿場町の成立にそのルーツをたどることができる．しかし今日，それに気づくことのできるまちはそれほど多くはない．ここでは，近世の都市やまちの構造が，近代，特に戦後においてどのような変貌を経験したかについて，主に都市計画が果たした功罪を軸に眺めてみる．

都市計画とは

まず「都市計画」という言葉の意味について簡単に整理をしておく．用語としての定義にはさまざまなものが存在しているが，戦後わが国が経験した高度成長期（一般に1950年代半ばから1970年代初頭のオイルショックまでの経済成長期を指す）の余韻が残る1978（昭和53）年に刊行された「都市計画用語録（彰国社刊）」には「都市という対象領域において，目標とする都市政策の達成を図り，理想的な都市空間を実現するために行う総合的な物的空間を構成する計画である．具体的には，土地，市民，施設のあり方を土地利用，人口配分，交通体系，施設配置などの計画内容によって立案する過程，および計画技術の総体が含まれる」と記されている．当時と比較して今日では都市計画という概念が扱う領域は市民参加やまちづくり，環境再生などを対象に加えることにより大きく広がっているが，本節で都市計画というときのニュアンスは，上記のように「理想的な都市空間を実現するために行う総合的な物的空間を構成する計画」として定義することとしたい．その拠り所となっている法的枠組みが都市計画法である．わが国の都市計画法は，1888（明治21）年の東京市区改正条例を経て，1919（大正8）年に制定されている．その後，1968（昭和43）年に急激な都市化の進展を受けて全面改正され，以後数次の改正を経て今日に至っている．

戦後の都市計画の功罪

1945（昭和20）年の敗戦以後，わが国では灰燼の中からの復興の過程で，経済力という一元的な価値の創出を最大目的とした国づくりが推進された（写真1，2）．経済復興の基盤として位置づけられた工業の振興が最優先され，1962（昭和37）年に策定された全国総合開発計画では国策として各地に臨海工業地帯を形成していくことが示されている．都市においても，効率性を優先した都市計画の方法論が全国一律に導入されることとなった．

ある時点での土地利用の将来計画をもとに一定の範囲を商業地域・工業地域といった用途に区分することで用途制限をし，さらにそのなかに建蔽率・容積

率などからなる建物のボリュームコントロールをかけることが全国の都市で取り入れられた．これにより効率的な土地利用が実現され地価は上昇したが，その結果生じた街並みの変質やそこでの人々の生活の変化について配慮されることはあまりなかった．広幅員の道路が次々と計画され，交通利便性は大きく向上した．しかしその代償として，既存のコミュニティが分断され歴史的な街並みが失われる事態が発生した．都市の集住は大火につながるおそれがある．そのため火事の際の延焼防止を目的に建物に不燃性・難燃性が義務づけられ，都市は火災に強くなった．しかしその一方で，都市から歴史的木造建築物が駆逐された．経済の進展には資源の集中が必要である．人間も資源として都市へ都市へと集まってきた．そうした急激な人口流入に対応するため都市郊外に次々とベッドタウンが建設されたが，それは際限のないスプロール（都市の急激な成長に伴って郊外に向かって住宅地を中心とした開発が無秩序に拡大していく現象）へとつながっていった（写真2）．都市周辺の丘陵地は無個性な戸建住宅の集合体を収容するために次々と切り崩され，日本固有の里山の風景・田園の風景が失われていった．近代都市計画の導入により，日本の都市は安全性・効率性・経済性などの面では欧米の諸都市と肩を並べるかそれ以上の水準のものを手に入れることができた．しかしその一方で，場所のもつ意味やいわれや歴史，文化というものが省みられることがないまま開発が継続された結果，多くの都市やその周辺で，地域固有の歴史性や文化，自然環境などが失われ，画一的な都市の風景が創出されてしまった．以上が，簡単だが戦後から最近までのわが国における都市計画の功と罪である．

　都市は経済活動の視点や効率性の視点だけで評価できるものでは決してない．都市がたくさんの人々の暮らす場である以上，まず安全で清潔であること，そして交通や通信など効率的な経済活動のための利便性が具備されていることは確かに必要である．が，それらだけでは人の心は満たされないということをわれわれは知っている．旅の途中で「よいまちだな」と感じる都市は人さまざまであろうが，そうした都市には，歴史や文化に根ざした精神的な豊かさやゆとりが感じられる美しく個性的な街並みがあり，木々の緑や開放的な水辺など心安らぐ公共空間があるものである．そうしたなかに心地よい散策路があり，みちゆく人々を眺めながら美味しいコーヒーで一息つけるカフェがある．それらはどれも，過去の世代から今日の世代へ，そして未来の世代へと引き継がれ積み重ねられていくその都市固有の原風景である．残念なことにわが国の近代都市計画には，時間の流れの中で少しずつ積み上げられていく空間の豊かさや味わいのようなもの，成熟した都市が本来備えておくべきものを担保する機能が具備されていなかったのである．

写真1 終戦直後の福岡都心部（出典：「目で見る福岡市の100年」，郷土出版社）

写真2 際限のない郊外化

高度成長と土木技術者

　戦後の復興期と高度成長期の一翼を支えたのは，さまざまな社会基盤の整備を担当した当時の土木技術者たちである．今日，彼らの仕事を槍玉に挙げて「土木が環境を破壊した」，「不必要な公共事業はもう止めろ」などの非難がしばしばメディアに登場する．しかしこうした非難は，数十年前に戦災からの復興過程で精一杯の仕事をした彼らに向けられるべきものではない．経済力の充実を最優先し必要な社会資本を可及的速やかに建設することが彼らに与えられた使命であり，そこには環境や景観を考慮するような余裕などなかったことをわれわれは理解しなければならない．中国やインドで進みつつある工業を中心とした急激な成長の状況を見れば，当時の日本の状況が現在とはかなり異なるものであったことが類推できるであろう．今日われわれが何の不自由もなく幸せに暮らしていられるのは，当時の土木技術者たちの仕事がその基盤としてあったからにほかならない．罪があるとすれば，戦災復興・高度成長という国家目標が達成された後に，それまでとは異なる成熟した都市の構築に向けて都市計画の方法論を見直す時間がたっぷりとあったにもかかわらずそれを怠ってきたわれわれの世代である．

これからの都市づくり

　高度成長が遠い過去の記憶となり成熟段階にあるわが国において，最低保障としての衛生や安全の確保以外はもっぱら経済的価値の強化のみを優先した都市づくりでは，価値観が多様化し複雑化している今日の社会的ニーズに対応すること

はもはや困難である．文化・歴史・生活の質・環境などの価値，そしてそれらの発露としての景観的な価値が都市には求められている．では，どうすればこれらの新たな実質をバランスよく具えた都市を構築することができるのだろう．

　幸い，九州の都市の多くは，たとえば東京都市圏の衛星都市群のように画一的な都市開発で埋め尽くされたような状況までには至っておらず，近世以来の都市形成の記憶や伝統文化の香りをそれなりに留めている．また都市外縁部においても，美しい田園風景や豊かな自然環境が残されている．今後は，これらをいかに維持・再生していくか，さらにそこからどのようにして個性的で住んでみたい都市・子孫に残す価値のある風景をつくっていくかについて，行政ばかりでなくそこに暮らす市民が主体的に参加した議論の場が設けられる必要がある．そこでさまざまな関係者が価値観や理念を共有しながら実のある議論を積み上げていくこと，そしてそれらを着実にかたちにしていくことが求められている．

　2004（平成16）年，景観緑三法が施行された．それまでの都市計画では法的な裏づけがなかった風景のコントロールに国の基本法として規制の根拠を与える法律である．都道府県や市町村で景観計画を策定すれば，その区域内での建物の建設・工作物の設置などについて事業者は事前の届出が必要になり，自治体は計画に適合しないと判断した場合に事業内容の変更を勧告することができるようになった．また，さらに強い規制として，市町村が景観形成地区を指定すると地区内では市町村長の認定を受けないと開発行為ができないという制度も導入されている．罰則規定も設けられており，わが国の景観行政にとって大変大きな改革である．また，計画プロセスその他での市民の積極的な参画も謳われている．

　また2005（平成17）年に文化財保護法の改正により始まった文化的景観（地域における人々の生活又は生業及び当該地域の風土により形成された景観地で我が国民の生活又は生業の理解のため欠くことのできないもの．文化財保護法第二条第1項第五号より）の選定制度や，2006（平成18）年に大型集客施設の郊外への出店を大幅に規制するよう改正された都市計画法のように，これからの都市づくりに必要な新たな法制度の整備が進みつつある．

　九州においても，これらの法制度をどのように活用し豊かな都市景観・地域景観を実現していくかについて，現在多数の市町村で手探りの取組みが進められている．近い将来，地域ごとの個性や歴史的背景などに応じたさまざまな方法論が提示されてくることを期待したい．

参考文献
1) 高見沢実編著：「都市計画の理論 系譜と課題」，学芸出版社，2006.
2) 森知茂・篠原修編著：「都市の未来 21世紀型都市の条件」，日本経済新聞社，2003.
3) 五十嵐敬喜著：「都市計画 利権の構図を超えて」，岩波新書，1993.

1.2.7 機能の読み解き

田中尚人（熊本大学）

まち歩きは楽しい

　明治維新以降，日本の風土にはなかった西洋型の都市計画システムの移入により，特に都市では自然と生活との結びつきは失われ，日本的な風景は喪失したと言われる．しかし，見知らぬ都市を当て所なく歩き，まちの人々と会話を交わすことはワクワクするし，決して他のまちでは味わえない体験となる．一見同じような都市に見えても，それぞれのまちや，もっと狭い範囲の界隈には個性があり，地域住民にとって必要な機能をちゃんと果たしている．まち歩きの楽しさは，この「何となく」感じるまちや界隈の個性を風景の中に発見することにある．偶然見つけた一枚の写真や絵はがき，石碑などから，そのまちの成立要件を推察したり，どこか遠いまちとの繋がりを想像したりすることも楽しい．「もっと知りたい」という欲求に導かれ，裏路地を歩き回ったり，用もないのに一泊したり，買い物や人々との交流によって，まちの個性を解き明かしていく醍醐味が，そこにはある．

都市の個性

　たとえば，大学や専門学校などが立地する「学生街」と呼ばれるまちを考えてみよう．そこでは，学生や教育研究組織を相手にした，独特の商業的機能が集積している．安い値段の定食屋や居酒屋，文房具屋，書店，レンタルショップ，楽器やスポーツ用品店などが建ち並び，かつては映画館や雀荘，銭湯などがあったはずだ．画材や実験器具を扱う店が並ぶこともあれば，専門書の古書店など，専門分野に応じた変化もあるだろうし，歴史ある国立校とマンモス私立校ではまちの雰囲気も一変する．そして，そのようなまちの雰囲気をよく伝える通りがあったり，鉄道駅やバスの停留所などがあったりもする．

　どんな都市でも地域住民にとって必要不可欠な機能（たとえば交通や情報通信など）を担う施設が等しい密度で均質に分布すると同時に，一方ではある特徴を持った中核的な施設に付随するかたちで，特定の傾向や繋がりを持った都市施設が立地したり，土地利用がなされたりする．このように都市の個性を読み解く際には，二つ以上，少なくとも三つ程度の都市施設や機能の連関を分析することが重要である．機能連関とは，単なる機能の足し算ではなく，一つの文脈に沿っていくつかの機能がうまくかみ合い，一つの場が形成され，さらにうまく効果が創発される状態を指す．

　さまざまに絡み合うこの機能連関が，都市の風景に奥深さを与える．まちの顔，さまざまな中心施設から生業に纏わる機能連関の網をたぐり寄せるように，

私たちは風景を頼りにまちを読み解く．たとえ表通りが経済性に圧倒され，おもしろみのない街並みになっていても，一歩裏通りに足を踏み込めば，まだそこには十分に都市の個性を感じとることもできる．鉄道マニアが駅の周辺をくまなく歩くように，釣り人が川の畔をじっと見つめるように，私たちは都市の「目利き」となろう．

都市の顔

　古くから，都市の個性を表す顔の役割をしてきたのが，広場や公園などのオープンスペースである．都市計画的にオープンスペースを考える場合，そこにはさまざまな機能が想定される．現代の日本では広場は街路システムから切り離され，「憩う」ために遊園施設や休憩施設，都市の緑を担保する機能のみが重視されている．しかし，本来的には「動く」ための道路ネットワークと連携し，系統立てて整備されるべき生活基盤である．その設計思想には大別すると，都市を平面図的に見て機能的な施設配置，移動経路のネットワーク構築を重視し，人々を「流す」立場と，人体尺度論的な空間利用や生物学的な居心地の良さなどヒューマンスケールを重視し，人々を「溜める」立場，の二つが存在する．

　「憩う」と「動く」という背反する二つの機能を連関させてきた伝統的な広場として，日本では寺社仏閣の境内がある．ハレとケを使い分け，お祭りやお祝い事から，日常的なお参り，子供たちの通学路や遊び場ともなってきたのが境内であり，まさにまちの顔であった．境内を含め日本の伝統的景観を支えていた名所地が，西洋から移入された「公園」システムによって衰退したことが，日本の都市にとっての不幸であった．さまざまな機能を持った公園が，足し算的にいくら整備されても，決して機能連関は生まないし，都市の顔とはなり得ない．

駅前空間

　機能連関の場として，興味深いのは駅前空間である．かつて，見知らぬ土地に行けば最初に立ち寄るのが鉄道駅であり，まさに駅は都市の顔であった．今でも地方都市の駅前に行けば，観光案内所から物産館，バスやタクシーなど主要交通施設のターミナルや事務所，デパート，派出所，風変わりなオブジェなど，そのまちを知るための施設が一通り揃っている．一般的に鉄道駅は，近代期に既存の中心市街地外縁部に置かれ，まち側に駅前道路が整備されて都心と結び副都心的に開発されてきた．駅は鉄道のみならずさまざまな交通体系の結節点となり，必然として賑わいが生まれる．駅前は，単に駅に来る人たちだけではなく，まちにやって来る人々の目的地でもあった．

　このような都市の顔として成立しうることが，駅前に求められる機能連関で

写真1　博多駅周辺
大博通りよりJR博多駅を望む．中央奥が工事中の博多駅．周辺には中央郵便局やホテル，オフィスビルなどが建ち並ぶ

写真2　天神駅周辺
渡辺通りより西鉄天神駅周辺を望む．西鉄大牟田線や天神バスセンターも立地し，周辺デパートや商業ビルが建ち並ぶ

あった．同じ駅前でも，駅のまち側（表）と裏側では，違う役割が果たされてきた．表がさまざまな人々の出会いや別れの場となり，華やかな都市の表舞台となりえたのは，改札も存在せず，粛々と貨物運搬に供していた駅裏があり，都市の闇の機能を請け負った空間が存在したからであった．

　一つの駅の表と裏で機能連関させることもあれば，複数の駅で機能連関を果たす場合もある．同じ福岡の主要駅でも，博多駅（写真１）と天神駅（写真２）では，駅前の風景がまったく違う．博多駅は新幹線のターミナル駅として，福岡市，時には九州の表玄関としての格を有し，オフィスやビジネスに彩られた超機能的なしつらえをしている．一方天神駅は，かつて炭坑王国九州福岡を支えた西鉄のターミナル駅として，福岡市の内玄関，市民が本当に福岡に来たと感じ取れるような，身近な商店街，アメニティをしつらえている．

　駅はさまざまな都市機能を連関させる空間であるとともに，駅周辺はさまざまな法制度，利害や開発欲求などが交錯する場所でもある．そのような駅周辺に交錯する関係性を調整し，高度利用を実現した事例がＪＲ小倉駅（写真３）である．小倉駅周辺整備は，通常横に広がりがちな諸機能を立体化し集中させることで，社会基盤施設同士をできるだけ近接させ，移動距離を最短にしてシームレスな空間をつくった，機能連関の高度化の一つの解である．

港町

　日本的な機能連関の最たる場所は港である（写真４）．都市と自然の境界に位置する港は，陸と海のモード転換の場であり，生活の場であった．昼は閑散とし

写真3　JR小倉駅　　　　　　　　　　　　　　写真4　熊本県天草市崎津の港

た港町に魚の臭いが漂い，夕陽が沈む頃になると酒場の喧噪や，家族の団らんが聞こえてくる．静まりかえった未明の空にエンジン音が鳴り響き，勇ましいかけ声とともに船が沖に繰り出す．男達が港に戻ると，市場が活況を呈し，威勢の良いセリの声やおばちゃんたちの笑い声が溢れる．港の風景は，私たちに強烈な機能連関のイメージを誘発する．九州は周囲を海で囲われ，いたるところに港がある．鉄道に例えれば，海は無限のレールであり，港は駅に当たる．

「港」の字は，水面を表す「氵」と町を表す「巷（ちまた）」から成り，「湊」の字もつくりの「奏」は人々が集まり賑やかな様を示しており，両者とも「みなと」の機能とそのたたずまいを示している．コンテナ埠頭が立ち並ぶ国土基盤的港湾も，産業都市の都市基盤としての港も，小さな港町の生活基盤としての湊も必要なのである．

人々が船を捨てない限り，近世的な社会基盤施設と都市の結びつきは失われることなく，港は伝統的な機能連関を支える生活基盤であり続ける．港町の風景が原風景として私たちのイメージにあるのは，この規範風景の中に単なる都市景観以上の豊かな機能連関を見出すからではないか．港町では，ごく当たり前に自然環境と社会的要請から港のある風景が生成され，その中に人々は生き生きとした生活環境を見出すことができる．

参考文献
1) 小野良平：「公園の誕生」，吉川弘文館，2003.
2) 藤原書店編集部編：「後藤新平の「仕事」」，藤原書店，2007.
3) 都市計画 石川栄耀生誕百年記念号，第182号，1993.
4) 石川栄耀都市計画論集，日本都市計画学会，1993.

JR小倉駅
1998年に4代目として完成した駅舎には，地上14階，地下3階の商業施設とホテルを併設した駅ビルが建てられ，東西に横たわるJR線を高架化，さらに建物4階部に当たる南北自由通路には駅南側のメインストリート平和通りから北九州高速鉄道（モノレール）が貫入している．駅南側のペデストリアンデッキの下にはバスターミナルとタクシーベイを収納し，北側には国際会議場や国際見本市会場，ホテルなどの公共施設群が立地している．

1.2.8 暮らしの「しつらえ」

田中尚人（熊本大学）

相撲の力士とボクシングの選手はまったく異なる体つきをしている．しかし，両者ともそのスポーツに見合った姿であるがゆえに，美しい．それぞれの競技に必要な機能が無駄なく組み込まれ，鍛錬されていることにある種の感動を覚え，美を感じる．逆を考えてみれば，いずれも共感をよぶ風貌ではないことがわかる．また，もう一つ美しいものがある．それは選手の闘う姿勢だ．各競技のルールやしきたりに従って，さまざまな身体の大きさや筋力，スポーツによってはバットやラケットなどの装具を備えた人々が，それぞれの選手にしかない特徴，技術を活かして精一杯闘う．その心意気が人の胸を打つ．

しつらえの成り立ち

しつら（設）えるとは，「目的をもって何かをこしらえ備えつける」ことである．それは単なるかたちではなく，作り方と使い方の作法の有様である．都市や地域は，暮らしの機能を無駄なく組み込みつつも，その場所らしく心地よいものとして，しつらえられていることが大切である．

私たちの身のまわりのしつらえには，図1に示すように対象空間のスケールの軸と，ハードとソフトによる対応の，二軸が存在する．空間の大小によるしつらえの違いは，その空間の骨格を成す社会基盤施設の格の違いに因る．たとえば，道のネットワークを考えてみよう．国土基盤たる高速道路には相応しい都市のしつらえがあり，格が下がるに従って幹線道路，一般道路に馴染む地域があり，ネットワークの末端になれば，同じような格でも路地には路地のしつらえがある．ハードによる対応とは，作り手主体のモノのかたちや機能の高度化による対応を意味し，「かたちの指標」としてはコストが挙げられる．一方，ソフトによる対応とは，モノや人同士の関係性，仕組みによる対応，つまり使い手側がしつらえることを意味し，「仕組みの指標」としては，強制力や厳密性が挙げられる．

都市のかたち，暮らしの景色

たとえば，政治都市（福岡），宗教都市（太宰府），商業都市（博多）のように，近世以前，都市に求められる役割が単一機能的であった時代では，政治都市には中枢機能を担う城郭，宗教都市には祭祀場，と単機能を担う社会基盤施設さえあれば，都市は機能していた．これは図1の上方の階層，しかもハードによる対応がほとんどであり，かつて土木工学がその威力を発揮した領域である．しかし，空間的には同レベルでも商業都市には物流機能や交流機能を果たした市場が必要とされ，ここでは空間の広さや機能だけでなく，せりや為替など都市文化

を支える仕組みが必要とされた．また，近代になり都市にはさまざまな役割が求められるようになり，国土基盤と法制度の乖離が大きくなった．

一方，向こう三軒両隣の掃除や打ち水（写真1）など，暮らしの景色の美しさは日本の徳質とされてきた．これは，図1の最下方のしつらえであり，生活文化的であるけれども，まったくの個人的空間のみで成立しているものではない．打ち水をする婦人たちの立ち振る舞いも美しいが，彼女たちの隣家に対する心遣いも美しく，軒先の道のしつらえも美しい．こうした公共空間のしつらえは，かたちと作法の総体として洗練される．つまり，使っているうちにかたちになるしつらえもあれば，かたちが規範となって使い方がしつらえられることもある．

しつらえの型
①表と裏

表と裏，陰と陽，モノには必ず二面性があり，それぞれの役割が存在し，かつ密接に関係している．たとえば，日本の空間づくりの典型の一つである参道には必ず表参道（写真2）・裏参道が存在したり，男坂と女坂が対になったりする．これらは参拝地へ赴くという機能は同じでも，そのしつらえの違いにより異なった空間体験を提供する．現代的な「表と裏」となると，駅前と駅裏の話が理解しやすい．日本では都市の中心部に鉄道駅が設置される事例は少なく，必然的に駅の裏側は都市境界であり，郊外である．駅という都市施設に備わった表裏の機能性が，以降の駅前，駅裏という地域のしつらえに影響を及ぼすのである．異なったしつらえの存在は，都市の秩序立てに役立つとともにその奥深さを感じさせる．しつらえには序列があり，時と場合によって使い分けられる．

②真・行・草

モノや場所の格が，デザインコードにまで影響を及ぼす言葉として，「真・行・草」がある．苑路を例に取ると（写真3）真体は切石を整然と並べた「のべだん」，行体は割石を敷き詰めた寄石敷き，草体はさらに玉石敷きや飛び石のような形状となる．都市でも空間の格に見合ったしつらえが求められる．たとえば，駅は都市の玄関に当たり真体のしつらえが，都市機能の集中した業務地区や繁華街などは，外国人も地域住民も混在するような行体のしつらえが必要となる．しつらえは，機能や空間の格に見合った要素の肌理や配置により醸し出される．また，そのしつらえは，その場における人々の活動や所作を規定する文化的コードともなる．

③奥の思想

社寺の伽藍などに見られるように，日本では伝統的に入り口から遠くにある「奥」を尊重する思想がある．門や鳥居，階段や川，橋などさまざまな結界（写真

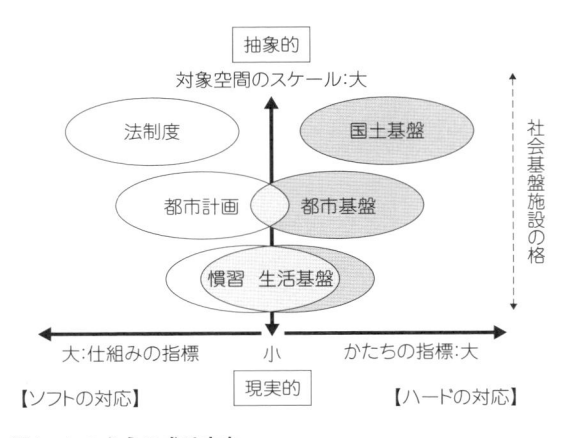

図1 しつらえの成り立ち

写真1 鉄砲町（島原市）の街並み
近世期この住人の居住区では，打ち水が夏の風物詩であった

「真」－切石敷

「行」－寄石敷

「草」－玉石敷

写真3 苑路のしつらえ

4）によって空間を分節し，奥へ奥へと真理に至る空間の格付けが構成される．都市でも，境内でも，住宅でもよいが，一本の道を歩んでいるはずなのに，いくつもの部屋を通り抜けているように感じ，徐々に奥へと導かれている感覚に囚われることがある．しつらえは空間を分節するとともに，シークエンス的に体感されることで，その空間体験に意味を与える．空間体験はしつらえの影響を受けつつも，個人により異なり，必ずしも設計者の意図や場所の持つ文脈にはよらない．つまり，自由に読み解くことができる．

④ハレとケ

伝統的都市空間や社寺空間の様相を示す言葉に「ハレとケ」がある．ハレは「晴」であり，宗教性，聖性，政治性などにおける公的生活場面をいう．祭や年中行事などがその典型に当たり，晴れ舞台，晴れ着などにそのしつらえが結びつく．一方，ケは「褻（けがれ）」であり，私的で日常的な生活場面をいう．民俗学的に日本の生活を分析，解釈した結果が，このハレの非日常性とケの日常性であり，これらを成立させる機能は，同一空間においても装飾などの仮設的な装置や儀礼的な行動によって成立する．写真5に示すように，ハレとケは同じ空間を共有し，必要に応じて使い分けられてきた．また，ハレのときに備えて，ケの空間にも工夫が埋め込まれている．たとえば，会所の奥には神輿が納められる広さは当然確保されていた．しつらえは仮設的であり，臨機応変な対応を可能にする．

成る風景

どのまちにも，コミュニティが継承してきたしつらえがある．小高い丘やため

写真2　健軍神社（熊本市）の参道
約1km続く参道は，徐々に勾配を急にしながら山門に辿り着く

写真4　結界のしつらえ
水天宮（久留米市）の参道では，橋を渡り，斜めに伸びた切石ののべだんを歩くと，5段ほどの階段を昇り，山門をくぐる

　池，桜の名所や市中の枡形など，普段は気づかなくても四季の変化やお祭りになると，なるほどそうなっていたのか，と気づく．しかし，このような地域のしつらえも，かたちと仕組み両面からその存続が危ぶまれている．社会基盤施設に求められる機能の複雑化，多様化で格によって形が決められない．また，高齢化やライフスタイルの変化などによるコミュニティの弱体化，何よりも私たち自身が，都市文化，そのしつらえの使い方を忘れてしまっていること，などが問題である．

　美しい都市とは「住んで佳し，訪れて佳し」である．日本一や特別に美しい何かがなくても，法制度に従って日々の生活の機能が過不足なく納められ，そのまちらしい機能や奥深さが感じられるようなしつらえがあればよい．技術者はかたちと機能に責任を持ち，地域住民は自分たちコミュニティの繋がりと生活文化に誇りを持つ．両者の協働によってはじめて，他のまちの人々も訪れたくなるような，美しいまちが成る．さあ，地域の時空間的な成り立ちを学び，その風景を支えてきたモノのかたちや仕組みを読み解き，暮らしのしつらえを見極めることからはじめよう．

写真5　商店街のハレ（上）とケ（下）（熊本市銀座通り）

参考文献
1) 都市デザイン研究体：「日本の都市空間」，彰国社，1968．
2) 槇文彦ほか：「見えがくれする都市」，鹿島出版会，1980．
3) 和辻哲郎：「風土」，岩波書店，1978．

第 3 章

• 風景の読み解き •

1.3.1 博多　複眼都市の楽しみ

石橋知也（福岡大学）

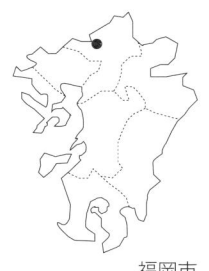

博多の由来

博多という地名が記録にあらわれるのは『続日本紀』の天平宝字3 (759) 年，大宰府の報告に「異国の侵攻に備えて博多大津の警固を厳重にしなければならぬ」とあるのが初見とされる．博多の地名由来は，大鳥が羽を広げたような地形から「羽形」と名付けられたという説，船を泊つ潟で「泊潟」というものもある．最も有力とされているのは「土地が博く人も多い」ので「博多」と呼ぶ説である．

　博多は九州を代表する大都市として認知されている．博多ラーメン，博多人形，博多弁など，博多を冠する言葉は文化，芸術の枠に留まらず多種多様に存在し，福岡の人だけでなく広く愛着を持って語られている．しかしながら，現在の博多は伝統的な文化都市，港町，商業都市などといった単一的な価値尺度で説明できる場所ではないと考えられる．ここでは，博多という地域がある種の混沌かつ複雑な状況の錯綜する中で成立し，発展してきた都市であるという魅力を読み解いていきたい．

港町としての特徴

　博多は日本の西の端であるが，アジア圏内では東アジア諸国と日本とをつなぐ中心的存在と位置付けられる．アジアとの貿易によって盛んになった物流や文化交流の拠点として港町博多が形成され，そこには多くの町人が住むことになる．

　歴史的には博多の国際交流の拠点としての役割は，古代から中世にかけて存在した「鴻臚館」に遡る．鴻臚館は現在の平和台（福岡市中央区大濠）付近に存在していたとされ，唐や宋，新羅からの使節団の宿泊や接待に用いられた迎賓館である．平安時代には，日本初の人工港といわれる平清盛による「袖の湊」がつくられている．ちょうど着物の袖のような形状をした港であり，現在の国際港としての博多の基盤となっている．中世において，博多は大宰府の外港であり，呉服町の両側に湾入した入江や湿地帯によって息浜と博多浜に分かれていた．大宰府から博多湾に向かって府大道が延び，その両側に市小路と呼ばれる町が展開し，海辺に直交する軸をもった都市構造であった．つまり，国際的な交流の場としての港だけではなく，町側への展開を可能にする街路骨格がすでに形成されていたことを示している．現在では国の重要港湾に指定され，多様な物流ネットワークの拠点としての役割のほか，アジア諸国への玄関口として定期旅客船の運行も充実している．このように，博多の都市構造の基盤は博多湾沿いに展開した港町にあったという特徴が挙げられる．

伝統的二大祭りの存在

　博多を代表する伝統的な祭りとして，「博多祇園山笠」（以下，山笠）と「博多どんたく港まつり」（以下，どんたく）があり，これらは全国的にも有名である．博多に住む人の気質や性格などはこれらの伝統的な祭りから形成されているといっても過言ではない．

諸説あるが山笠の起源は，鎌倉時代の1241年に発生した疫病を退散する祈祷に端を発するという．山笠は博多の総鎮守である櫛田神社の祇園祭として750年以上にも渡り継承されてきた祭りである．毎年，7月1日から15日までが山笠の期間であり，その間，博多の町の各所に博多人形などを施した「飾り山」が建てられる．対照的に「舁き山」と呼ばれる自重約1トンもの担いで動かす山笠が七つの地域でつくられ，数回の予行演習を経て，クライマックスの最終日「追い山」を迎える．山笠の運営はすべて「流」と呼ばれる町割りを単位とした組織によって行われる．この「流」は現在七つ存在しており，いわゆる「太閤町割り」（豊臣秀吉による博多の再興を目指した都市計画の中心的方策）がその基盤となっている．時間の経過と共に町名や町筋の呼び名は変更されても，山笠の活動の基本単位である「流」は現在もなお残されていて，山笠以外にも町の活動の単位となっている．一方，どんたくは約800年前の日本の古い民族行事「松囃子」が発祥といわれている．元々，松囃子は町衆や侍衆が組をつくり，美しく装って歌い踊る京都由来の正月芸能であった．これを博多商人が発展させて，明治期までは正月松の内に行われていたが，戦後になりオランダ語の「ゾンターク」（休日）にちなんで「博多どんたく」と呼ばれるようになると，1962（昭和37）年からは福岡市民の祭りとして，5月の連休に開催されることとなった．現在でもどんたくパレードの先頭をねり歩くのは，博多松囃子の一団である．

　これら博多の伝統的な二大祭りに共通することとして，町全体が活動の舞台となり，多くの市民が参加者（観覧者）となることが挙げられる．山笠の追い山は櫛田神社を出発点として，七つの「流」と要所となる寺社をくまなく回遊するルートを辿り，博多の町中を舁き山が疾走する（写真1）．このルートは昔から変更されることなく守られている．同様に，どんたくにおいても福岡市街地の主要街路に交通規制をかけ，約3万人を超える参加者がパレードを行う（写真2）．おおよそ360日間は車のために使用される道路空間が，二大祭りの期間中は人が活動する舞台として，祭りの参加者にとっては新たな視点で町を見る体験ができると同時に，町に住む人あるいは町で働く人にとってもまた，普段とは違った角度で町を眺める機会が与えられる．祭りが町と人との関わり方に劇的な変化点となって訪れることで，伝統文化に根ざした博多の地域性が今もなお存続しているものと思われる．

福岡と博多 ── 二つの性質の異なる町

　黒田長政によって鴻臚館付近に福岡城（1601年）が築城され，名島城（1588年築城）から家臣団が移住し，那珂川以西に武家地・町人地・寺社地が形成された．海岸線に平行な唐津街道を基軸とした，武士を中心とした城下町福岡の誕

写真1　細い路地を疾走する「舁き山」の様子
山笠最終日の3日前に行う「追い山ならし」の際に撮影

写真2　主要街路をねり歩くどんたくパレードの様子
観客も歩道を埋め尽くしている

生である（図1）．ここで福岡城築城には地形特徴を活かした実に巧妙な仕掛けがあったことを紹介しよう．東側に流れる那珂川を外堀とし，その左岸は延長700m・高さ10mもの石垣で固め，東西の出入りは唐津街道上に設置された枡形門に限られた．また西側の外堀も樋井川を利用し，町全体が要塞に見立てられている．その他，ほとんどの橋は板を並べただけの仮橋とし，街路は要所で曲げ，防衛のための寺も周囲に点在させるなど随所に工夫が見られる．

　一方，国際港博多は，町人の町として発展する（図2）．山笠は，太閤町割りによって形成された街区が「流」の基本単位になるなど，商人による自治都市としての様相を強めることとなった．アジア諸国を中心に海外との貿易を積極的に行うことのできる地の利を活かして，有力な商人も生まれている．

　町の成立過程から比較すると福岡は「新しい」町であり，博多は「古い」町である．また，行政色の強い福岡（武家の町）と商業地区としての博多（町人の町）という性格の違いも見ることができる．一般的にはこれら福岡と博多を「双子都市」と称することが多い．ここではそのような視点で二つの都市を見るのではなく，歴史，文化，芸術，風土等の価値軸の中で互いの都市がそれぞれに有する特徴を基盤としつつも混在する状況へと変化していることに注目したい．福岡も博多もどちらか一方だけではこのような複雑な状況は生まれなかっただろう．

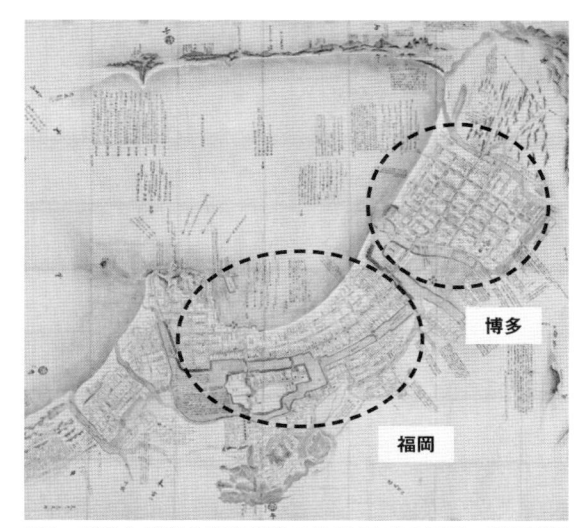

図1 福岡と博多の都市構造の比較（文化9年写，福岡城下町・博多・近隣古図に加筆）

図2 明治時代にぎわいを見せる博多港
図中央の石垣の奥が福岡．手前が博多である．（松源寺所蔵）（福岡市港湾局／博多港開港100周年委員会，博多交流史「海の都」，1999年）

アジア中心都市への眼差し

　博多がアジア諸国との強い結びつきにおいて拠点であること，港町としての場所性を有していること，また，伝統的な祭り文化が根強く残っていること，さらには，福岡と博多という性格の違う町が互いに影響を与え合いながら今日まで成長してきたこと．このようなさまざまな要素が複雑に関係して生み出される状況こそが，「あらゆる人に受け入れられやすい場所である」という博多の魅力を創出していると考えられる．

　かつて日本にとってアジアとの交流拠点として開かれた港町博多は，文化，芸術，経済等のあらゆる面で発展を遂げ，九州一の都市を通り越し，アジア一の都市にまで広く認知されるほどに国際色を強めている．日本が国際社会において立ち後れていくことなくアジアの中心的存在であるためにも博多が不可欠であることは言うまでもない．

参考文献

1) 柳猛直：「福岡歴史探訪 博多区編」，海鳥社，1993.
2) 石井忠他：「福岡を歩く」，葦書房，1985.
3) 井上精三：「博多郷土史事典」，葦書房，1987.
4) 原維宏：FUKUOKA STYLE Vol.9，福博綜合印刷，1994.
5) 西日本新聞社編：「博学博多　ふくおか深発見」，2007.
6) 福岡市港湾局／博多港開港100周年委員会：博多交流史「海の都」，1999.

1.3.2 長崎　地形という器

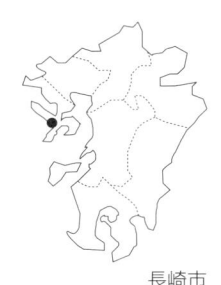

星野裕司（熊本大学）

地形の成り立ち

　長崎の地形は，さまざまな文化や暮らしを盛った美しい器である．

　九州本土の西，肥前半島の南部に分岐する西彼杵半島と長崎（野母）半島の結節点に位置し，南西より深く入り込んだ長崎湾を，稲佐山や金比羅山などの300〜400m級の低い山々が取り囲む，平地の少ない坂の街である．長崎湾へは，浦上川や中島川などの小河川が流れ込むが，特に中島川は，昔，深江浦と呼ばれるほどに深く入り込んだ入り江であった．戦国期末に長崎が開港し南蛮貿易が始められると，丘陵地沿いに次々と埋立てが行われ，わずかに中央部に残った水路が，今の中島川筋となり，眼鏡橋などの石橋群を中心とした街並みが形成されていく．この入り江は，永禄年間に明人がこの景観を見て抱擁したことから周抱海と称したと伝えられたり，また長崎港全体も，「瓊のように美しい浦」と賞されたり，あるいはその形状から「鶴の港」などとも呼ばれるなど，さまざまな言葉によって，その美しさがたたえられてきた（図1）．

視点場としての縁

　このように美しい港を眺める視点場はどこが良いのか．まず注目すべきは，地形の縁，長崎においては入り江を囲む山々である．ここでは，長崎港の西にある稲佐山と東の唐八景を例として挙げよう．図2に，それらを結んだ地形の断面図を載せる．断面図中には，それぞれの山頂から俯角3度（俯瞰景の上限）と10度（俯瞰景の中心）の斜線を記しておく．

　稲佐山の標高は332.3m．1933（昭和8）年に山頂からの眺望を一般に公開する

図1　長崎の地形（Google earthより作成）

ため，3kmの登山道路が開かれていたが，戦災復興事業によって正式に公園として開設され，1959（昭和34）年東側山麓の淵神社よりロープウェイが架設された．その風景の構造を1.1.3節「視覚と景観」の知見から分析してみよう．俯瞰景の中心となる俯角10度の位置は長崎港のほぼ中心あたり，およそ上限となる俯角3度は市街の外縁を形成する丘陵にあたる．すなわち，ここからの眺望はそれほど高くはない山々を背景として，港や市街の風景，あるいは海面にきらめく街の灯りをすっぽりとディスプレイさせているのである．著名な夜景スポットになりうる空間要件は，このような地形構造にあるのだ．また，これは見上げる場合も同様の角度となることであり，長崎市街から見て借景ともなるような最適な仰角を稲佐山は有しており，街のランドマークとしても機能してきたのである．

一方の唐八景は，長崎の南東にあり，標高は305m．頂上付近は，傾斜のゆるい平地となっており，江戸時代より市民の行楽地としてにぎわった．現在でも大々的に行われるハタ揚げは，長崎の春の風物詩となっている．唐八景の語源は不明だが，一説には，長崎に来た中国人が中国浙江省杭州にある西湖の風景に似ているところからつけたともいわれており，昔より風景の美しさが愛でられてきたところであった．稲佐山と同様に，その眺望を分析してみよう．断面図を見ると，俯瞰景の中心となる俯角10度のラインは，地形の断面線に沿って，水際に至っている．また，俯角3度のラインは，海面を越え稲佐山がそびえる対岸の水際まで至っている．稲佐山からの眺望では，海面中央から市街地をカバーしていた俯角3～10度の範囲が，唐八景では長崎港の海面をすっぽり覆う範囲となっている．つまり，ここでは長崎港の海面の形状がゲシュタルト的な「図」として認識しやすくディスプレイされているのだと考えることができよう．また，この地からは稲佐山を越えて，東シナ海（角力灘）を望むことができ，奥行きのある風景となっている．このような地形構造が，中国人に風光明媚な西湖を思い出させたのかもしれない．

なお，ここで例とした稲佐山と唐八景は，原爆の被害から復興しようとしていた長崎が，戦災復興土地計画整理事業として，原爆公園や中島川公園とともに，稲佐山公園，唐八景公園として開設したものである．この事実は，これらの眺望が長崎市民にとって大切なものであったということを示すと同時に，傷ついた心を癒し，新しい暮らしに向かっていこうとする市民たちに勇気を与えた

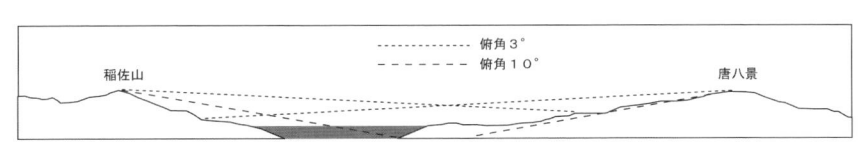

図2　長崎港断面図

写真1　稲佐山からの夜景
長崎港を挟んで長崎の中心市街と対面するこの場所は，日中の眺望のみならず，九州を代表する夜景の名所として知られている

写真2　唐八景からの眺望
前景にまとまりを見せる長崎港．稲佐山などをのせた岬を越えて，その背景に広がる東シナ海

「風景の力」というものを，現在の私たちに強く訴えてくるだろう．

水辺の豊かさ

　陸と水の境界（縁）は，生物にとって豊かな環境であり，さまざまな生物が生息する．これは人にとっても同様で，ただでさえ土地の少ない長崎においては，なおさら大切な場所であっただろう．近代に入り，まずその豊かな水辺を占拠したのは鉄鋼や造船のための大規模な工場群であった．その結果，長崎の市民にとっても大切な水辺を，身近に感じられる場所は長らくなかった．そのような状況にやっと風穴を開けたのが，2004（平成16）年に開園した長崎水辺の森公園である．この6.4ヘクタールもの埋立地は，長崎市民にとって貴重な水辺のオープンスペースであり，大変な賑わいを見せている．メインエントランスからこの公園に入れば，眼前は小高い丘で見通しはきかない．人工的な埋立地に丘とは多少奇妙ではあるが，この丘を登り頂上に立つと眺望が開ける．この公園デザインでは，この眺望を「女神大橋軸」という．女神大橋は，2005（平成17）年に開通した斜張橋で，長崎港の入り江が角力灘に接続する，最も狭い場所に位置している．つまり，長崎水辺の森公園の「女神大橋軸」において体験されるもの，すなわち，水辺に向かうやや急な階段，両脇の樹木によって細く絞られた眺望，奥行きの深い水面の眺め，これらは長崎の地形的特徴をうまく活かしたものであり，いわば長崎のミニチュアとしてつくられたものなのである．

背面の脆さ──長崎大水害

　このように長崎は，地形という器をうまく使いながら，豊かな文化を育んでき

写真3　長崎水辺の森公園
高い樹木に囲まれた下りの階段の終点には「月の舞台」、視線は「大地の広場」を抜けて、「女神大橋」に至る射程の長い眺望である

写真4　中島川バイパス
「長崎大水害」では、降り始めから翌日までの総雨量は572mmとなり、死者・行方不明者数は299名に及んだ

た．ただ，この器は美しいだけではなく，脆さも抱え込んでいる．

　1982（昭和57）年7月23日夜，長崎市を中心とした周辺地区を集中豪雨が襲った．いわゆる「長崎大水害」である．この水害によりいくつかの川が氾濫したが，特に市の中心部を流れる中島川では，国の重要文化財でもある眼鏡橋をはじめとする石橋群がことごとく流失，あるいは破壊され，あふれた水に覆われた市街はまさに泥海となった．集中豪雨の暴力は，こつこつと積み重ねてきた人々の営為を一瞬にして無にし，水に満ちた原初の風景をこの地に再現してしまった．

　この水害からの復旧にあたって論点となったのは，眼鏡橋を保存するのか否かということであった．水害の危険にさらされながら大切な風景を保存するのか，親しんだ風景に別れを告げ，川を拡幅して安全に暮らすか．眼鏡橋を移設するという手もあるが，社会基盤施設がその根っこを失ってしまえば，まったく無意味なものとなってしまう．最終的にとられた手段は，眼鏡橋を現地保存しつつ，川の両側に洪水用のトンネル（バイパス）を掘るという，当時としてはきわめて斬新なものであった．ここにも風景への強い意志を感じられるだろう．しかし，このチャレンジもまた，正解であったかどうかはわからない．眼鏡橋という"モノ"は保存されたが，やはり，バイパス工事によって周辺の街並みは大きく変わってしまった．遺産の，街並みの，そして風景の保存．答えの出ていない難問が，私たちにはまだ残されているのである．

参考文献
1) 日本歴史地名大系 43「長崎県の地名」，平凡社，2001．
2) 長崎新聞社長崎県大百科事典出版局／編：「長崎大百科事典」，長崎新聞社，1984．
3) 伊東孝，「長崎中島川のバイパス公園」，CE建設業界 2007年7月号，pp.8-10，日本土木工業協会，2007．

1.3.3 佐賀　低平地のしつらえ

島谷幸宏（九州大学）

佐賀市

佐賀の地形

　風景は地形や地質，動植物などの自然をベースに，人間のさまざまな営みが組み合わさり形成されている．私たち風景を扱う人間はこれらの両者の営みを十分に理解し，風景の成り立ちを読み込むことが重要である．

　さて，佐賀平野の風景を考える場合，その地形的な成因についてみることが重要である．佐賀平野は東に筑後川，西に杵島山地，南に有明海，北に背振山地を境界とする低平地と呼ばれるきわめて平坦な平野である（写真1）．

　背振山地は風化花崗岩からなっている．したがって，この山地を水源とする河川は砂の生産量が多く，山裾に扇状地が発達している．また，花崗岩地帯は水量が比較的安定しており，しかも砂鉄を産するため古代から発展したところが多い．古代国家は山裾の扇状地を中心に立地していたため，佐賀平野における古墳や遺跡は背振山地の山裾に立地している．それより下流は自然堤防地帯となり，河道沿いあるいは旧河道沿いは微高地となっている．

　佐賀市は低平地上の標高4m程度の海岸砂州上に立地する都市である．自然堤防や砂州以外の土地はきわめて平坦なデルタ地形となっている．さらに海側は広大な干拓地が広がっている．この平地上には平地ダムの役割をもったクリークが設けられている．佐賀平野の景観は，北側に青くそびえる垂直的な構造を示す脊振山地，きわめて平たい佐賀平野の空間構造，その中をうねるクリーク群と手入れの行き届いた農村，および大きな干満差の有明海によって特徴づけられる．なお，背振山地と平地の接点である丘陵地および扇状地部に縄文期あるいは弥生期の遺跡が多数見られる．佐賀平野は古代から栄えたところで，邪馬台国時代の遺跡かと一時世間を騒がせた吉野ヶ里遺跡が田手川に接する丘陵地の先端部に位置する．現在は国営公園として整備されており，竪穴式住居や物見やぐら，王族居住地など古代都市の景観を見ることができる．

佐賀のクリーク

　ここで少しクリークの話をしておきたい．クリークとは，佐賀平野あるいは筑後平野の下流部に広がる網の目状につながった貯水池のことである（写真2）．かつては「ほい（堀）」と呼ばれていたが，中国の長江下流部の水路網がイギリス人によってクリークと呼ばれていたのをまねてクリークと呼ぶようになったといわれている．室町時代の環濠集落に起源を発するともいわれているが，江戸時代にかなり整備されたらしい．ともかく，クリークは農業用の水源としての平地ダムを基本機能として，フナ，コイなどのたんぱく質の供給源として，堆積した泥

は肥料の供給源として重要であった．佐賀市内の隣接した地域で調べてみると，用水源が嘉瀬川掛と隣接する巨勢川掛の地域を比較すると流量が乏しい巨勢川掛のほうがクリークの面積，密度が大きくなっていることからも，クリークが用水源としての機能を持っていることが理解される．

　クリークは佐賀を特徴付ける風景である．農村地帯に複雑な形状で水を湛え，さまざまな水生生物と樹木群，農家がおりなす風景は美しい．貯水池としての機能は依然持っているが，用水路が整備され，淡水魚類に対する蛋白源の需要が減少し，肥料が安価に手に入る現代ではクリークを維持する意味が薄れている．維持管理にコストがかかるためクリークは減少している．佐賀の特徴的な風景が失われていくのは残念である．

成富兵庫と佐賀の水管理

　成富 兵庫（なりどみひょうご）は1560年，現在の佐賀市に生まれ，40代までは武将として活躍したが，48歳以降は鍋島藩の水利システムの整備に尽力し，現在の佐賀の水システムの基礎を完成した．成富兵庫の遺功は数多く，西は筑後川の千栗堤防，東は松浦川の馬の頭，南は有明海沿いに作られた五千間土居など佐賀平野全体に及ぶ．成富兵庫が構築した水利システムの基本的な部分は現在でも受け継がれており，完成度が高い技術である．

　成富兵庫が構築した水利システムは，現在においても佐賀の風景の中で生き続けている．成富兵庫は佐賀城下への上水道および生活用水の供給施設として，石井樋から取水し，多布施川を通り多くの水路を用いて城下町の隅々まで配水した．これらのシステムは景観となって現れている．多布施川は，市内を南北に走る貴重な緑と水の空間として市民に親しまれている．市内には多くの水路が流れており，柳川に勝るとも劣らない水郷都市佐賀を感じさせてくれる．また，堀より内側の佐賀城内は県庁，美術館，博物館，高校，佐賀城址などがある文教地区である．その堀は幅70m程度の広大な水空間であり，クスの巨木とともに佐賀市のシンボルである．この堀の水も多布施川から供給されている．これらはみな，成富兵庫が構築した水システムから生まれてくる風景である．

　成富兵庫が作った施設は数多くあるが，そのいくつかは現存している．石井樋，馬の頭，波佐間堰と波佐間用水，城原川の野越群，蛤水道などである．残念ながら千栗堤防，大日堰などは失われてしまったが，このような特殊で特徴的な成富兵庫の水利システムを景観や観光の視点でどのように活用していくかは佐賀平野の大きな課題である．

写真1

写真2　佐賀平野のクリーク

縫いの池

　この美しい風景は佐賀平野白石町の縫いの池である（写真3）．ここは40年もの間，水枯れした池であった．筑後川からの導水によって水が引かれ，地下水のくみ上げ量が減り，見事に池は復活した．この地域の人たちは湧水の復活を何より喜び，すぐさま縫いの池湧水保存会を結成した．NPO団体などが協力し，湧水を利用した焼酎づくり，茶会など地域づくりがゆっくりと進んでいる．このもやる風景は静かにそして力強く，私たちに多くのことを語りかけてくれる．「水が枯れた後，40年間もなぜ埋めなかったのか？」「水循環を改善することで，このような風景まで戻ってくるのか」「湧水が復活してすぐさま全住民参加による保存会がなぜ結成されたか」…．この池は弁点様の聖地であり，また地域では何度も話し合いがもたれ，その結果，埋めるという結論に至らずに枯れた池が40年間も水が復活するのを待っていた．歴史が持っている土地の力，コミュニティの力，すなわち地域の力がこの湧水の復活をもたらしたのである．このように風景は雄弁に私たちに語りかけてくれる．

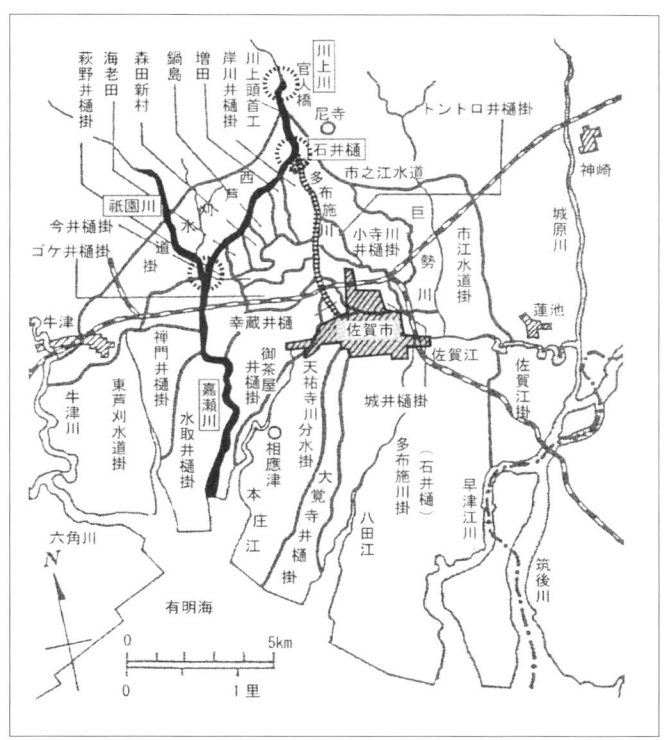

図1　嘉瀬川水系図（宮地米蔵：「佐賀平野の水と土－成富兵庫の水利事業－」，挿図8に加筆）

写真3　縫いの池

図2　ヨカミゾ井桶とトントロ井桶の水路網（文献2）

参考文献

1) 吉村伸一，島谷幸広：「嘉瀬川・石井樋の水システムに関する考察」，土木史研究・講演集，Vol. 28，2008．
2) 島谷幸広，野副文啓：「田布施川を中心とした佐賀の給水システムに関する研究」，土木史研究・講演集，Vol. 28，2008．

1.3.4 日田 水郷の営み

高尾忠志（九州大学）

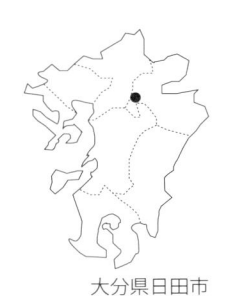

大分県日田市は，九州北部の交通の要衝にあり，近世には天領として豊かな経済力と文化を持ち，近代以降は材木業によって繁栄した大分県西部の中心的な都市である．戦後旧市街地である豆田地区は衰退していたが，昭和50年代から天領日田おひなまつり等のまちづくり活動が行われ，あわせて歴史的な街並み形成に向けた建物や街路・広場等の修景事業が実施されることによって，全国でも名高い観光地として現在では年間約260万人の観光客が訪れている．三隈川には簗や鵜飼等の伝統的な漁法が伝わり，川沿いの旅館街には水郷の風景の中で過ごす時間を求めて多くの文人が訪れ，街は文化的な薫りを漂わせている．司馬遼太郎はその著書の中で，日田で「すいごう」と濁らずに「すいきょう」と漢音で読むのは，広瀬淡窓の咸宜園が存在し，近世末期には漢学生がこの町に充満していたためだと推察している[1]．このような文化性は自然地形等の環境条件から生まれる風土的なものであり，風景づくりを考える際の基礎情報として理解しておくことが重要である．

大分県日田市

水系基盤と暮らし

図1に日田盆地の地形図を示す．英彦山と九重連山に囲まれた盆地に向かって，東側から花月川，三隈川，玖珠川，大山川が流れ入り，その流れを緩やかにしながら合流して，筑後川となって西へ流れ去り，筑後平野を抜けて有明海へ注ぐ．筑後川の河床勾配は上流の1/200から盆地内では1/500へと大きく変化

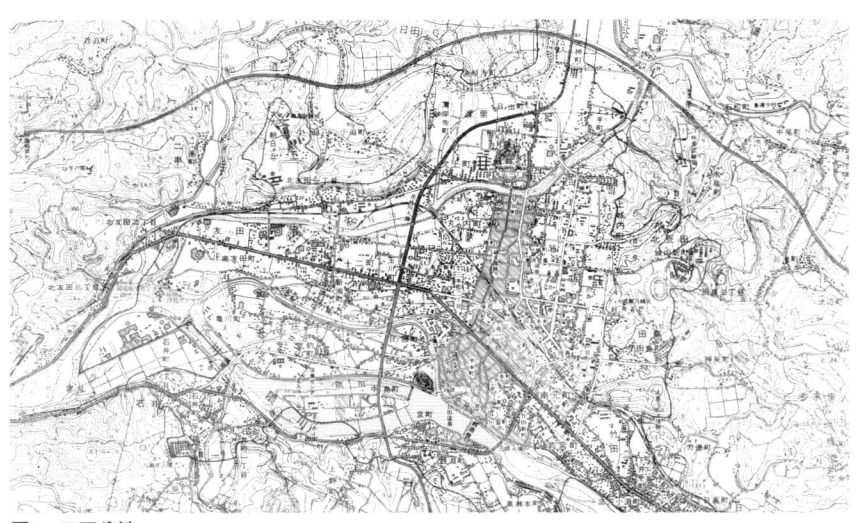

図1 日田盆地

しており[2]，川幅が広がり流速が遅くなるために土砂が堆積し，豊かな土壌が生まれる．日田はこの川がもたらす自然の恩恵のうえに成立したまちである．しかし都市の拡大とともに，たとえば三隈川右岸では十分な農業用水が確保できずに，干ばつの被害が続くことによって村々の間で水論が絶えなかった．1825（文政8）年に広瀬久兵衛の尽力により地域住民の財を集めて小ケ瀬井路（おがせいろ）が建設され，灌漑面積が拡大するとともに，豆田町商人が河岸地を持てることとなり日田の水運は飛躍的に発達した．現在でも日田の町を歩けばそこら中に用水路を発見することができ，中には敷地内への引込み水路も見られ，水利用に関する苦労の歴史が伺える．

一方で，日田盆地は河川が多くの水害をもたらす場所でもあり，遺跡調査等による集落形成の分析結果を見ると，集落形成は盆地周辺の高台から進み，徐々に広い平野を求めて盆地内へと移ってきている．最終的には盆地内で比較的標高が高く，治水上の安定性が最も高い盆地東側の台地裾部に豆田地区や隈（くま）地区が位置している[3]．しかしそれでも古くは1921（大正10）年や1953（昭和28）年に，近年では2001（平成13）年に日田の市街地は大水害を受けている．石垣護岸や沈下橋，簗漁等は，氾濫の多い河川とともに暮らす人々の知恵から生まれた風景といえる．

このような水系基盤と人々の暮らしの関係を理解しながら日田の風景を捉えることが重要であり，特に盆地内の土地利用コントロールにおいては，治水および利水上の観点から標高の低い土地や周辺の山々における開発を十分に規制することが求められる．

盆地という地形構造

九州における政治の中心は元来大宰府にあり，日田は大分の国府と大宰府を結ぶ街道沿いに位置し交通の要衝として発展した．天領であった近世には年貢米を大阪に納めるために中津を経由して瀬戸内海の舟運で送っていた．日田は筑後川による交通優位性を指摘されることが多いが，筑後川を活用した水運が大きく発達するのは小ケ瀬井路が建設され，天領としての役割を終えた近代以降であり，それまでの物資輸送は大阪や江戸に向けた，中津や大分との陸路が盛んであった．近代以降は上流からの材木輸送として筏流しが行われ，日田の基幹産業である材木業発展の礎となった．

杉本らは，「盆地としての地域的完結性とこれらの河川を通じての盆地外地域への連絡という，封鎖性と展開性とが，一定の政治的条件に応じて有効性を発揮し」と指摘しており[4]，盆地という独特の地形構造と交通の要衝となり得た立地を理解したうえで日田の風景を捉えることが重要である．日田の風景保全計

写真1　町の中の用水路

写真2　庄手川と盆地を囲む山々

画としては，盆地の持つ独特のスケール感を維持することが重要であり，町から周辺の山々への眺望を確保し，さらに周辺丘陵地の緑が保全されることが求められる．

日田盆地の臍(へそ)

盆地内には目立った二つの丘がある．花月川の傍らに位置する月隈山と，庄手川と三隈川にはさまれている亀山(きざん)である．この二つの丘は盆地全体を見渡すことができる位置にあり，洪水に対しても安全性が高いため，政治上・軍事上の重要な場所といえる．豊臣氏の蔵入地となり代官が来郡した際に，亀山山頂にあった寺を移し，日隈城と隈町が築かれた．一方，月隈山は，近世に日田が天領となり日隈城が廃城された際に，新たに築城されて以来天領日田の中心となり，その南側に位置する豆田地区は格子状の町割りが行われ武家屋敷が立ち並ぶ武家町として発展した．花月川は月隈城の堀の役目を担い，近世初頭には三隈川にも鵜飼が伝わり，水辺との結びつきが強い暮らしが文化としての熟度を高めてきた．日田の旧市街地は月隈山と亀山の二つの山を中心として発展してきており，これらの丘を中心とした都市景観を保全することが日田の風景において重要である．

近年の川づくり活動

1997（平成9）年に河川法が改正され，「環境」と「住民参加」が河川行政のキーワードに加わった中で，日田においても行政と住民の協働体制による川づくり

写真3　亀山公園と三隈川

写真4　台霧の瀬

活動が盛んに行われている．2004（平成16）年には地元住民が自分たちで資金を集め，工事を行うことにより筑後川内にせせらぎを創出した「台霧の瀬プロジェクト」が実施され，「プロジェクトD」として同年の九州川の日ワークショップで最優秀賞を受賞した．さらに，三隈川の島内堰落差工部（しまうちぜき）の改修事業や花月川の護岸および高水敷改修事業においても，筑後川河川工事事務所により住民ワークショップが開催され，活発な意見交換が行われたうえで事業が実施された．これらの改修事業においては，地元住民が自発的に改修を祝うイベントを行い，2003（平成15）年に行われた花月川における灯明イベントは「千年あかり」として，日田天領まつりとの一体イベントとなり，その後も地域づくりのイベントとして継続されている．さらに2003（平成15）年に日田市と地元住民による「天領日田歩いて時間（とき）を感じるまちづくり実験」が行われ，市街地内の交通コントロールと三隈川の遊覧船により市街地にアクセスするルート等の取組みが行われ，川づくりとまちづくりを連動させた風景づくりがすすめられている．

引用文献

1) 司馬遼太郎：「街道をゆく8　熊野・古座街道，種子島みち，ほか」，pp.160-161，朝日文庫，1979．
2) 筑後川河川工事事務所：「筑後川河川整備計画」
3) 杉本勲編：「九州天領の研究」，pp.18，吉川弘文館，1976．
4) 杉本勲編：「九州天領の研究」，pp.94，吉川弘文館，1976．

参考文献

・外園豊基編：街道の日本史52「国東・日田と豊前街道」，吉川弘文館，2002．
・木藪正道：「日田の歴史を歩く」，芸文堂，1990．

1.3.5 熊本　二層の流れ

田中尚人（熊本大学）

神が選びし場所

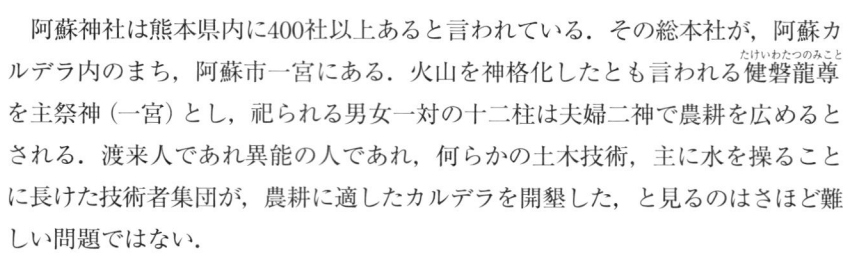

　阿蘇神社は熊本県内に400社以上あると言われている．その総本社が，阿蘇カルデラ内のまち，阿蘇市一宮にある．火山を神格化したとも言われる健磐龍尊（たけいわたつのみこと）を主祭神（一宮）とし，祀られる男女一対の十二柱は夫婦二神で農耕を広めるとされる．渡来人であれ異能の人であれ，何らかの土木技術，主に水を操ることに長けた技術者集団が，農耕に適したカルデラを開墾した，と見るのはさほど難しい問題ではない．

　カルデラ内のあちこちで溢れ出す自噴水は，それだけでも豊かな生活の風景となるが，実はカルデラそのものが大観峰や外輪山から眺める阿蘇の雄大な農の風景，豊かな水の恩恵を受けた水田や農耕の基盤となっている（写真1）．阿蘇一宮や内牧温泉などを有し，黒川が流れる北阿蘇は男性的な景観を呈し，JR豊肥本線，やまなみハイウェイや国道57号などの交通路によって他の都市と結びつき，阿蘇の首都的な役割を果たしてきた地域である．一方で南阿蘇は，阿蘇五岳のなだらかな斜面が女性的な景観を呈し，白川水源（写真2）などの湧水が白川となって流れる観光や避暑に適した地域である．これらカルデラ内南北の湧水が束ねられ白川となって，神が蹴破ったとされる立野の地から熊本平野に流れ出すのである．

文化基盤としての水

　阿蘇の集落では，それぞれの村で自噴水を水源として生活が成立っている．夏は冷たく冬は温かい，この自然の恩恵は人々の暮らしとは切っても切れないものであり，農耕生活を通して地域の歴史や文化を形成してきた．近年，とみにこの自噴水の量が減少しており，歴史や文化もさることながら，生活そのものも変質している状況である．阿蘇神社のすぐ脇に位置する一宮の集落では，かつて裏庭で使用していたこの湧水を，家屋の前に引き直し水基（みずき）と呼ばれる装置でまちを訪れる観光客へ提供して，商店街のまちおこし資源としている．

　いま阿蘇はツーリズムの時代を迎えている．やまなみハイウェイを背骨として，黒川温泉や遠くは湯布院，竹田まで広域連携を目指し，エコ，グリーン，アグリ，さまざまな冠詞が着くツーリズムが計画されている．さらに，飛行機から見る阿蘇はまさに水の街，潤いある緑の都市であり，人々は阿蘇へ水のある風景を愉しみに訪れることになるだろう．そこには美しい生活と豊かな風景が繰り広げられ，人々の目を楽しませるに違いない．

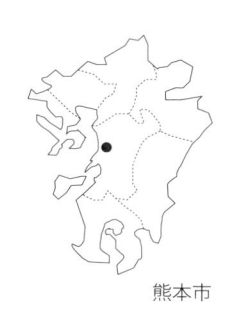

地表の営み

　阿蘇カルデラから零れるように滝を下り，熊本平野に流れ出た白川の水は，蛇行を繰り返して中流，下流域を形成する．直接的に熊本平野に住む人々に阿蘇からの恩恵をもたらすのは，この地表を流れる白川である．しかし白川は，急流河川であるうえ，流れにヨナと呼ばれる火山灰を多く含み，治めるのが難しい川である．この白川の治水を実現し，その水を最大限利用して集落や都市を建設した人として加藤清正が挙げられる．清正は縄張りや築城，川除などさまざまな土木技術に精通していたとされ，白川水系において馬場楠堰（ばばくす）や渡鹿堰（とろく）など29箇所の取水堰を築き，約3,500町歩を灌漑した．いまでも熊本の人々が大好きなこの清正公，彼の有した土木技術や技術者集団もすばらしいが，特筆されるべきは，現代につながる都市計画家として山から海のネットワーク，博多，隠岐，そして大陸へと繋げた，その視野の広さにある．

　一方で，都市生活基盤として水を差配する水路ネットワーク，熊本では「井手（いで）」と呼ばれるが，これを掌握した清正の都市計画には，当時の人々の生活が感じられる現実感がある．白川に堰を築き大井手（写真3）や菊陽の鼻ぐり井手，大津の上井手，下井手などを築造，集落の風景を成り立たせた清正は，熊本にあっては1606（慶長11）年から3年の歳月をかけ白川左岸に大井手を築造した．この大井手は途中，一の井手，二の井手，三の井手と次々に農業用水を分派し，実に1,083町もの田畑を灌漑，いまもなお人々に利用され続けている．また，熊本城下町建設には，軍事のための内堀や舟運路としての坪井川築造，井芹川のつけ替えによる白川の治水が欠かせなかったとされ，これら川を治め，井手をつくり，流れを操る技術が，熊本という都市をかたち作ったといえる．

地下の恵み

　熊本の人は，阿蘇の山々や有明，不知火の海など自然が大好きだ．県下には白川のほか，緑川や菊池川など，それぞれ特徴のある流域を有する大河川も多い．しかし熊本市内中心部を流れる白川の水辺は，さまざまな橋を渡る人々の目にふれる機会も多いはずであるのにさほど人影もなく寂しい．近世城下町時代の熊本では，白川は都市と郊外を隔てる境界であり，対薩摩の外堀として機能したといわれる．白川は都市に近接し距離的には近い水辺であるにも関わらず，1953（昭和28）年に起きた6.28水害に代表されるように，頻発する水害のため心的な距離や障壁ができ，市民にとって親しい水辺とはなっていないのが現状である．

　熊本市民に，日常の水辺として最も親しまれているのは江津湖畔であろう．細川家由来の水前寺成趣園（じょうじゅえん）にも，江津湖の水が引き込まれているが，実はこの江

写真1　阿蘇カルデラの風景
阿蘇カルデラ内では，豊富な湧き水を利用した農業が充実し，地域ブランドを形成している

写真3　大井手 川干しの風景
白川左岸の近郊農耕地に水を配る大井手．メンテナンスのため行われる川干しの際には，地域住民たちとの触れ合いがある

写真2　白川水源
南阿蘇白水村にある一級河川白川の水源地．白川吉見(よしみ)神社の境内にあり，多くの観光客が訪れる

津湖の水は阿蘇からの伏流水である（写真4）．回遊式の大名庭園内には，東海道の名所が縮景され，豊かな水面が近世以来の風景を支えている．また，江津湖ではボートを漕ぐ，釣りをする，水辺に沿って散歩を楽しんだり，芝生で寝ころび本を読んだり，湖畔のテラスで食事をするなど，およそ現代的な水辺利用のアクティビティを支持している．江津湖畔には，動植物園をはじめ文化施設が建ち並び，昭和初期に北村徳太郎が公園系統を提唱し，単に囲われた公園ではなく，都市計画的に水辺に沿った「市民永久の慰楽保存地」[3]として計画した成果が感じられる．

江津湖が自然のかたちをよく残す水辺であれば，人為の尽くされた水辺といえるのが八景水谷(はけのみや)であろう．第三代肥後藩主細川綱利(つなとし)により瀟湖(しょうこ)八景に因んで名づけられた庭園は，豊かな水源を誇る水辺として市民に親しまれ，1924（大正13）年に熊本市の上水道が敷設されて以来，その水源としても利用されてきた．園内の四つの井戸から取水された地下水は，立田山配水池を経由して現代も市内の人々の喉を潤している．

このように，都市内の至る所の水辺の基盤となっているのが阿蘇の伏流水である．熊本市は，白川の中流域という利水に恵まれた環境にありながら，上水道の水源を100％地下水で賄っており，大都市としては珍しい利水環境にある．中国に飲水思源ということわざがある．今あなたが飲んでいる，その水の源に思いを馳せよ，ということであるが，まさに熊本ではこの思いが体感できる．水循環に恵まれたエコシステム上に成り立つ熊本において，地下を流れてきた阿蘇の水は，実質的に市民の生活を支え，市民の憩いの風景をもつくり出してきた恵

写真4 水前寺成趣園
第三代肥後藩主細川綱利(つなとし)が回遊式庭園を完成させ、中国の詩人陶淵明(とうえんめい)の詩「帰去来の辞(ききょらい)」に因み名づけられた．熊本市内の観光名所

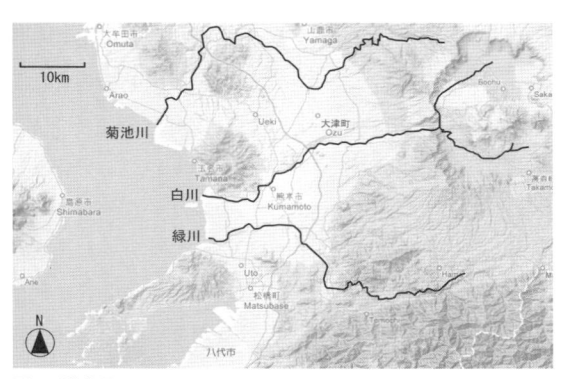

図1 熊本平野

みの水である．

阿蘇から有明へ

　地表と地下，水循環の物語は山から海へと続く．緑溢れる阿蘇カルデラから零れた水は，白川から井手に流れ込み熊本平野を潤し海へと辿り着く．その地先には，百貫石港，熊本新港があり，有明海を三角，天草へと続いていく水の旅である（写真5）．農業用水，生活用水，工業用水，舟運や水力発電などさまざまな用に供する恵みの水は，源流は一つでも水系に沿ってあらゆる場所の風景づくりに関わることになる．阿蘇の水はカルデラ内で農の風景を支え，熊本平野を白川という流れになって駆け下りる．地表において河川は線的に都市を結び，それらを治めることで人々は都市をかたち作り，井手により面的な生活環境を手に入れた．さらに，阿蘇から地下に潜り重層した伏流水は，湧水となって地表の水辺や人々の生活を豊かにする．上流部に阿蘇カルデラを持つ，少し変わった流域の白川を骨格とする熊本平野（図1）では，地表と地下を重層する二つの流れによって，それぞれの地域の風土に根ざした風景を，必然としてつくり出してきたのである．

写真5 金峰山からの眺め
熊本市内を一望できる国見山から白川河口を望む．熊本新港の向こうに有明海が続く

参考文献
1) 園田頼孝：「肥後熊本の土木」，熊本日日新聞社，1983.
2) 地域学シリーズ⑥新・熊飽学，熊本日日新聞社，1990.
3) 都市公論10 (4), p.7, 都市研究会, 1927.

1.3.6 高千穂　農林業の暮らし

吉武哲信（宮崎大学）

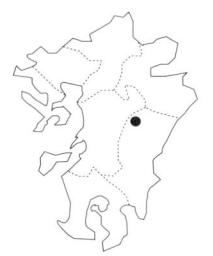

宮崎県西臼杵郡

阿蘇火砕流台地と渓谷の風景

　高千穂は，北の祖母山系，南の九州山地の間，約12万年前と約9万年前の二度の阿蘇火砕流が谷を埋めた台地のうえに展開している．その台地には，西北から南東にかけて流れる五ヶ瀬川，北東から南東に流れ五ヶ瀬川に合流する岩戸川により深い渓谷が刻まれている．渓谷は，熔結凝灰岩が柱状節理の面で崩落するため，垂直の絶壁となる．高千穂峡はその代表例である（写真1）．

　これらの深い渓谷地形は，高千穂の人々の生活に大きな影響を与えてきた．渓谷は集落間の行き来を困難にし，ある意味では集落それぞれの独自性が形成された．他方，渓谷を渡る橋の建設は「平地化」という言葉が象徴するように，高千穂の人々にとっては悲願であった．町内にある多くの橋は，住民の願いの結晶でもある．

天孫降臨から連なる神話と歴史の風景

　高千穂は神話の地である．瓊々杵尊（ニニギノミコト）が地に降り立った「天孫降臨」，天照大神（アマテラスオオミカミ）が引きこもった岩屋戸（洞）の岩戸を天手力雄神（タヂカラオノミコト）が開いた「岩戸隠れ」などの舞台となっており，町内にはくしふる神社，天岩戸，天の安河原などの神話伝承の地が散在する（写真2）．

　神話が高千穂を舞台とした理由については諸説あるが，高千穂が太古より重要な地であったことはたしかである．かつて高千穂は，主に尾根筋を辿る山の道の交通の要衝地であった．実際，古代には高千穂一帯が上高千穂，阿蘇一帯が下高千穂と呼ばれ，両地域は一体であった．その後，修験道が祖母山系や諸塚山系で栄え，多くの修験者が山の道を辿り，知識や技術を高千穂に伝えた．また，西郷隆盛も西南の役の際，山の道を辿って高千穂を抜け，薩摩に向かった．

　このように高千穂は，その地理的特性によりさまざまな歴史の舞台となり，それらにまつわる伝説や伝承も多く生み出された．現代の高千穂の人々は，そのような歴史と伝説が埋め込まれた空間のなかで，それらとともに生活しているのである．

山の裾野に広がる棚田の風景

　瓊々杵尊が地に降り立った際，千の稲穂を抜いてモミを四方に撒くと闇が晴れ渡ったとされる．高千穂の地名の由来とともに，高千穂と稲作の技術との関係がここに示されている．

　水稲作は棚田から開始された．すなわち，低平地での治水技術，灌漑技術が

発達する以前は，水の扱いが簡単な傾斜地の棚田が主流であったのである．高千穂の棚田も古くから開発されたと考えられるが，それらは緩傾斜地の中でも湧水が活用できるきわめて限定的な箇所に形成されたのであり，十分な収穫が得られたわけではない．江戸時代の農民の常食は玉蜀黍，麦，蕎麦などであり，飢饉も幾度か経験している．

棚田が現在のような姿になったのは，江戸時代後期の，トンネルや水路橋を持つ用水路の整備以降である．用水路の中には数十キロメートルに渡るものもある．現在の棚田の風景は，過酷な環境下での高千穂の人々の米に対する切実なる願いと努力の積み重ねといえる．

刈干し切りと「とうび」の風景

高千穂の秋の風景に，民謡「刈干し切り唄」で有名な「刈干し切り」がある（写真4）．これは，冬の間の牛の飼料となるカヤなどの野草を大鎌で刈って干す農作業である．刈られた草は「とうび」と呼ばれる円錐の小山状に積み上げられ，その場で乾燥・保存される．晩秋以降，あちこちの傾斜地で，刈り上げられた草地ととうびの風景を見ることができる．

山麓で農耕地として活用できない急斜面を継続的，かつ有効に利用する知恵がそこにある．

生活文化の象徴としての夜神楽

毎年11月中旬から翌2月上旬にかけて，秋の実りに対する感謝と翌年の豊穣を祈願する神事である夜神楽が多くの集落で行われ，ほしゃどん（奉仕者）と呼ばれる舞手が夜を徹して全33番の舞を奉納する（写真5）．夜神楽には，縄文・弥生時代の儀礼，神話，仏教，修験道や陰陽道などの多様な要素が渾然と入り交じっているといわれる．

高千穂が経てきた歴史，そして何よりも，何世代にも渡って営まれてきた農林業を中心とした共同体的生活，その生活の中で育まれてきた人々の生活文化（宗教観，自然観やライフスタイル）は夜神楽と一体となって現代生活のなかに息づいている．

農林業の衰退と過疎化・高齢化

農林業の衰退と一体となった過疎化・高齢化の流れは，高千穂での生活と風景に大きな陰を落としている．まず，集落の維持そのものが困難になりつつある．多くの集落では，夜神楽が奉納できなくなった．また，植林された山には手が入れられず，棚田も減反や耕作放棄によって荒れたものが増えている．近年，

写真1　高千穂峡を跨ぐ新旧3本の橋梁

写真2　天の安河原

台風による災害が大規模化しているが，これらとの関係を指摘する声も多い．刈干し切りも，牛の飼料の転換も伴って大きく減少した．

　農林業による生活を基盤とする高千穂の風景は，産業構造の転換に伴って，大きく変貌しつつある．

強大化する自然災害

　上でもふれたが，近年，この地域に襲来する台風を始めとする自然災害は強大化しており，高千穂の人々の生活や風景に大きな影響を及ぼしている．特に，2005（平成17）年の台風14号では，河川の増水，山地の崩壊が多く起こり，地域内の交通網，人家，田畑に甚大な被害があった．通学・通院の足であった高千穂鉄道は，2008年12月に全線廃線となった．

　高千穂における人々の生活と風景の将来を考える際，自然災害への対応は二つの観点から重要である．ひとつは，災害復旧の制度と手法である．例として河川を考えよう．現行の災害復旧制度は「原形の回復」を目的とするため，被災を機に「より豊かな河川空間を形成する」ことは難しい．また原形の回復といえども，土や石垣などの自然素材や伝統工法を採用することは資金面・時間的制約からも困難が伴い，コンクリートを多用する工法が採用されやすい．さらに，そもそも緊急対策の性格が強いため，時間をかけて景観設計を行うことも難しい．となれば，災害が頻発し，復旧を重ねれば風景は変質していかざるをえない．

　もうひとつは，今後一層厳しくなると考えられる財政上の制約である．過疎化が進行した多くの「限界集落」に対し，今後も等しく予算を確保して災害復旧

写真3　台地に広がる棚田の風景

写真4　刈干しと集落

写真5　民家（神楽宿）で舞われる夜神楽

写真6　ありし日の高千穂鉄道の勇姿

を実施することができるか，費用対効果が厳しく問われる時代では，災害復旧そのものが難しくなる可能性がある．風景の変質ではなく，「災害を機に集落を放棄する」生活の変質が起きるのである．

　集落が持続すれば，第一の問題は時間をかけて解決できる可能性がある．しかし，第二の問題は高千穂の将来にとって深刻である．

1.3.7 鹿児島　往還からの眺め

柴田 久（福岡大学）

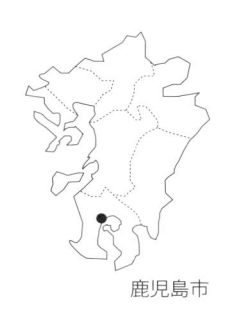

鹿児島市

　私たちが普段何気なく通る「道路」は，明治以降に誕生したもので，昔は「街道」や「往還」と呼ばれていた．往還と街道はほぼ同じ意味で使われることが多いが，その名のとおり街と街をつなぐ「街道」は道中奉行所が管轄し，運輸・通信・休泊の機能を備えているものを指す．一方，同じ休泊機能とともに，公用旅行者のため伝馬・人足を備える継立村が備わった街道を往還と呼ぶようである．江戸時代の九州で主要な道といえば，小倉から長崎に至る長崎街道，同じく小倉から大分，宮崎を通過し，鹿児島に至る日向街道，中津と久留米それぞれから日田に行く日田往還，熊本から大分に向かう豊後街道，そして鹿児島（薩摩）と熊本（肥後）を結ぶ薩摩往還（街道）が挙げられる[1]．これらの街道，往還は徳川幕府による参勤交代を背景に，整備が進められたとされる．ここでは薩摩街道について紹介しながら，往還から見る現代の道路について考えてみたい．

薩摩街道

　江戸時代，鹿児島藩では街道のことを「筋」と呼んだ．特に薩摩から肥後に通じる「三筋の街道」として，鹿児島城下から西側阿久根より海沿いに出る「出水筋」，姶良町を通り山間を抜ける「大口筋」とえびのへ分かれる「加久藤筋」，さらに錦江湾沿いに宮崎方向へ向かう「日向筋」が挙げられる（図1）．「出水筋」は別名「西目筋」（日向筋を「東目筋」）と言われ，鹿児島城下から領外へ出る街道として重視されていた．一方，薩摩街道大口筋は鹿児島地域と大隅地域の境にあり，戦国時代には島津氏の支配地域を結ぶ道筋の一つとして，島津氏と豪族との合戦の舞台にもなった．藩政時代，これらの街道は参勤交代のみならず，軍事や物流の連絡道として重要な役割を持っていたとされる．現在，出水筋は国道3号線，大口筋は国道268号線，日向筋は国道10号線へと引き継がれ，鹿児島への往来を支える道として今日に至っている．

大口筋

　ここで，大口筋の様子をうかがい知ることのできる「白銀坂」について紹介しておこう（写真1）．白銀坂は鹿児島県姶良町脇本から旧吉田牟礼ヶ岡までの石畳の残る旧街道である．前述した大口筋は総延長約70kmほどであるが，白銀坂はそのうちの約4kmほどの区間にあたる．白銀坂の石畳は幅2m前後，急坂部を中心に1km以上残っており，敷石には山中の自然石が用いられている．白銀坂は江戸時代に「大口筋」として整備されているが，高低差約360mにも及ぶ藩内随一の難所として知られる[2]．実は鹿児島から重富までの海岸線は姶良カルデラの

断崖が続いており，明治の中頃まで鹿児島から大隅へ向かう道は，吉野の大地からこの険しい白銀坂を下って重富へ出るコースしかなかった[3]．また白銀坂は鹿児島城下から牟礼ヶ岡を登りつめた後の下り坂でもあり，右手に錦江湾をひかえた景勝地としても知られる．東南の海岸には江戸時代初頭に島津家の別邸である仙巌園，さらに幕末期には藩営の集成館機械工場やわが国初の洋式紡績所が設けられているが，鹿児島から重富までの街道整備は1872（明治5）年の明治天皇行幸まで行われていない．街道としての役割を終えた白銀坂は，現在，県立吉野公園への登山道として，当時の面影をいまに伝えている．

出水筋

　出水筋は薩摩の国から肥後へ出る最も重要な幹線道路であり，約26里（約100km）ほどある．江戸時代の道路標識はすべてその標識が掲げられる場所が基点とされ，次の宿駅まで○○里，国境まで○○里と記されていた[4]．つまり街道とは，それぞれ隣接する場所と場所をつなぐ区間路のネットワークとして捉えられ，旅人は自らが立つ場所と最も近い目的地ならびに宿地との距離を考慮しながら，最終的な旅先へと向かったものと考えられる．当時，鹿児島から出水へは3日間ほどを要し，参勤交代に向かう大名行列にとって，途中の休泊場所の確保は重要な検討項目であっただろう．出水筋の最初の宿駅は，現在の鹿児島市常磐町にある日枝神社近くの阿弥陀井と呼ばれる井戸の周辺であった．そこは鹿児島から出発して水上坂（みつかんざか）に入る手前に位置し，旅に向かう親族や友人との別れ，さらには再会を喜ぶ場所であったと伝えられている．出水筋は参勤交代に多く利用されたことで知られ，街道の至る所には御茶屋が置かれていた．JR九州鹿児島本線の木場茶屋駅は，串木野金山の峠を越えたところの木場茶屋の名に由来している[3]．

肥後から見る薩摩往還と橋

　ここまで鹿児島県内を中心に薩摩街道について見てきたが，その行き先の一つであった肥後の国熊本にも薩摩街道に関する史跡は多い．薩摩街道の熊本からの基点は熊本城であることは言うまでもないが，市内に架かる長六橋（1601（慶長6）年に架橋された当時は木橋）を経て，薩摩往還上の石橋もいくつか残っている．熊本県宇城市豊野町にある「巣林橋（写真2）」は，別名，薩摩渡しと呼ばれ，1829（文政12）年に架橋されている．巣林橋の長さは3.4m，高さ1.9m，径間は3.2mで幅3.3mと決して大きな眼鏡橋ではないものの，八代郡種山村（現東陽町）出身の名石工，岩永嘉八の築造と伝えられ，熊本県砥用町の霊台橋の試作とも伝えられている．さらに肥後と薩摩の国境には「境橋」と呼ばれる石橋が現

図1　薩摩街道

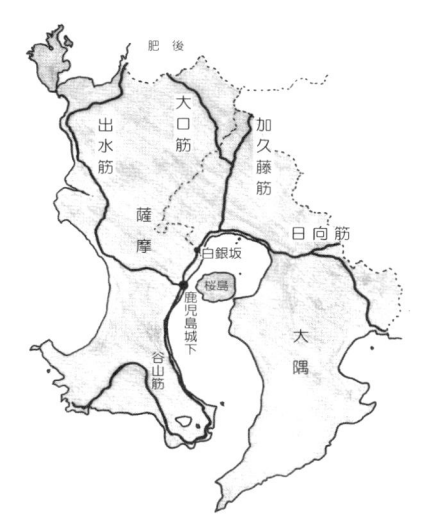

写真1　白銀坂の様子

存する．境橋は1883（明治16）年に架けられ，長さ13.3m，幅4.95mのアーチ型石造の眼鏡橋である．江戸時代に活躍した漢学者，頼山陽もこの川を渡って薩摩に入ったとされ，「境川を境に薩摩と肥後は厳然と分かれているが，この小川の水のみはどこの国にも属することなく，日夜そうそうと意のままに流れている．何と人の社会はうるさいものだ」という詩を残している[5]．

慄然とする風景

　熊本城内の博物館脇に狭い石畳の道がある．両側は高い壁に囲まれ，静かで落ち着いた佇まいである．さて薩摩街道を北上し，肥後熊本の白川左岸まで達した参勤交代の行列は，薩摩屋敷で一泊し，翌日川を歩いて渡り，熊本城内を通過する．徳川幕府が薩摩藩にのみに課した屈辱的な儀式の始まりである．一行はすべての武具を封印し，無抵抗の状態で狭い道を進んで行く．壁の裏側には幕府の命令を受け，鎧甲に身を固めた肥後の武士団が潜んでいるに違いない．それほどに周辺の武家屋敷の庭は広大である．いったん事が起これば，この道は鮮血したたる修羅場と化すだろう．

　なるほど，江戸時代二百数十年の間にそのような出来事は一度も起きなかった．しかし，誇り高く勇猛な薩摩人の心象風景を想像することはできる．街道のその先に，血塗られた小径とそこで無抵抗に倒れていく自分が見える．西南戦争のとき，薩摩人がなぜ熊本城攻めにこだわったのか，わかる気がする．知識がなければ，見えない風景がある．

写真2 薩摩渡しと呼ばれる巣林橋（熊本県宇城市豊野町）　　写真3　江戸時代の薩摩の様子[7]

「往還」と「道路」における景観的意味の違い

　ここまで述べてきたように，往還や街道には往来する多くの人々によってさまざまな人間模様があった．すなわち往還に見られる風景の要素として人々の営みが存在していたに違いない（写真3）．土肥は，江戸の往還が今日の連続する道路とは異なり，木戸などによって区切られた各町の抱える多様な野外空間であったこと，さらに明治期の道路の出現によって江戸の風景として見られた賑わい溢れる盛り場が消滅したことを指摘している[6]．今日，モータリゼーションの発達によって自動車を中心とした「クルマ社会」がわれわれの生活を支えている．またそれに伴い，自動車の円滑な走行を目指した均質な連続空間としての道路が全国に行き渡っている．しかし，往還や街道と呼ばれていた頃の「道」には，現代の道路にはない「生活景」が溢れていたように感じられる．単に街を通る機能的な物流の空間ではなく，「道」自体に人々の生活やさまざまな活動が繰り広げられ，それが街の風景の魅力として感じられていたであろう．クルマという生活の便利さとともに，われわれ人間にとって最も近い存在だったはずの「道」について，改めて考え直すことの大切さを「往還」や「街道」は示しているのかもしれない．

参考文献

1) 建設省九州地方建設局監修）：「九州の道　いま・むかし」，社団法人九州建設弘済会，1994．
2) 鹿児島県姶良町教育委員会：歴史の道－白銀坂リーフレット（改訂版）
3) 丸山雍成：「日燃える九州」，日本の街道第8巻，集英社，1981．
4) 三木靖・向山勝貞編：「薩摩と出水街道」，吉川弘文館，2003．
5) 出水市教育委員会：「出水の文化財史跡と文化財（改定版）」，1994．
6) 土肥真人：「江戸から東京への都市オープンスペースの変容」，京都大学博士論文，1994．
7) 島津重豪著・曽槃，白尾国柱編：「成形図説第一冊（巻之四三十）」，国書刊行会，p.322-323，1974．

第 2 部

• 風景のつくり方 •

　第2部は，風景デザインに関心を持つ社会人を読者として想定しています．また，前提として第1部は，読破したものとします（もちろん，学生諸君にとっても重要な事柄がたくさんあるので，ぜひ読み通してください）．

　第1章では，九州デザイン・シャレットの取り組みを通し，景観設計演習のあり方についてまとめました．とかく演習といえば，模型を作ることが目的になりがちです．しかし本章を読めば，課題の吟味，模型を作る過程でのさまざまな検討，複数案を比較することの意義等設計演習の本来の目的が判ります．ぜひ参考にしてください．

　第2章は，各筆者のデザインに関する実践の報告書です．各デザイナーの工夫のプロセスが解き明かされています．現場はすべて九州内にあります．

　第3章は，風景デザインの好事例のうち九州に存在するものを列記しています．第2章と併せて，現地訪問をし「風景のつくり方」に思いを巡らせてください．

第 1 章

演習のポイント

2.1.1 シャレットという取り組み
星野裕司（熊本大学）

主催
九州デザインシャレットは2008年度より，KL2のみの主催となり継続している．

「シャレット」の語源
19世紀のパリ国立美術学校で，生徒たちが大あわてで作品を仕上げている間に，試験監督が手押し車（charrette）を押して最終成果物を集めてまわることにあり，転じて「専門家が短期集中して成果を残す」という意味を持つようになった．

九州デザインシャレットとは

　風景デザイン研究会は，KL2 (Kyushu Landscape League) という学生組織と共に，「九州デザインシャレット」という学生向けのワークショップを2005（平成17）年よりスタートさせた．近年，全国の大学で景観工学に関する講義が増えつつあるが，演習まで行っている大学はまだ少ない．演習のチャンスがない土木系の学生や，建築や造園などの近接分野の学生たちに，そのチャンスを与えようというのが開催のきっかけであった．この取り組みは学生に対する教育であり，決して風景デザインの実践ではない．しかし，「風景のとらえ方・つくり方」に関する大切なポイントが，この中には数多く含まれている．ここでは，第2回目にあたる「九州デザインシャレット2006」を中心に紹介しつつ，第2部の序章としたい．

　「九州デザインシャレット」では，参加する学生たちを専門家と見立て，短期集中で一つの成果を出し，普段出会わない人々とのコラボレーションを行わせることが一つの大きな目的となる．また，「九州」という地域名がその名に入っていることも重要であり，地域密着であることが大切なポイントとなる．詳細に関しては，HP (http://www.fukei-design.jp/charrette) を参照していただきたい．

課題の設定

　教師ならずとも，上司として部下を，先輩として後輩を指導するときのことを考えてほしい．手取り足取り教えるほうが容易であり，難しいのは，教えられる側の創造性を引き出すような「うまい」課題を与えることではないだろうか．シャレットでも，もちろんである．加えて難しいことは，学生に対してだけではなく，開催される土地に対しても，「うまさ」が必要になるということである．

　「九州デザインシャレット2006」は，熊本県宇城市三角町で開催された．まずは，三角の概要について紹介しよう．オランダ人水理工師ムルデルによって設計された現在の三角西港が1887（明治20）年に開港し，この町の歴史が始まる．当時の九州の中心であった熊本からもだいぶ離れた地に近代的な港が築かれたのは，南北を不知火海と有明海に挟まれた水運に適した地の利と，瀬戸の穏やかさにムルデルが着目したからであった．1899（明治32）年には，鉄道も開通し，天草1号橋が開通する1966（昭和41）年までは，水陸を繋ぐ結節点として大いに賑わっていた．しかし，水運の衰退によって徐々に活力を失い，「シャレット」の開催される直前の2006（平成18）年8月末には，三角－島原間のフェリーも廃止され，その機能も失うこととなった．現在では，穏やかな海と豊かな自然はその

図1　三角町　位置図

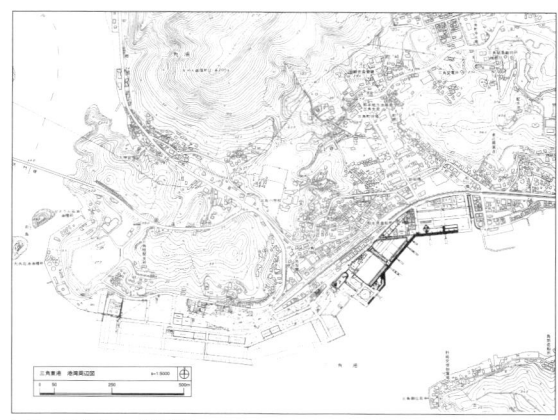

写真1　三角東港全景（天翔台より望む）

ままながら，活性化に向けての施策が急務となっている．いわば全国にあふれる港町のひとつといってよいだろう（図1，写真1）．

　では，このような地域に，どのような提案を刺激としてもたらすべきなのか．また，その成果を作成する学生たちにとって，その課題は取り組みやすく，かつ，バラエティに富んだ発想を促すものになるだろうか．この両者のバランスが肝となる．課題設定とは，場所と範囲を限定し，提案の方向性を示すテーマを与え，最適な成果物の形式を決定することである．ここでは，課題の範囲を中心に解説しよう．

　「シャレット06」の課題は，JR三角駅前，廃止されたフェリーターミナル「海のピラミッド」と舟溜まりを含む範囲に設定した（図2）．ここは地域の人々にとって，水陸の結節点として繁栄した昔日を思い出させる町の中心である．課題設定において，まず大切なことは範囲である．この敷地範囲にはいくつかのポイントがある．まず，敷地の中心として「海のピラミッド」を含んでいること．白い三角形が印象的な町のランドマークだが，フェリーの廃止によって空き家となった（写真2）．機能を失った構造物のリノベーションは，建築・土木に関わらない現代的な課題であり，地域の人々もこの建物の行方は誰もが気になっていることであろう．また，核となる構造物が敷地内にあることは，発想のきっかけとして参加者の検討を助けるだろう．次のポイントは，JRの駅をはずし，舟溜まりを含めていることである．これは，シャレットの準備段階で議論になった点だが，提案の方向を，駅を中心とした都市計画的なものから，その視点は含めつつも，海やその風景を中心とした景観的なものへと向けようと意図したものである．つまり，三角においてもっとも大切なものは「海」だという課題作成者の認

図2 シャレット06の課題範囲
点線で囲まれた，およそ300m四方の範囲である

写真2 海のピラミッド
葉祥栄設計による熊本アートポリス作品

識がここに表れている．また，この舟溜まりは100×150m程度の大きさであり，敷地内で「見る・見られる」の関係を活性化したり，干満の差を活用した海ならではの親水活動の提案なども期待できるものである．最後に，敷地の北東と南西だが，北東には物産館があり，南西には，有効に活用されていない広大な埋立地が広がっている．これらを有効活用するためのエントランスとしてもこの敷地を位置づけることが可能となる．それは，山から海へという縦のつながりに対して，海沿いに横のつながりをつくるという，今までの三角にはない新しいネットワークを発生させる可能性を含むものとなるだろう．

以上からもわかるように，敷地範囲の設定において重要なことは，広さと同様に，その境界に，検討の手がかりとなるような豊かな条件があるかということである．このことは逆に，デザインにおいての豊かな手がかりが，敷地の内部と同様に境界にもあるのだということでもある．ただし，この設定はあくまで検討前の想定であり，検討していけば範囲に不自由を感じることは十分に考えられる．そのため，ある程度の自由度は認める必要がある．後述する提案内容を見てもわかるように，むしろ境界そのものを変更している提案，すなわち課題を再設定（問題のつくり直し）している，そのような提案ほど良いものとなる可能性が高いのである．

デザインのスタート

シャレットのスケジュールは，左に示す四つのステップで構成されている．この流れは，シャレットのようなワークショップの運営などだけではなく，風景デ

認知限界
100m前後のスケールは人間の活動に対する認知限界である（1.1.5「空間のスケール」参照）．

四つのステップ
1) 1〜2日目「知る」
2) 3〜5日目「対話する，考える」
3) 6〜7日目「形にする」
4) 8日目「伝える」

ザインを展開する上での基本的なものとしても参考となるだろう．それではまず，最初の「知る」というステップから始めよう．

どんなスタートを切るのか（切らせるのか）．何事も最初が肝心である．シャレットの最初の「知る」というステップには三つの対象がある．一つ目は，まさに対象地を「知る」こと．景観設計にとって基本中の基本である．もう一つは，三角の暮らしを，つまりは現地の人々を「知る」こと．これはシャレット06で重視したことの一つである．一般的に言って，景観設計を行う主体は，住民ではなく外来者（コンサルタントなど）の場合が多い．このシャレットにおいても，全国から集まった学生が主体となるため同様である．このような場合，住民が気づいていない新しい風景の価値を発見したり，利点も多いが，一方で，提案が独善的になったり，その目的が曖昧なものや抽象的なものとなったりすることもしばしば起きる．そのような危険性を回避するためには，現地の人々を知ることが一番である．単なる景観設計から広がりのある風景デザインに展開するためには，提案時に具体的な人々の顔を思い浮かべることが重要であろう．あの薬局のおばちゃんはここを散歩してくれるだろうか，あの幼稚園の子供たちはここで楽しく遊んでくれるだろうか，というように．特に，シャレットの主体となる初学者（学生たち）にとっては，このような経験が重要だ（写真3）．そして最後は，参加者同士を「知る」である．シャレットに参加した学生たちの感想には，多くの人が「グループワーク」の難しさや楽しさ，その経験ができたことへの感謝などがつづられていた．実際，このデザインシャレットの一番の効果は，このグループワークに関して学ぶことなのかもしれない．2005年に唐津で行ったシャレットでは，開始以前からグループが決められていた．そのため，シャレット中は4〜5人という限られたグループの中だけで議論が進行してしまい，他の班の状況などはまったくわからないという学生が出るほどに，閉じた窮屈な関係となってしまった．これでは充実したグループワークを行うことは難しい．そこでシャレット06では，まずグループを決めずにスタートさせ，テーマとして「三角町の特異点探索」を与えた上で，現地調査や海上視察（1日目），地元の食材を自分で料理し食べる「食と農の体験塾」への参加（2日目）を行い，各自が発見した特異点について個人発表を行った．その発表成果を踏まえて，2日目以降に本格化する検討のグループを講師陣が決定した．これは，参加者の嗜好や特性を評価したうえで，グループを作ることができるという具体的な利点もあるが，それ以上に，参加した学生同士が，まず自分たちで友人をつくることができるという点が重要である．それによって，グループワークが始まってからも，グループを超えた情報共有が可能となったり，作業中の息抜きができたりと，風通しの良いグループワークが可能となるのである．

特異点探索
1.1.1「風景について」を参照．

写真3　「知る」ステップでの現地調査
学生たちは，積極的に住民に話しかけていた

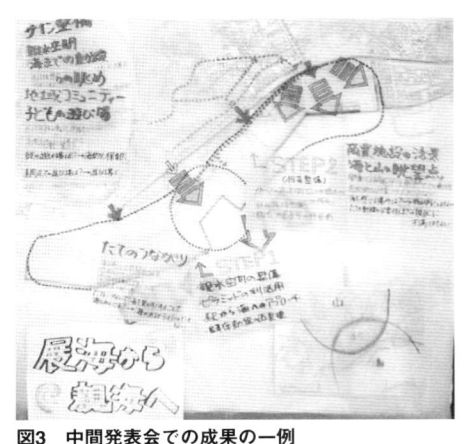

図3　中間発表会での成果の一例
1/1000の図面に何枚もトレーシングペーパーを重ね，空間のプログラムを表現している

対話し，考える

　「知る」の次は「対話する・考える」である．このステップでは，4日目に開催される中間発表会を目指した検討が行われる．発表すべき課題は，対象地を「誰に，どのような状況で，どのように利用してほしいのか」という空間のプログラムを提案することである．このステップの関門はまず，ここではじめてグループを組んだ仲間で議論をしなければいけない．すなわち「対話する」ということである．その対話のきっかけとなるのが，「知る」のステップで行った調査や経験，自分が発見した三角町の特異点などの成果である．通常，グループワークを軌道に乗せるためには，メンバーのなかで共通の土壌を構築する必要があるが，知識や言葉のみのコミュニケーションでは，言葉の誤解などによってなかなかその構築が難しい．経験の少ない学生にとってはなおさらである．このシャレット06の場合では，最初の「知る」というステップが，その共通の土壌となるのである．そのような対話を通じて，対象地のプログラム，すなわち必要な空間の機能を「考え」ていくわけだが，成果物として1/1000の平面図を求めた（図3）．このスケールは，A1の用紙でおよそ600〜800mの範囲が入り，歩行者が一息で歩ける距離をカバーする．このプログラム構築にあたって重要となる情報は，参加者に対して事前に配布した資料に記載してある各種の基礎データである．中間発表会で特に話題に上ったのは，人口規模（三角町の場合は，約1万人）であった．景観設計の目標が人の暮らしである以上，その量的把握は不可欠である．一方，この段階で見られた問題に，検討の視点が成果物として求められるスケールに依

存しすぎてしまうということがあった．つまり，1/1000で表現できる歩行スケールでの視点に偏ったプログラムを，すべてのグループが提案してきたということである．もちろん，それは課題作成者が最も重視したものではあるが，一方で，三角町のような地域では車が最も一般的な交通手段となっているという現状もある．そのような現状をきちんと認識すれば，車で15～30分程度の圏域（ある講師は，これをミドルレンジといった）の人々も，十分に対象とすることが可能となる．これは，1/25,000の地形図と成果物とした1/1000のスケールの中間ぐらい，1/5000～1/10,000程度の視点である．三角町のような場合には，提案の対象が「住民」と「観光客」という相反する二項対立となりがちであるが，このようなスケールの視点を導入することで，硬直しがちな二項対立を止揚するきっかけが生れる可能性もあるのである．いずれにせよ，デザインの前段階であるプログラムの構築にあたっては，現地の地形や景観は当然として，人口や歴史などの基礎データの把握，人々の暮らしぶりへの理解などが重要となる．

資料の基礎データ
事前配布の資料に載せた基礎データは，三角町の現状（位置や人口など），歴史（年表と地図），港町としての特徴（交通・施設，文化，自然環境など）などである．

形にする

　そして，次のステップが「形にする」である．いわゆる景観設計やデザインという名においてイメージされるのが，このステップであろう．ここでは，1/300と1/50の二つのスケールの模型を成果として求めた．まずは，なぜ二つを成果とさせたのかという点から解説しよう．景観設計とは，空間のしつらえを決定することだが，その決定にあたっては二つの課題を解決しなければならない．それらは空間の「構成」と「居心地」である．そのうち，1/300で表現されるものが「構成」である．これは，空間のレイアウトやストーリーと考えてもらってかまわない．どのような空間が並んでいるのか，どこから入りどのように出るのかなど，建築設計のプランニングに近い作業である．このスケールでは，対象地全体を俯瞰し，先に考えたプログラムを具体の空間に展開することが検討される．ここで陥りがちな罠として注意しなければならないのは，対象地を細切れに分け，それには，さまざまな場所を「幕の内弁当」のように配置してしまうということである．それにはいくつかの理由がある．一つは，敷地は敷地のみで完結してはいないということ．一つの敷地の中に，運動できる場所，散歩できる場所，一服できる場所など，すべての場所がある必要はないのだ．郊外の大型ショッピングセンターなどを思い起こしてほしい．確かに，そこに行けばすべてはある．しかし一方で，そこは周辺とは孤立した無個性な場所でもあろう．このような場所は，公共空間としては不適切なのだ．このような考え方をもつためにも，前段階のプログラムにあたって，より広範囲なスケール（今回は1/1000）で，対象地を見ることが肝要なのである．二つ目は，外部空間はそれほど広くはないということで

外部空間の広さ
1.1.5「空間のスケール」を参照のこと．

ある．たとえば，外部空間の広場では最低のモジュールが約25m四方必要であると考えられている．図面上で見るよりも，実際の外部空間は思いのほか小さい．このスケール感覚を間違えると，その空間は非常に煩雑で窮屈なものとなってしまう．そして最後は，空間の使われ方を限定しすぎてはいけないということである．外部の公共空間は，不特定多数の人々が自由に使えることに意義がある．その人々が，設計者の想定どおりの使い方をするとは限らないし，本当に豊かな空間は，設計者の想定を良い意味で裏切る使われ方をするものである．「多目的は無目的」とよく言われるが，これは決して，何にでも使えるような特徴のない空間をつくるべきだといっているのではない．むしろ設計者は，その空間の使われ方を，できるだけ具体的に想定するべきである．大切なことは，一つの場所の使われ方にバリエーションを持たせること（たとえば，ベンチにもなるし階段にもなるなど），一つの使われ方を直接的にではなく，あくまで行為のきっかけとして表現すること，そしてそれぞれの場所の関係をよく考えることなのである．このような検討に有効なのが，1/50のスケールである．すなわち，このスケールにおいて空間の具体的な「居心地」を検討することができる．通常，模型を作成する場合には，空間の形をつくることと同様，人を作り配置することが重要である．これは決して模型のお化粧ではない．1/300では，人はせいぜい5，6mmの大きさとなってしまうが，1/50では3.5cm程度となる．ここではじめて，人のさまざまな行動を表現（検討）することができるようになり，一つの形の意味や使われ方を把握し，人の模型を媒介として，設計者が空間の中へ（仮想行動的に）もぐりこむことによって，空間の「居心地」を理解することができるのである．

　さて，この「形にする」というステップは，言葉やデータのみでは検討が進まないため，煮詰まりやすいステップということができるだろう．ここを乗り切れるかが，グループワークとしては最大の山場となる．このとき重要なことは，スケッチを描く，模型をつくる，落書きをするなど何でも良い，常に体を動かし続けるということなのである．何気なく描いた一本の線が，新しいデザインを展開する大きな手がかりとなるかもしれない．また，どんなアイデアも頭の中にあるだけでグループとして共有できなければ何の意味も持たず，逆に，描かれ共有されたものであれば，どんなくだらないアイデアも価値をもつのである．また，煮詰まったときは，何度も現場に出かけるのもよいだろう．そこには，漫然と見ていたときには気づかなかった新しい発見があるかもしれないし，幸運な偶然が転がっているかもしれない．煮詰まっているときの学生たちを見ていると，多くの場合，難しい顔をして黙りこくっている．そのような状況からは何も生れない．この困難から抜け出すには，いわば「脳で汗をかき，手で考える」，このような不断の努力しか道はないのである（写真4）．

写真4　模型を使ったデザイン検討の様子
頭や口以上に体を使って考えている様子が伝わるだろう

写真5　最終発表会の様子
多くの市民が集まってくれた

伝えること　作品の紹介を通して

　最後のステップが,「伝える」である.シャレット06では,最終発表会を「三角の未来を考えるシンポジウム」と題して,篠原修特別講師の講演と共に,一般公開した(写真5).ここでは全6作品の中で優秀作品となった2作品を題材に,プレゼンテーションの内容を紹介していこう.

　講師陣による最優秀賞および市民の投票による市民賞を受賞した作品が,タイトル「三角を元気にする広場」である.この作品は,正確な現状認識や調査に基づいた論理展開,特に1/300スケールでの空間の構成を導く論理が秀逸であった(写真6).このグループが着目した三角町の現状は,広場や交通機関,商業施設がすべてバラバラであり,連携が取れていないということであった.その課題を解決するために,バラバラをまとめ・つなげる,便利で人が行き交う,分散したにぎわいを集め・見せる,というコンセプトに基づき,デザインを展開した.具体的には,敷地の北東にある物産館を町のスーパーと合併させて,2階建ての建物群として,ショッピングモールのような賑わいを創出し,海際には船着場や階段護岸,あるいは,かつてフェリーが運航していた記憶を継承する可動橋を設置した.そしてそれらの要素をつなぐものが,中央の大きな広場を介した駅から海まで伸びる広々とした眺望である.発表会においては,現状の「BEFORE」とデザインの「AFTER」を合わせて提示するなど,この作品の特徴である現状の課題分析とその解決という点が,非常にわかりやすい形で提示されており,一般市民も作品の内容を十分に理解できるように工夫されていた.また,模型のつくり方においても,ムラのある淡い色調でまとめており,実際の質感(テクスチ

写真6　「三角を元気にする広場」の1/300模型
講師陣による最優秀賞，および市民賞を受賞した

写真7　「縁側のある暮らし」の1/50模型
篠原修氏による特別講師賞を受賞した

ャー）をイメージしやすいものとなっていた．説得力のあるデザイン論理とそれを伝える工夫が，良い評価を得た理由である．

　一方，篠原による特別講師賞を受賞した作品は，タイトル「縁側のある暮らし」である．これは，先の最優秀作品とはまったく異なる特徴を持った作品である．このグループはまず，中間発表でのプログラム案として，三角町を一つの家と見立てて，山側に張り付いている居住空間を「家屋」，海を「庭」，そしてそれらをつなぐ交流の場所として，港を「縁側」として位置づけた．この構想は非常に魅力的なものだったが，デザインとして展開するにあたってとった手法は，対象地を山から海にかけて薄く層（レイヤー）状にスライスし，各種の機能をそのレイヤーに配置していくというものであった．この提案がユニークなところは，1/300の空間構成レベルでは，いくつかの線が平行に引かれているだけで，提案の内容がよくわからないのだが，1/50の居心地レベルになり，人の目線で空間を体験できるようになってはじめて，その空間の質が理解できるような提案となっているということである．それを伝えるために，模型のつくり方も工夫している．その他のグループは1/50の模型を，ある場所を切り取った部分模型として提示していたが，このグループはレイヤーに直交して細長く切り出した断面模型として，1/50模型を作成した（写真7）．そのような表現によって，隣り合うレイヤーの関係やレイヤー越しに見る風景のおもしろさなどが実感できるものとなったのである．発表会においても，その模型を現地まで運んで，海を背景とした写真を撮影し，プレゼンテーションを行うことによって，その特徴を十分に表現する工夫を行っていた．このデザインは一見，大胆に感じられるが，実は伝統的な

漁村の空間構造もこのようなレイヤー状になっているのである．このような空間的発想が高く評価され特別講師賞の受賞に至ったものである．

おわりに

　シャレットの活動から学べるポイントをデザインのプロセスにおける重要な点として整理しておこう．

1) 課題をつくる，つくりなおす
　課題を設定すること，そこからすでにデザインのプロセスは始まっている．これを逆に言えば，何かの課題を与えられたとき，それを見直すこと，作り直すことからデザインをスタートさせなければならないということである．与えられた課題をマジメにこなす，いわゆる優等生では，良いデザインはできないのだ．

2) 考え方を考える
　私たちの思考は，考えているツールに依存する．スケールでも，1/25000で考えられること，1/1000や1/300，1/50で考えられることは違う．また，図面で考えられること，パースや模型で考えられることもまた違う．最後には，すべてが統合された一つの空間を提案しなければならないのだが，そこに至る過程では多くのメディアを活用し，さまざまな視点からアプローチしなければならない．

3) 伝わってはじめてデザインとなる
　シャレット06で提案された6作品，すべてがユニークな視点を持った特徴ある提案であった．しかし，最優秀賞や特別講師賞を受賞した作品とその他の作品の違いは，提案をどの程度伝えることができたかということである．デザインはアートとは違う．わかる人にはわかればよいという態度は，少なくとも風景デザインにおいてはありえない．提案を伝えるためのストーリー作り，そこまで含めてデザインの重要なプロセスなのである．

4) 脳で汗をかき，手で考える
　結局のところ，デザインの質は努力の量に比例すると考えるべきだ．どれだけ多く煩悶し，どれだけ多く手を動かしたか．最後に肝に銘じよう，デザインは「脳で汗をかき，手で考える」ということだと．

　次章では，さまざまな実践例が紹介される．それらは，この四つのポイントの変奏である．ぜひ，この章に記したことをガイドとして，さまざまな軌跡を堪能してほしい．

デザイン対象の転換
2.2.2「加久藤トンネル」や2.3.16「日野川橋詰広場」では，デザイン対象の転換を行っている．これらは，「課題をつくる，つくりなおす」の実践例であるが，そのためには広い視野をもつこと，利用者の視点に立つことが必要となる．

第 2 章

• プロセス解題 •

2.2.1 石井樋

島谷幸宏（九州大学）

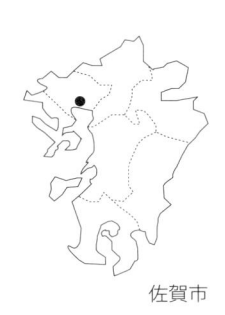

　石井樋とは本来，石の樋門（石で造られた樋門）という意味である．成富兵庫はいくつもの石井樋を築造している．このうち，成富兵庫の業績として代表的な嘉瀬川の石井樋を現在はもっぱら石井樋と呼び，大井手堰，象の鼻，天狗の鼻などを含めた周辺一体のシステムも「石井樋」と称している（写真1～4）．以降，前者の構造物を石井樋，後者の全体を「石井樋」と区別して表記する．

　「石井樋」は，上流側の遊水地（野越し『越流堤』，竹林，畑），本土居（本堤），本川左岸沿いに設けられた一連の水制（兵庫荒篭（あらこ），遷宮荒篭），取水口付近の一連の構造物（象の鼻，天狗の鼻，亀の石），中の島，石井樋，余水吐き，大井手堰よりなる．石井樋は本堤に設けられた構造物で，多布施川に通じている（図1）．

　嘉瀬川は，山間部を出て川上付近から扇状地を形成し，流れを徐々に西に変える．石井樋は，扇頂部より2kmほど下流に位置し，県都，佐賀市方面への利水と治水の要所となっている．佐賀や川副，鍋島方面への用水を供給する施設として，またこの地域を嘉瀬川の洪水から防ぐ施設として機能していた．

　治水の面から見ると，「石井樋」は佐賀城内の要の地点にあたる．嘉瀬川は「石井樋」地点で大きく流路を西に変えるが，多布施川は嘉瀬川上流部に対しほぼ直

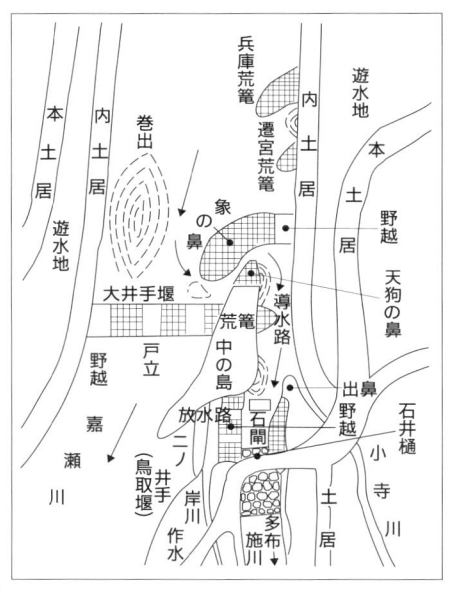

図1　「石井樋」周辺図

写真1　新井手堰（大井手）と右岸の風景

写真2　象の鼻

線上に流下する．洪水時に「石井樋」が破られると，洪水は多布施川沿いを流下し，佐賀城内を直撃する．そのため「石井樋」は治水上強固な構えになっている．遊水地，水害防備林，中の島，本土居などを配置し，2重3重に佐賀市方面への氾濫を防止している．構造物の石井樋は，取水しなければならないので，治水上は弱点になりかねない．本土居と呼ばれる本堤に設けられているが，この構造物はこの施設の中でも最も強固で入念な作りの構造物となっており，洪水時には多布施川に流入する洪水を防ぐ役割を担っている．この地区全体が「石井樋」と呼ばれることからもわかるように，石井樋はこの地区の最重要構造物であったと考えることができる．

　さて治水の仕組みについてもう少し見てみると，上流に設置された野越は，洪水に備えて堤防の決壊を防ぐための工夫である．この地域では越流堤のことを野越（あるいは乗越し，のごし）と呼ぶ．洪水は，大井手堰で堰上げられ，上流で滞水し上流部破堤の原因となる．それを防ぐため，石井樋上流の堤防を強化し，さらに1mほど低くした野越を設け，その外側に遊水池を広くとり，竹林を植えて水勢を和らげるようにしていた．この竹林は尼寺林と呼ばれ，洪水時の越流した川の水や土砂が付近の耕地を荒らさないよう，徐々に氾濫させ水勢を和らげ，川から流れ込む土砂をこの竹林で濾過した．なお，尼寺林については一部現存している．

　利水の面から見ると，「石井樋」は嘉瀬川の清流を多布施川へ導水するための施設である．特に集水域が花崗岩地帯である嘉瀬川は流水に砂を多く含むため，取水地点への砂の堆積および多布施川への砂の流入を防ぐことが重要であり，象の鼻を始めとした工夫がなされていることが大きな特徴である．

写真3 天狗の鼻　　　　　　　　　　　写真4 石井樋

　多布施川に砂をなるべく流入させないための工夫は入念である．嘉瀬川を流下してきた砂は兵庫荒篭，遷宮荒篭ではねられ，大井手堰は川の水を堰き止め，象の鼻，天狗の鼻へと逆流させる．流水の激しい勢いを一度弱めて，水から砂を離し，その水を多布施川に注ぐための仕組みである．象の鼻，天狗の鼻は逆流時の延長を長くし，導水路の流速を低減させる狙いがあったものと思われる．象の鼻の付け根は一段低くなった野越になっており，嘉瀬川本流の水量が増えたときにはここを乗り越えて水は多布施川へと流れていく．出水時には砂の濃度が高まるが，上澄みを流すことにより少しでも多布施川に流入する砂の量を減らすための工夫である．亀の石の機能は現在のところ明らかになっていない．
分水路に導かれた水は，石井樋の前面で水流を高め，野越により余水をはき出すように工夫されていた．この野越を越えた余水は，さらに二ノ井手堰で堰き止められ，岸川作水として鍋島地区を潤した．石井樋（樋門）は，嘉瀬川の水を象の鼻，天狗の鼻を経て多布施川へ導水するための暗渠である．
　以上のように，「石井樋」は扇状地上の水衝部に設けられた治水・利水の複合的なシステムといえる．このような水害防備林，水制，堤防，取水施設などが複合したシステムは山梨の信玄堤や万力林にも見られるが，象の鼻，天狗の鼻などの不思議な形態の構造物は，「石井樋」特有のものである．
　国土交通省が行った発掘調査によると，慶長年間の様式と考えられる穴太積み（あのうづみ）の石積みが天狗の鼻の東面，大井手堰の一部，象の鼻の基部より確認されており，「石井樋」の築造年代が当初考えられていた元和年間（1615～1624）より古く慶長年間（1596～1615）に遡ると思われる．現存する利水施設としては日本最古級のものであり，全国でもきわめて貴重な遺構であることが明

らかになった.

　また，大井手堰は1834（天保5）年に書かれた「疏導要書」には，「現在ある，大井手や戸板は以前は10間ほど川下にあった．その形は乱杭を打ち土俵を入れ，常水を堰き止めて…37,8年前に切石によって高さ3尺あまりの石垣を川幅全体に設置した．…」とあり，これまでは成富兵庫が建設した当時は土俵づくりと思われていたが，発掘調査により建設当初から石造りであった可能性が高くなっている．

　石井樋本体は，石造りの3連の樋よりなっている．この構造物は1669（寛文9）年に大洪水で大きな破壊を受けた翌年に大規模な改修工事を受けたときのもので，銘文には成富兵庫の名前は載っていない．天狗の鼻は，水当たりの弱い東面には古い石積みが，西面は17世紀後半以降の石積みが見られ，洪水により一部が破壊されたものを何度も修復していたことが明らかにされている．

　以上のような「石井樋」であるが，昭和40年代の出水により中央部が破損しその機能は失われていた．この石井樋地区の復元事業が皇太子ご成婚記念事業として1997年より始められた．この地区の復元の最大のポイントは，再び石井樋を通じ多布施川へ水を流すことにある．形だけの復元では意味がなく，水利施設として機能させることが復元の大目標である．そのためには嘉瀬川に堰（新大井手堰）を再築し，嘉瀬川の水位を上げ，石井樋から取水できるようにする必要がある．この新大井手堰の構造は委員会でも最大の議論の焦点であった．

　当初案はゴム製の可動堰であったが，石造りの固定堰に変更された．70mの幅のうち10m幅のステンレス製のゲートを2門設けた．あくまでも計画論上は固定堰であるから，万が一，出水中にゲートが閉塞しても治水上の支障がない計画となっている．ゲート部は石で覆われたコンクリート構造物で，下流側の堰の斜面は巨石で作られている．巨石は嘉瀬川ダム建設に伴い発生する花崗岩質の石材を使う．巨石の下には粗朶とよばれる木の枝を束ねたものを敷き詰め，石の隙間から流れによって砂が飛び出すのを防いだ．ゲートを設けた理由は，土砂吐きの機能を持たせるためである．堰上流側への土砂の堆積をなるべく抑制し，下流へ砂を供給するためである．土砂堆積による上流の治水機能の低下を抑え，特に現在有明海への砂供給が課題となっていることから，下流への砂供給機能を持たせてある．堰の傾斜角と形状（下流側が狭まった形状となっている）は固定堰時代の形状を基本的に継承した．

デザインにおける筆者の立場

　筆者が「石井樋」とかかわったのは，国土交通省・武雄河川事務所の所長になってからである．「石井樋」に関しては，プロジェクト全体を統括する役割と同

時に，自分自身がデザインするという両方の立場からこのプロジェクトにかかわったが，仕事の割合としてはプロデューサーとしての割合が多かった．

所員にプロジェクトの重要性と意義，プロジェクトが進むべき方向性を明確に示し，モティベーションが高まるようにすることがまず必要である．次に，石井樋プロジェクトを進めるために鍵となる水配分，固定堰化，復元の基本的な考え方の構築とそれに沿ったデザインを具体的にどう進めるかについて，何が課題となり，それをどのようにすれば解決できるかを考えた．具体的には佐賀市，水利組合などの関係機関との調整，委員会の再開と計画の変更，内部での諸手続き，情報公開，デザイン力および施工力のある企業への発注，複数のデザイナーとのデザイン調整とディーテールの決定など，幅広い視点からのコーディネートが必要である．

少し残念に思うのは，後任への引継ぎが十分にできなかったことである．大きな組織であるので，文書化して捺印などの手続きをとって正確に引き継ぐことが必要であったが，その点に関しては不十分であった．

1）水量のデザイン

「石井樋」は佐賀城下およびその周辺に水を分配するために設けられた施設である．佐賀という都市に水を供給する都市用水あるいは環境用水として開発されたものであり，1600年代以降，300年以上にわたって多布施川を背骨とした水路網に水を供給してきた．嘉瀬川の上流から流下してくる水の大部分は石井樋で取水され，豊富な水が多布施川を流下していた．しかしながら，大井手堰が洪水により破壊されて以来，上流の農業用取水施設である川上頭首工から取水され多布施川に水が分配されていた．

「石井樋」復元にあたりデザイン上の最大の課題は，形だけの復元に終わらないように，「石井樋」を多布施川を背骨とした水供給システムの取水施設として復活させることである．すなわち，「石井樋」を多布施川水供給のメインシステムとして位置づけることである．しかしながら，多布施川を巡っては複雑な水利権とそれに絡む多数の覚書が存在し，また有明海に注ぐ嘉瀬川下流の流量が少なく多布施川に水が流れすぎているのではないかという海側からの批判もあり，水利権関係の整理は容易ではない．水供給システムの復元デザインでもっとも重要で難易度の高い課題が水量のデザインである．

明治以降，水利権が整理され農業用水は慣行水利権として権利化されていくが，江戸時代に開発された都市用水あるいは環境用水は上水道の水利権として付与されることはあっても慣行水利権として付与されることはなく，この法的な現状が多布施川の水量の権利関係を複雑化させている．

残念ながら筆者が担当した間に結論は出なかったが，関係者の粘り強い努力により，「石井樋」から多布施川に維持用水として通水された．今後，嘉瀬川ダムの完成により安定した地域全体の水利秩序が構築されるものと期待している．

2）新大井手堰のデザイン

　「石井樋」のデザインの中で大きな位置を占めるのが新大井手堰で，嘉瀬川本流を堰き止め，象の鼻，天狗の鼻を通り多布施川へと水を配るための，石井樋プロジェクトの中で最大かつ重要構造物である．本流に設置するため，洪水の疎通，下流への土砂移動への影響も慎重に考える必要がある．

　デザインにあたっては，①参考とする大井手堰のプロトタイプ（原型）をいつの時点の形態とするか，②固定堰としたいが構造令との関係をどのように整理するか，③具体的な形態をどのようにするか，④下流への土砂輸送をどう考えるか，⑤人の利用をどのように考えるか，⑥魚道をどうするか，の主として6点である．

　①に関しては，南部恒高が江戸時代に書いた「疎道要書」には，成富兵庫の建設時には大井手堰は石の固定堰ではなかったと記述している．しかしながら，発掘調査では石積みの固定堰が発掘されている．石積みの形態から江戸時代の初期と考える部分も見つかっている．したがって，発掘された石造りの大井手堰を

構造令
正式名称は『河川管理施設等構造令』．河川管理施設の構造について定めた政令．

写真5　デザインの参考にした絵画

プロトタイプとし，全体のイメージは大正時代の絵画を，かつ人の利用は堰の上でたくさんの人がくつろぐ写真を復元イメージとして採用した（写真5）．

②において，河川に堰を作る場合は可動堰が原則であり，固定堰を作ることが可能なのは特別の場合のみである．新大井手堰の場合，石造りの堰とすることがこの地区全体の景観にとって重要であるが，そのためには新大井手堰を固定堰と位置づける必要がある．そのためには，所定の要件を説明する必要がある．固定堰を設置する低水路がきわめて狭く，たとえ迂回流が発生しても堤防への影響が小さいこと，固定堰を設置しても洪水時の上流への水位の影響が見られないこと，土砂堆積を緩和する措置が採られており土砂堆積時にも洪水への阻害にならないことなどである．このような検討を行い，上位機関の許可を得て固定堰とすることが可能となった．石井樋の設計の中で最も難易度の高いデザイン検討であった．なお迂回流とは固定堰を作ったときに生じる固定堰を迂回しようとして側岸を侵食する流れのことであり，過去に多摩川をはじめ堰上流の迂回流による災害が発生している．

③の具体的な形態は，プロトタイプを元に堰天端勾配を1：10，2箇所に開口部を設けた．開口部は発掘調査の形態と同様に平面的に徐々に下流に開く形態とした．石の積み方は発掘調査で見つかっている最も古い形態の穴太積みとした．堰と護岸のすりつけはラインが流下方向に視覚的に不連続にならず通るように工夫した．

④については，嘉瀬川の下流は有明海であり，上流の山地は砂供給が多い風化花崗岩の背振山地である．したがって，大井手堰上流への砂の堆積を防ぎ，有明海に砂を流すために可動ゲートを設置することとした．ゲートは油圧式の転倒式とし，なるべく目立たない構造物とした．新大井手堰は大井手堰の復元ではなく新たな構造物であるが，大井手堰のイメージが継続されることが重要としたことがこの点からも理解できるであろう．

⑤については，かつて佐賀市内の小学校の遠足といえば石井樋であり，大井手堰の上で弁当を食べ，水遊びをするような風景が展開されていた．したがって，大井手堰の上で遊ぶことができることを念頭に設計を行った．堰上流は，もしも落下しても這い上がれるように，水没しているが階段構造になっている．現在，利用が制限されているようであるが積極的な利用が望まれる．

⑥について，新大井手堰は本流に設置した構造物である．したがって，魚が新大井手堰地点を通過することは必須である．しかし，魚道をつけると新大井手堰の形態がどうしても壊れてしまう．委員会でも魚道の必要性が議論になったが，最終的には魚道をつけないことを決断した．導水路は多布施川を分派したあと本流に戻るため，導水路を魚道として位置づけることとした．そのため本

流に魚止めを設け，導水路の固定堰を一部改良して魚の移動が容易になるように配慮した．

3）導水路のデザイン

　導水路は象の鼻，天狗の鼻，出鼻，石井樋，多布施川という経路と，多布施川に分派せずに本流に戻る経路の二つに途中から分かれている．ここのデザイン上の要点は，なるべく過去の形態すなわち水の流れと土砂の沈積を再現することにある．これについては吉村伸一が「日本文化の空間学」（東進堂）に詳しく書いているので参考にしてほしい．

河川のデザイン

　「河川の景観デザイン」においては，当該箇所に対するデザインすなわち「場のデザイン」だけではなく，河道形状や流量，上流あるいは下流の状況，場合によっては地質などその場の景観に及ぼす次項に対する配慮も重要である．これを「河川景観の形成と保全の考え方検討委員会（委員長中村良夫）」では「骨格のデザイン」と呼んでいる．

　この「石井樋」の事例も「骨格のデザイン」の重要性を示す好例である．河川のデザインは治水や利水計画と一体的に進めない限り限界があり，「骨格のデザイン」は重要な視点である．「石井樋」では，上流からの砂の流出量の多さ，有明海への土砂の供給，固定堰としての位置づけ，多布施川の水利権処理，史跡の取り扱いなどが「骨格のデザイン」として取り扱ったところであり，それぞれゲート形式，可動堰化，利水調整，実物の一部露出という形でデザイン処理された．たとえば，もし石造りの固定堰でなく，ゴムの可動堰であったならば，景観の良好な事例として挙げられたかどうかは疑問である．

　「石井樋」に関しては，筆者が携わった時点では治水に関する事項はおおむね整理が終わっていたが，河川の景観デザインでは，治水計画とうまく調整することによって景観の質を大きく向上させる可能性が高い．河川景観に携わる人は，治水に関する知識を十分に有し，視野を広くして，「骨格のデザイン」の部分から関与できるように訓練することが必要である．

　なお，本デザインは2008年度土木学会デザイン賞優秀賞を受賞した．

参考文献
1)「河川景観の形成と保全の考え方」検討委員会：河川景観デザイン，リバーフロント整備センター，2007．

2.2.2 加久藤トンネル

星野裕司（熊本大学）

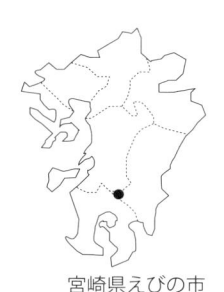

宮崎県えびの市

　高速道路を通行するとき，その速度感と自分で運転し進んでいるという実感を通じて，人々は風景との出会いを主体的に体験する．その中でもトンネルは，風景体験上の強いアクセントとなる．しかし一般的には，運転者にとってトンネルはネガティブな，心理的負荷の大きい施設と考えられており，その改善のためにさまざまな検討がなされてきた．それらに対しここでは，トンネルが有する風景装置としての特性を積極的に評価し，この先にはどのような空間が広がっているのかという期待感を抱かせるようなデザインを行うことが重要であると考えた．特に坑口は，風景や地形と，トンネルを通る人々を結ぶ貴重なインタフェースであり，その風景装置としての重要性は大きい．

　ここでは，九州縦貫道にある長大トンネルの坑口に対し，デザインアドバイスを行った事例について紹介しよう．そのアドバイスは限定的な条件の下であったが，上記の考え方をできるだけ展開しようと試みたものである[1, 2]．

加久藤トンネルの概要

　加久藤（かくとう）トンネルは，九州自動車道の熊本県と宮崎県の県境をほぼ南北に貫通し，熊本（人吉）側は23ものトンネルが連続する山岳地帯，一方の宮崎（えびの）側は高原が広がる開けた土地となっており，地形上も特徴的な位置にある（図1）．宮崎側から縦貫道を上る場合は，ここから山が迫り，霧深き山岳地帯へと進入する入口となる．一方，熊本側から下る場合には，急峻な山岳を抜け，穏

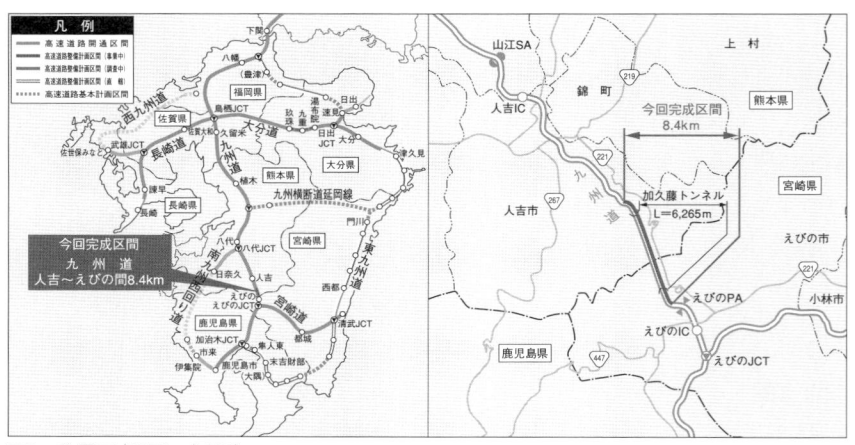

図1　位置図（出展：文献1）

やかな高原へと視界が広がる印象的な出口となる．つまり，このトンネルは九州縦貫道の中でも，劇的な風景体験を人々に提供することのできる装置となりうる．また全長が6,255mで，全国4番目の長大トンネルである．上り線はⅠ期工事として1995年7月から対面通行として供用されており，デザイン対象はⅡ期線の下り線のみとなる．なお，Ⅱ期線工事も，1999年には着工済みであり，2004年12月に完成している．

加久藤トンネルのデザイン検討は，2000年に「快適走行研究会」という形で始まった．この研究会は小林一郎を委員長とし，そのほかに交通心理学や照明の専門家，日本道路公団八代工事事務所の職員らによって構成された．すでに施工中であったⅡ期線に対して，工程に困難の生じない範囲でさまざまなアドバイスを行うことを目的としたものである．まず最初に，同じ縦貫道にある肥後トンネル（1989年竣工，6340m）に関するアンケート調査に基づき，長大トンネルの単調さや不安感，恐怖感など，否定的な要因の軽減について議論がスタートした．しかし，先に述べたように，長大トンネルは決してネガティブな構造物であるだけではなく，風景装置としてポジティブな機能も有していることが議論され，その肯定的な側面を十分に発揮する方向でデザインの検討が行われることとなった．すなわち研究会の「快適走行」というものを，否定的な要因の軽減による「トンネルの入りやすさ」だけでなく，肯定的要因の強調による「通過する楽しさ」としても捉え直し検討を行った．

トンネル内のデザイン

トンネルの内部空間に関しても簡単に記述しておきたい．まず，不安感などに関しては，高機能アスファルトや白色タイル，蛍光灯の採用，消火栓の色を内装タイルと同色にするなどの対策を施している（写真1a）．一方，単調さなどに関しては建築照明の専門家が検討したサインとアクセント照明の設置がある．サインでは，タイポデザインとして出口までの距離を数字だけではなく，図としても理解されるようなデザインを施している（写真1b）．特徴的なものはアクセント照明の設置であろう（写真2）．これは，出口までの距離が，4km・3km・2km・1kmの地点に，それぞれ橙色・緑色・青色・紫色のカラー照明（メタルハライドランプ）を設置したものである．この検討にあたっては，現場でランプの種類や色，あるいは方向をさまざまに変えて実証実験を行い，決定された．また，この照明の効果を高めるために，照らされる天井に対して白色塗装を施している．

写真1a　トンネル内観

写真1b　サインのデザイン

数字の上の車を象った赤いマークが位置も示す

写真2　アクセント照明の例

写真3　人吉側坑口からの風景　　　　　　写真4　えびの側坑口からの風景

坑口デザインの基本的な考え方

（1）ゲートとしてのトンネル

　先に簡単に述べたように，地形を大きく見た場合，加久藤トンネルは特徴的な位置にあり，トンネルの両坑口から見た風景に顕著な相違がある．それらを写真3と写真4に示す．前者は人吉側坑口からの風景であり，加久藤トンネルから人吉側はこのような山岳地帯である．一方，写真4はえびの側坑口からの風景であり，遠景にえびの高原や韓国岳を望む広々とした景観が広がっている．そこで私たちは，この差異をできるだけ印象的に体験させるため，加久藤トンネルを全体のトンネル群のゲートとして位置づけることとした．その結果，一般的な坑口デザインでは主要なデザイン対象となる入口側（人吉側）ではなく，通常あまり顧みられることのない出口側（えびの側）を重点的に操作するという，いわばデザイン対象の転換を行っている．

（2）空間としての坑口デザイン

　一般的に，トンネル進入時の心理的負荷の軽減のため，構造物（コンクリート）のボリュームを少なく見せ，明るく，広々とした坑口デザインが望ましい．ここでもその成果を十分に踏まえ，両坑口ともにフリュード型を採用している．人吉側では，坑口の構造とトンネル直前の橋梁のパラペットを連続させ，スムーズに進入させることとしている（写真5）．

　一方，重要なえびの側についてである．狭義の入口として既存の坑口がある．この坑口はⅠ期工事として施工されたものであり，えびの市の市花であるえびね蘭をモチーフとしてデザインされている（写真6）．そこでまず，えびの側の坑口

デザインでは，この既存坑口を引き立てるようなデザインが求められる．また，後に続くトンネル群のゲートとして機能させる必要もある．このようなコンセプトを実現しつつ，長大トンネルに進入する際のドライバーの不安を軽減させ，スムーズに進入できるようにするためには，坑口だけではなく中央分離帯も含めて空間的な地形デザインをする必要がある．すなわち，面的な扉ではなく空間的な玄関としてのデザインである．一方に既存の坑口があり，一方に自然豊かな周辺環境がある．いわば達者な脇役を配置することによって，両者をつなぎ，玄関として機能するような空間を演出することが可能なのではないかと考えた．

写真5　人吉側坑口

写真6　えびの側坑口（既存）

(3) 空間を構成する四つの段階

以上のような坑口デザインを実現するため，ドライバーの進入・進出のシークエンシャルな体験を四つの段階として捉えるモデルを提案した（図2）．加久藤トンネルの線形と関連づけながら以下に詳述する．

a) アプローチ

坑口から800m～450mの区間であり，縦断勾配が4%で一定の上り坂となる．この段階では，坑口そのものは視認できず，全体の景観と坑口に至る線形が視認されているのみである．ここでは，全体の自然地形を見せることで，トンネルの向こう側を予感させ，期待感を演出することが求められる．

b) エントランス

坑口から450m～200mの区間であり，縦断勾配は4%から0.5%に変化する．ここでは，遠景の坑口を中心とした地形空間が視認されるが，着目すべきは背後の山並みに対して坑口からすぐ背後の地形が丘のようなものとして分離し認識されることである．すなわち，入口・出口および背後の丘の関係を自然に見せることで，十分な準備時間を確保し，トンネル進入に対して柔らかな印象を提供することが求められる．

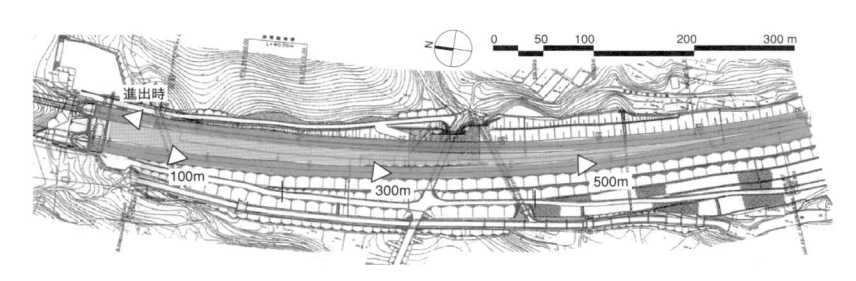

図2　空間を構成する四つのステップ

c）ターゲット

坑口から200m〜0mの区間で，縦断勾配は0.5％とほぼフラットに一定である．この段階では，坑口だけに意識が集中されるため，ドライバーを包み込むように導くと同時に，進入する坑口を明快に提示し，進入意識を高めることが求められる．

d）トランス

この段階は先の三つとは異なり，進出時の段階である．加久藤トンネルのトンネル群のゲートとして位置づけた場合，この段階での風景を印象的に演出することがデザインの鍵を握ると考えられる．坑口のデザインとして考えれば，ドライバーからは見えない構造物を操作することによって，前方に広がる風景を演出し，トンネルを抜けたことの解放感や安心感を補強することが求められる．

デザインの展開

（1）デザインアドバイスの概要

ここではまず，原案に対する当初の提案，および最終形に至る経緯を紹介する．私たちはまず，直線的な切土面に設けられた出口側坑口を，背後の丘の稜線を生かして延伸する（約60m）というコンセプトモデルを提出した．この長さは，出口側側面に発生する擁壁の長さとほぼ対応している．それらを平面スケッチとして図3に示す．このモデルに基づき，コストや施工性などの検討を経て決定された最終形は，出口側坑口の30mの延伸，坑口天端をフラットとした人工的な盛土（中央分離帯側の勾配1：1.5，地山との接続部の勾配1：1.8）を施したものであった（図4）．一方，中央分離帯には，ガードレールや低木植栽の設置や，過度な造形（たとえば，不自然な凹凸など）は行わず，シンプルな盛土で上下線の分離を行っている．最終的な盛土形状は，筆者らが現場に赴き，施工者との議論によって微調整を行っている．このような提案に関して，先述の4段階に即した比較をCGとして示したものが表1である．次節以降において，段階に即したアドバイスの内容について，現場の画像を紹介しつつ詳述していきたい．

（2）進入時のデザイン

これは，先の段階の中でのアプローチからターゲットまでが当てはまる．まずアプローチの段階では，広々とした空間を緩やかに登りながら，目標となる山並みをよく見ることができ，原案・提案ともに同様の体験となる．次にアプローチの段階では，坑口空間が屹立した立面と感じられる原案に対して，提案は出口側坑門を前出しさせることで，坑口背後の丘の稜線と連続した地形を創出し，中央分離帯の盛土と連携して，柔らかな印象と共に自然地形から坑口へと意識の

原案　　　　　　　　　　　　　　　　コンセプトモデル

図3　原案とコンセプトモデルの比較

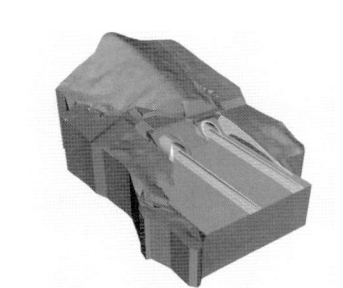

原案　　　　　　　　　　　　　　　　デザイン最終案

図4　原案とデザイン案のCG

表1　原案とデザイン案のステップ毎の比較

	アプローチのデザイン 期待感の演出	エントランスのデザイン 不安感の軽減	ターゲットのデザイン 進入意識の向上	トランスのデザイン 開放的な風景の演出
原案				
距離	坑口から500m	坑口から300m	坑口から100m	進出時
コンセプト				

137　●　加久藤トンネル

写真7 中央分離帯の盛土と背後の山並み

写真8 地形に自然と収まった既存坑口

写真9 既存坑口と新規坑口の関係

写真10 坑口からの風景

写真11 中央分離帯のアースデザイン

写真12 進出時の風景

流れをスムーズに導くことに成功している（写真7）．ターゲットの段階では，丘と一体となった地形の中に既存の坑口が収まっているような印象を抱かせ，進入の意識を自然に高めることに成功している（写真8）．既存坑口と新規坑口の関係を示すために側道から写した画像を写真9に挙げる．

（3）進出時のデザイン

これは，先の段階におけるトランスのデザインである．原案では坑口を出て左側に見えるブロック積みが視界を半分近く遮るため，進出時の開放的な印象の邪魔をしてしまう．しかし提案においては，坑口を30m延長しているために，この擁壁はほとんど隠されてしまい，印象の邪魔をしない（表1参照）．その結果，トンネル内から遠望した風景もまっすぐにえびの高原を望む印象的なものとなる（写真10）．また，この風景の演出には中央分離帯のアースデザインが大きく寄与している．中央分離帯の全体像を写真11に挙げる．ガードレールなどの人工物を排除したことによる効果は当然大きいが，一方で，必要以上の凹凸などをつけなかった効果も大きい．その結果，写真12に示すような，この中央分離帯をガイドとして，高原の風景の中に飛び込んでいくような体験を演出することが可能となった．

（4）デザインアドバイスのまとめ

最後に，デザインアドバイスのまとめを図5に示す．人吉からえびのに至る下り線では，約6kmという長いトンネルの退屈感を軽減させるためのアクセント照明が，トンネル出口への期待感を高め，延伸した出口側坑口と中央分離帯の盛土が，進出したときの風景の広がりを印象的に走行者へ提供する．一方，上り線では，中央分離帯の盛土によって導かれつつ，地形的に延伸された出口側に包まれるように守られた既存の入口側坑口をスムーズに提示し，山岳地帯に進入するという意識を向上させる．これらの対になった体験が，出口側坑口の延伸を中心として，アクセント照明と中央分離帯の盛土というシンプルな操作によって結びつくというものが，この整備によって実現されたものである．

おわりに

加久藤トンネルのデザインアドバイスにおいて私たちが考えたことを図6にまとめる．すなわち，ある地形的な境界空間に生じる出来事を演出するために，直接的な視対象とはならない坑口と中央分離帯の操作を行うということである．私たちは一方で，状況景観モデルの構築という理論的な試みも行っている[4]．これは，景観を体験する自己や他者による出来事とその舞台となる地形，それらの

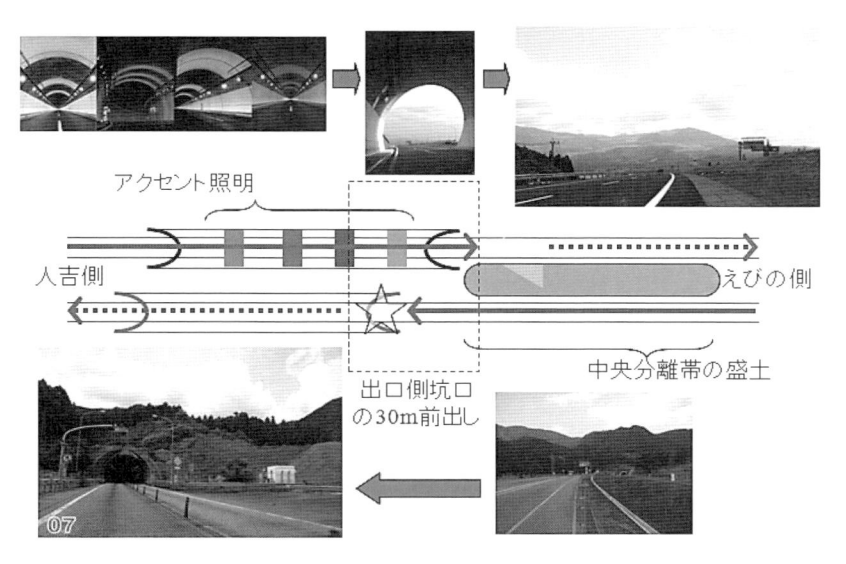

図5 デザインのアドバイスのまとめ

関係から景観をとらえ直そうというものである．もちろん，そのような理論とこの実践が完全に結びついているということはありえない．ただ，地形のうちに展開する出来事を重視するという考え方は，共通の発想の根を有している．すなわち，景観デザインにおいては，「モノ」のデザインを通じて，いかに「コト」をデザインするかということが肝要であり，そのときデザインの規範として機能するものが，「コト」の舞台となる「地形」なのではないかということである．今後は，このようなコンセプトを設計の初期から反映させるような試みが求められよう．

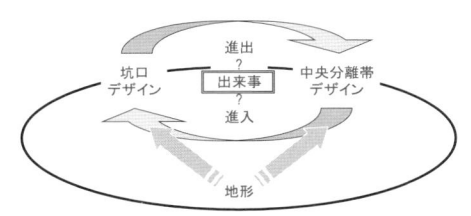

図6 加久藤トンネルでのコトとモノのデザイン

参考文献

1) JH九州支社：「九州道人吉～えびの間4車線化完成—縦貫道最後の4車線化事業—」，技術情報誌「EXTEC」71号，Vol.18, No.3, pp.17-18, 2004.12.
2) 星野裕司，小林一郎：「風景演出のためのトンネル坑口デザイン」，景観・デザイン研究論文集，No.1, pp.27-33, 2006.
3) 趙暁明，星野裕司，小林一郎，緒方正剛：「道路線形を考慮した地形デザインのための3次元CG表現について」，土木情報利用技術論文集，Vol.12, pp.159-166, 2003.1.
4) 星野祐司：「状況景観モデルの構築に関する研究—明治期沿岸要塞の分析に基づいて—」，東京大学博士論文，2006.6.

2.2.3 白川「緑の区間」

星野裕司（熊本大学）

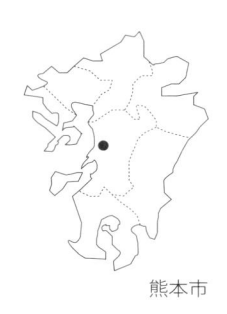

熊本市

　顔は「表情」を持って，はじめて「顔」となる．「都市の顔」にも豊かな「表情」があるだろう．表通りには商業活動やシーズンごとのイベントによる華やかな表情，裏通りには市民の生活がにじみ出た親しみやすい表情，そして水辺には水の動きや多様な生態系，季節の移ろいなど，豊かな自然の表情がある．しかし，治水等の視点のみから整備された現今の河川は，都市の生活と乖離し，市民が水辺の表情と接する機会が数少なくなっている．たとえば，ここで紹介する熊本市の白川も，花見などの数少ない機会を除いては市民が立ち寄るような場所ではない．川が都市の障害としてのみ働くようであれば，川のみならず都市も表情を失ってしまうだろう．

　一方，河川のデザインに関しては近自然工法の採用などにより多くの成果が生まれている．それらは水辺の表情を回復しようというものかもしれないが，一方の表情のみを回復しても片手落ちで，そこに豊かな対話が生まれなければ，その表情もむなしい．水辺の表情を真に豊かにする対話とは，水辺を市民が訪れるようになること，そこでいくらかの時間を過ごすようになることだろう．離れてしまった水辺を都市に結びつけ，その「表情」を，市民にとって身近な「対話」できるものとすること，つまりは本当の「都市の顔」をつくることを目指した都市河川のデザインに関して，一つの事例を紹介していきたい．一言でいえば，「樹と人を中心とした都市河川のデザイン」である．

白川の概要

　デザインの対象となったのは，白川の市街部のなかでも最も中心的な位置にある「緑の区間」といわれる区間である．

　白川は古来より度重なる水害を引き起こしてきた河川である．特に6・26水害といわれる1953（昭和28）年の水害では，死者・行方不明者422名，橋梁流失85橋，浸水家屋31,145戸という甚大な被害をもたらした．そのため，この白川は流域住民にとって「水害の川」というネガティブな印象を与えることが多い．この大水害を契機に河川改修工事が多く行われたが，白川の堤防整備率は52.0%（2005（平成17）年3月末現在）と洪水対策は大きく遅れており，現在でも常に大きな水害を引き起こしかねないものとなっている．

　「緑の区間」とは，市街地に架かる明午橋－大甲橋間の約600mの区間のことである．この区間の右岸は，戦災復興によって鶴田氏という民間人が自費で植栽した鶴田公園となっており，また大甲橋は白川で唯一，路面電車の走る橋として，市街地での中心的な橋梁である．この大甲橋から上流を臨む景観は，川

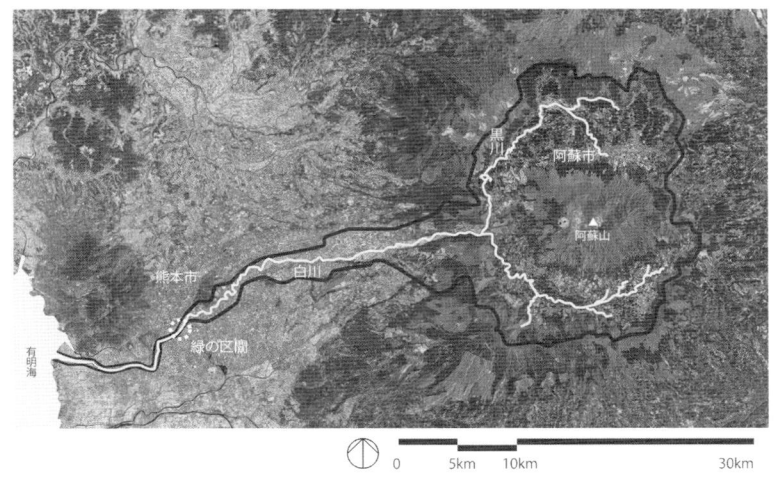

図1 白川流域図
阿蘇の中央火口丘の一つである根子岳を源として，河岸段丘地帯を西に下り，熊本市内の中心部を経由して有明海に注ぐ，流域面積480km²，幹川流路長74kmの一級河川である

沿いの樹木群，石積みの護岸，遠景の立田山，そしてそれらすべてを映す水面からなり，「森の都」熊本を代表する風景である（写真1）．

先に立てられた「白川水系河川整備計画」（2002（平成14）年7月）における「緑の区間」の洪水対策は，2000m³の流量を流すために，左岸側を15m程度掘削拡幅し，両岸に高さ1m程度の堤防（パラペット）を築くこととなっている（図2）．その結果，豊かな植栽が伐採または移植される，河川緑地と市街との関係がさらに希薄になる可能性があるなどの問題が生じるため，それに対する対策がデザイン的な課題となった．そこで，先の計画では不十分であった環境（特に親水や景観）という視点を充実させるために，白川市街部景観・親水検討会が設立された．その成果は，右に示すテーマと方針に集約される．

以降ではまず，この成果の最もユニークな点である，緑に関する方針を中心に検討会での議論を紹介していこう．

発想の転換

当初，この検討会は通常のものと同様に，事務局からいくつかのデザイン案が示され，型どおりの議論の後，それに従った実施設計が行われる予定であった．しかし，このような予定調和な段取りに対して，明確な違和を最初に表明したのは，環境・植物に関する専門委員であった．

第2回検討会において，その委員から出された疑義はこうである．「植栽計画

【基本テーマ】
「森の都くまもと」のシンボルとして市民に親しまれる水と緑の拠点づくり

【三つの基本方針】
1）現在の景観を活かした景観計画
 ① 歴史的景観を尊重した石積み護岸
 ② 豊かな緑量の確保（造園計画の必要性）
2）緑の拠点とするための植栽計画
 ① 既存樹木を極力活かした植栽計画
 ② 樹木の成長を見据えた樹木配置
 ③ 市域の気候条件・四季変化に留意した植栽
3）親水性に配慮した水辺空間の整備
 ① 全区間両岸に水際の散策路の設置
 ② 緩やかに変化する水際線の創出
 ③ 水辺への階段やスロープの配置（心地よさに配慮）

写真1 大甲橋から望む「緑の区間」の風景

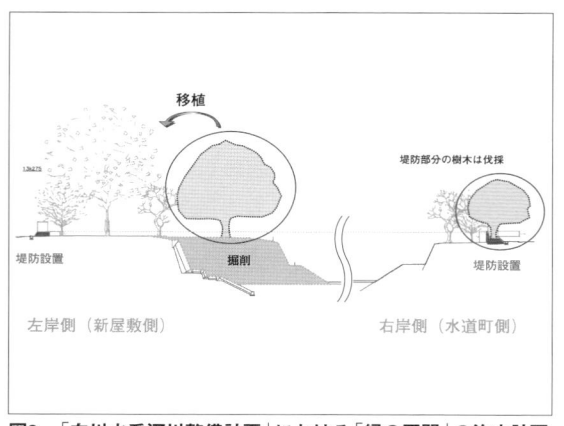

図2 「白川水系河川整備計画」における「緑の区間」の治水計画

を考える以上,専門家(造園業者)に依頼し,すべての木々の種類と配置を検討すべきではないか」.通常,植栽計画は護岸や道路のハードな部分に関する設計の後に,補足的に計画される.その場合,窮屈な場所に植栽して,植物に無理をさせることが多い.この「緑の区間」において,それで良いのか? ここでは,最初に植栽に関する入念な計画,すなわち現在の樹種や状態に対する詳細な調査,残せるもの,移植できる(すべき)もの,新しく植えるべきものなどを事前に検討すべきではないか,という疑義である.これは,樹木の配置を「平面として考えるのではなく立面として考えろ,そうすればより実感に近い緑量を検討することができるだろう」ということでもあった.「緑の区間」という名称や鶴田公園としての履歴を考えても,まったく的を射ている.これを受けた検討会は年度を越え,8ヶ月の休会後,熊本造園業協会の全面的な支援を得て,詳細な樹木の配置計画が示された.樹木の調査は慎重かつ詳細に行われた.高木,低木,地比類,壁面緑化の4大項目に対し,整備の方針(緑量,四季の風情,視線誘導,…)の小項目ごとに植栽方法と植栽検討樹種が明記された.基本的な考え方は,1)現存のものをそのまま残す,2)既存のものを移設する(移設前後の位置を明示),3)新規に植樹するというものであり,これに基づく詳細な計画図も用意された.

第4回以降では,植栽に関しては,以下のようなことが確認された.①すべての木を一度に植え替えるのではなく,年度計画を立てて順次植え替える,②既存のイメージを残しつつ,数年で現況に近いものとするが,最終的には30年後に「緑の区間」として安定した風景となるようにする,③大径木は最終の枝ぶりを想定し,それぞれの間に十分な距離をとり,それらの間に小径木を配置する.

このような発想が，移植のための根回しが単体として工事発注されるという，通常行われることがない試みとして結実する（写真2）．次に，その風景デザインとしての意義を考察してみよう．

樹を中心とすると

　樹を中心とすることによる最も大きな意義は，「緑の区間」で行われる風景デザインに対して，通常とは異なる緩やかな時間軸を与えたことである．何せこのデザインの完成には30年かかるのである．このような時間においては，いわゆる工事が完成した時点では，まだ最初の一歩を踏み出したよちよち歩きの赤ちゃんに過ぎない．現在，風景デザインの現場で最も課題となるのは，つくった後の維持管理をどうするかということである．それが，デザインに付随するテーマではなく，メインのテーマとなるのだから荷が重い．しかし一方で，竣工時にすべてが完成していなくてもよいというのは，デザインの可能性を広げることでもあるのだ．たとえば遊歩道をつける場合，当然，設計時に線形から幅員，舗装材まですべて決めておかなくてはならない．しかし，今回は人々が利用するようになってから，野原の中に踏み分け道が自然にできてから，それを舗装するという遊歩道の作り方も可能となるのであり，人々の利用から考えれば，そのほうが快適な遊歩道となることは自然の道理であろう．

　もう一つ，大きな意義があった．実際にあったエピソードを紹介しよう．後に紹介するような具体的な景観設計が始まったとき，その設計を担当するグループは，まず全体模型を作成した．空間の設計をするときはまず全体から考え，部分に落としていくのが一般的だからである．「緑の区間」は600mの長さとなるため，全体模型の縮尺は1/500であった．その縮尺では10mを超える大木も高々2～3cmとなるので，樹形をつくることはできずに，緑の球を樹に見立てて，樹木の配置とした．さて，最初の打ち合わせとなり，その模型を見た樹木の専門家の委員は，非常に不機嫌な顔をしている．そして開口一番，「樹は丸じゃない」と．つまり，樹には表もあれば裏もあり，1本1本違う形をしているものだ，ということである．設計グループは途方にくれるしかない．それは正論だが，そんな樹の模型を1/500の縮尺で作れるわけないじゃないか．しかし，この全体から部分へという発想そのものが，先の委員会で転換されていることに気づかなかったのである．全体から部分へという発想は，まさに設計者のものであるが，利用者はそのような全体を俯瞰する視点を持つことはなく，見通せても100m程度で，もっとヒューマンスケールなまとまりの連なりとして空間を体験するのである．じつは，これが樹を「平面ではなく立面で見る」ということだったのである．そこで設計グループも，部分から全体へと発想を転換し，「緑の区間」の景観設計

写真2　根回しの様子
発注者の理解にこたえた職人の丁寧な仕事

写真3　1/100の「緑の区間」の検討模型
部分毎に作成したが，すべてあわせると6mをこえる大きさになる

を部分の集合として検討していくこととした．つまり，立体的には1/100模型で場所ごとに検討し，それを集めていくという手法をとった（写真3）．この縮尺では樹木は10cm以上となるので，それぞれの個性をつけることも可能である（1/100程度の模型では，樹木をカスミソウのドライフラワーで作るのが一般的である）．

以上が，樹を中心とすることの意義であるが，それは時間と空間の捉え方，双方にかかわるものであった．

緑から人へ

話は前後するが，検討会は終了しても，①細部のデザイン案の詰め（そのための組織のあり方）と②利活用に関する協議会の設置が課題として残った．そこで，具体的なデザインを検討する組織として，施設設計ワーキングと植栽専門ワーキングという二つのワーキンググループ（WG）が設立された．両WGは互いに活発な意見交換を行うことでデザインを進めていこうということである．ここからが，いわゆる景観設計の出番である．

最初に，現在検討中の全体平面図（図3）とデザインの考え方を示そう（図4）．「緑の区間」の現状は，いわば"緑の壁"である．これが立田山へのビスタを形成しているわけだが（写真1），一方で，人にとっては見通しも居心地も悪い空間となっているのである．これを改善し，人にとって居心地のよい空間をつくること

が，樹にとって同様に重要となる．そのためには，いろいろな場所にスムーズに行けること，街から入りやすいこと，流軸景だけではなく，対岸景や街並みなど，さまざまな眺望が開けることが必要となると考えた．すなわち，「動線と視線のネットワーク」である．この課題に対して，どのような回答を与えるか．先に紹介した樹に関する考え方，すなわち植栽WGの仕事を，このような視点から整理すると「樹木を間引く」ということになるだろう．それでは，施設WGは何をしたのか．それは，「境界をぼかす」と「空間をつくる」ということである．

「境界をぼかす」ということから紹介しよう．これは，基本的に堤防まわりのデザインとなるのだが，右岸と左岸で大きく異なる．右岸は，断面的なぼかしであり，左岸は平面的なぼかしである．右岸では，河川幅は変わらず，現在の市道と河川の間に1m以上の堤防が立ち，そこに管理用の通路（街路に接している部分は幅員1.5m以上）が設置される．これをそのままつくっては，街と川の関係が切れ，いま街路樹のない市道はさらに魅力のない街路となってしまう．そこで，市道の歩道と管理用通路を一体とし，広い歩道をつくり，歩車道の境界に広めの植栽帯を設けることを提案した（図5）．現在検討中であるが，これにより河川緑地の緑が街ににじみ出し，街路自体の魅力が向上すると同時に，河川内の緑と街路の緑の間を通る管理用通路はとても気持ちよいものとなるだろう．これは，断面的な発想に基づくぼかしである．一方，左岸は今よりも15mほど河川を拡幅するが，河川の線形と左岸の街区の方向がずれているため，三角形の残地がいくつか生じる．また，元々の地盤高が右岸よりも高いために，新しい堤防の高さも数十cmと低い．そこで，その高さを土手や階段で吸収することによって，ある三角形は緑地が街ににじみ出してくる，あるいは，都市的な広場が河川緑

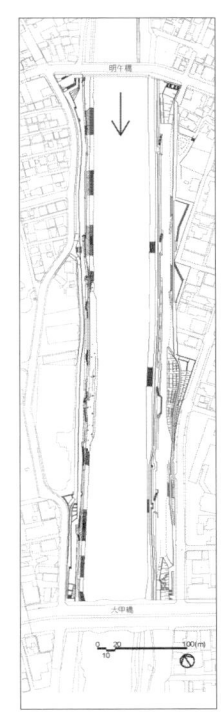

図3　全体平面図（2008年7月現在）

流軸景・対岸景
「流軸景」とは，橋の上などから，川の流れ（流軸）に沿って河川を見る眺めのタイプ（写真1）．「対岸景」とは，堤防上などから，流軸とほぼ直角に対岸方向を見る眺めのタイプ（下記写真）

写真4　対岸景

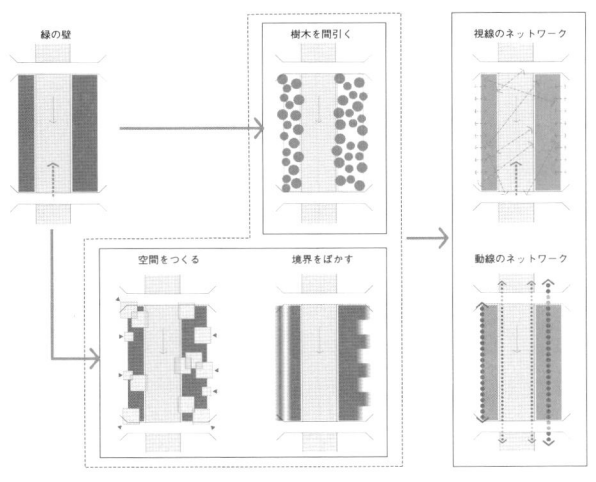

図4　デザインの考え方

図5 右岸における「境界をぼかす」デザイン例
施設WGによる断面スケッチ

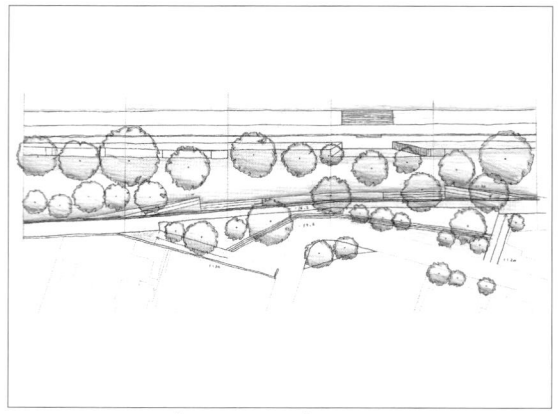

図6 左岸における「境界をぼかす」デザイン例
施設WGによる平面スケッチ

地に入り込んでくる，というように川と街の境界が平面的にジグザグになるように配慮した（図6）．これが平面的なぼかしである．この平面的なぼかしをつくる三角形は，それぞれが街からのエントランスとなっており，「空間をつくる」ということでもある．

では，「空間をつくる」ということについて，明午橋右岸橋詰を例として紹介したい．近年では，洪水を避けるために橋が周辺の街よりも高く架けられることが多く，この明午橋橋詰でも，橋の単部と取り付きの市道および河川緑地の間で，3～4mものねじれた高低差が生じている．そのため，整備前の今は植栽が多すぎることもあり，行き止まりの陰鬱な空間となっている．そこで今回の整備では，人々が立ち寄りやすく開放的な空間とすることが目標となった．結果，大きな階段広場のような設計（写真5）となったが，まず留意したことは，大きな高低差を解消し，街から川へ向かう人の動線をつくることであった．しかし，それを一つの階段としては，壁のようなボリュームとなってしまい，とても歩こうという気は起きない．そこで二つの踊り場をテラス状の広場とし，階段を三つに分節することで，歩きやすさと広場として使えるような居心地を実現した．また，その階段の形状も，川に下りるときの視線誘導や橋上からの見え方に配慮し，三つ目の階段を扇のような形状としている．この階段広場には，10m程度の間隔で桜が植えられる．通常の花見のように，地面にござを敷いて酒を飲むようなものではなく，散策したり，階段に腰をかけたり，カジュアルに楽しむような，新しいタイプの花見広場として人々に愛されることを期待している．このように「緑の区間」における「空間をつくる」とは，切れがちな街と川の関係をつな

写真5　橋詰広場における「空間をつくる」デザイン
この場所のデザインが1/100模型による部分から発想のスタートとなった

写真6　白川小学校における住民ワークショップ
子供たちも大人も，模型を囲み活発な議論が行われる

ぐエントランスをつくると同時に，その場所にたたずみたくなるような場所をつくるということである．

市民とともに

　この「緑の区間」プロジェクトは現在も進行中であり，植栽WGと施設WGが力を合わせて検討にあたっている．ただし，2007（平成19）年3月以降，両WG内の検討だけではなく，沿川住民を交えたワークショップ形式の検討会も行われるようになった（写真6）．2007（平成9）年の河川法の改正によって，河川の整備に住民の意見を反映させることが法的に定められたということにもよるが，「緑の区間」において，住民との話し合いの場はそれ以上の価値を持っている．先にも述べたように，完成するまで30年もかかるのである．その長い時間をどのように積み重ねるのか，これがこのデザインの成功を左右するため，当然，市民の協力は欠かせないものとなるのである．むしろ，このデザインを完成させるのは利用者，特に近くに住む住民たちであるといっても過言ではないだろう．そのように考えれば，デザインにかかわるものが集って，さまざまに議論することはまったく正当なことである．住民との議論においては，誰が掃除するの？　夜は怖くない？　ゴミ捨て場はどこにあるの？　など，身近な議題が続々と出てくる．もちろん，すべての人の要望をかなえることは困難だ．ただ，たとえ難しくても，いま時間をかけて議論を積み重ねていくこと，これが次の30年を積み重ねることに必ずつながっていくのである．

2.2.4 杖立温泉

仲間浩一（九州工業大学）

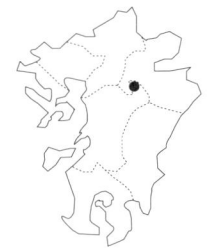

熊本県阿蘇郡

1992（平成4）年までは、温泉街の斜面中腹に通された国道212号線が日田と阿蘇を結ぶ大動脈として用いられたが、1993（平成5）年には温泉街の前後を短絡する国道トンネルが建設され、元の温泉街を貫く狭隘な国道212号は町道となった。その翌年には九州を広範に襲った大水害が杖立温泉街に大きな被害をもたらし、温泉観光地としての機能に甚大な被害が生じた結果、宿泊観光客の大幅な減少を招いた。1992（平成4）年には40万人強いた宿泊客は、2002（平成14）年には約16万人にまで減少している。（※杖立温泉観光協会による入湯税を根拠とした数字）

杖立温泉の概略と景観まちづくりの背景

杖立温泉は、日田盆地と阿蘇山のカルデラを結ぶ国道212号線上に位置する温泉街であり、約1200年前の文献にその温泉地としての起源が確認される、九州でも有数の歴史を持つ。現在の熊本県阿蘇郡小国町にあるが、温泉街の一部区域は隣接する大分県天瀬町に立地する。阿蘇山の外輪山北側斜面の末端部に位置し、小国郷を北に流れる杖立川が削り取った渓谷の底に温泉の源泉が湧出する、自然地理的に見て必然性のある温泉立地である。それゆえ、温泉街の両岸は切り立った急崖斜面になっており、平坦地がほとんどなく、斜面に張り付くように旅館や住居が密集して存在している。また、九州電力の水力発電用水の放水路が杖立温泉右岸に設置されている（写真1）。

杖立温泉街における景観まちづくりの2003年度以降のプロセスについて、表1に年表の型式でまとめて示しておく。

まちづくりの経緯・1年目

(1) 大学が関与したまちづくりのスタート

前述したとおり、杖立温泉には水力発電施設が立地しているため、小国町には熊本県を通じて水力発電の電源立地交付金が年間約670万円支払われている。2003年度に小国町役場はこの水力発電電源立地交付金を向こう5年間連続して、発電施設が立地する杖立温泉街に還元することを決め、地域振興課（当時）は観光係を担当として杖立温泉街の地域振興プランの策定に着手することになった。

写真1　杖立橋から眺めた杖立温泉街（2003年9月）

写真2　第1期歩車共存道路の模型

小国町役場地域振興課から，九州工業大学工学部（北九州市戸畑区）に杖立温泉街の景観整備計画の策定業務について打診があったのは，2003年8月のことである．

　地元の住民組織として計画策定に関わったのは，観光事業者が加盟する団体である杖立温泉観光協会である．初年度のこの計画策定作業は，2003年9月から3月までの半年間に，観光協会の指名する委員9名，九州工業大学の景観工学研究室のメンバー，および小国町役場の地域振興課観光係の担当者が，6回のワークショップ，2回のゲストティーチャーを招いたテーマ別住民勉強会（対象は杖立温泉街のすべての住民向けであり，「緑と自然環境のつくりかた」「歩ける町杖立を目指した歩車共存の考え方」の二つのテーマが設定された），1回の観光地整備先進地の視察（佐賀県有田町）の機会を得て実施された．この結果策定されたのが，「杖立温泉景観整備基本計画」である．

(2)「杖立温泉景観整備基本計画」（以下，「計画書」と記す）の概要

　大学，地元住民，自治体の共同作業によって2004年3月に策定された計画の内容は，四つの特徴を有している．

① 現状の観光客誘致や生活環境形成における問題の構造を明らかにし，それらを解決するための処方箋としてまとめられていること．

② 問題解決を行うための時間軸を，短期課題（次年度同期までに解決すべき課題），中期（3～4年後をめどに解決を図る課題），長期（20年後を目標に解決のための取り組みを進める課題）という3段階に設定し，それぞれに個別課題を類別して解決方策を提示していること．

③ 問題解決を行うためのテーマ（課題レイヤー）として，「動線とたまり場」「緑と自然」「情報発信とサイン」の三つを設定し，それぞれのテーマに関する問題の所在を具体的に記述していること（図1）．

④ 計画策定後の地域における問題解決を推進するための組織，機関として，まちづくりオフィスの設置を提案し，その機能と役割を，既存組織との関係の上で説明していること．

　この中で，特に③と④のユニークさは，杖立温泉にとって重要性の高いものであった．③は，観光地である杖立温泉街における情報を，「どんな情報内容を」「どんな種類のメディアを用い」「どんなインターフェイスによって」「誰にいつ提供するか」という，地域全体の情報戦略の必要性を強く説くものであった．また④は，策定された計画内容を地域の実情に応じて実行へ導き，結果として地元の機関や主体の間を，まちづくりというテーマにおいて良い関係を結ばせるための制度的な組織を提案したものである．

大学の教員とその研究室が，何らかの仕組みで特定地域の計画策定に関与することは珍しいことではないが，小国町の場合は，大学の教員が所属する工学部に対して直接，計画策定業務を発注した．このため，民間のプロフェッショナルである建設コンサルタンツが介在することなく，自治体と大学の研究室，地元住民組織の三者が共同作業をすることによって町の将来計画を策定するという，全国的に見ても類例の少ない方法が採られることになった．その根本的理由は発注予算の不足である．

この背景には，かつて杖立温泉街に関わったいくつかのコンサルタンツ企業・建築家が，計画案や住民組織を提案したり，あるいはハードウェアとしての作品を残しながらも，継続してこの場所に関わることができず（あるいは関わろうとせず）立ち去った，という過去の苦い経験への反省がある．特にこの④を実行するために，翌年以降，大学が果たさなければならない役割は重大なものであった．

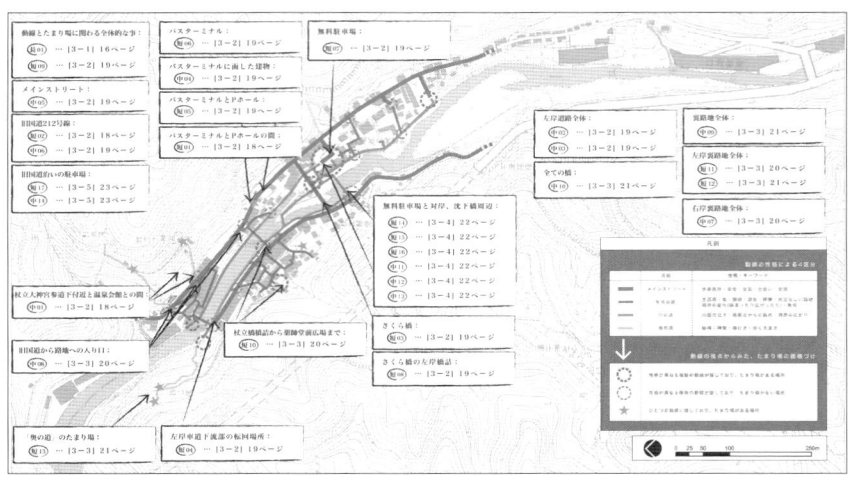

図1 杖立温泉景観整備基本計画に示された「動線とたまり場の計画」

まちづくりの経緯・2年目

(3) 計画の周知と戦略

　策定された計画書の存在とその目標をまず杖立の住民に広く知ってもらい，継続可能なまちづくりの取り組みに結びつけるために，2004年6月から7月にかけて，大学は町役場と観光協会からの協力を受け，杖立温泉街の全戸への計画書配布を行い，それを用いた11回にわたる全戸説明を実施した．計画書の内容の説明と質疑には，1回あたり約2時間半を要している．

　これに先立ち，計画書の策定執筆に中心的に関わった博士後期課程の大学院生，田北雅裕氏が，同年4月に杖立温泉街に住居を移した．大学院生の役割は，メディアの使いこなしによる新たな情報発信を担うと同時に，杖立温泉街という現場での多主体間の意思疎通や情報交換を円滑にすることで，大学を交えた計画実施への合意形成を促進することであった．このことが実現する背景には，計画策定におけるシステムとは別の，さまざまな支援が存在したことを記しておかねばなるまい．

　計画書の内容は多岐に及んでいるが，計画策定に続く初年度の取り組みとして重要なことは2点あった．第一は，住民の目に見える，明らかな変化を伴う実績を作ることである．第二には，税金を使った「町役場が進める公共事業」に頼るのではなく，地元住民自身の活動と費用・労力の負担に基づく，目に見える実績を作ることである．前者については，計画策定時にもゲストティーチャーを呼んで行われた勉強会のテーマに即した，歩車共存道路の整備が選択された．急斜面地に囲まれ，階段や坂が多数存在する杖立温泉街の中で，バイパスの開通

によって生活道路となり通過交通の流入がなくなった旧国道212号の町道の一部区間を対象とし，歩車共存道路の手法を用いて再整備することで，旅館から出て外を楽しく歩ける町，という杖立温泉街の将来像を，住民全体にわかりやすく示し使ってもらうことが必要であった．また後者に関しては，温泉街の現場の風景の本来的魅力のアピールと，情報発信のための屋外広告物やサインの有効性を向上させることを目指して，2004年11月に「引き算ワークショップ」を実施した．「引き算ワークショップ」は，杖立温泉のまちなかにあるさまざまな民間事業者の手による古い看板や陳腐化したファニチュア類を，実際に住民が歩きながら探し出し，皆の討議を経て不必要なものを判断し，自分たち自身で撤去する，という活動企画である．これらを撤去し，いわば町の風景から不要なものを「引き算」していく，という発想による取り組みは，杖立温泉街の人々にとっては初体験であった．

　この初年度の活動によって，杖立のまちづくりに関して重要かつシンプルな戦略的視座が据えられることになった．それは「歩ける町『杖立』をつくろう」という言葉で表現される．その後の住民独自の取り組みや公共事業の内容の判断については，常にこの言葉が意識され，多種多様な個別の活動における共通したミッションとして位置づけられることになった．

(4)「ライフステーション・杖立ラボ」の設立

　「杖立景観整備基本計画」ができあがってほぼ1年後の2005年3月20日に，杖立温泉左岸側の路地街の一角の建物を利用した「ライフステーション・杖立ラボ」（以下，「杖立ラボ」と表記）がオープンした（写真3）．これ以降，杖立ラボは杖立温泉におけるまちづくりに関わる主体間の調整，特に杖立温泉観光協会，小国町役場，九州工業大学の相互間をつなぐ役割を担っていくことになった．

　初期の杖立ラボの活動は，主に月に一度の「杖立ラボの会」と呼ばれる話題共有や提案の場としての定例ミーティングと，必要に応じたテーマに沿ったイベント運営である．「杖立ラボの会」は，公共事業である歩車共存道路の設計案を周知し合意を形成するための場として，初年度に重要な役目を果たした．

(5) 歩車共存道路という戦術

　杖立温泉街に対しては，それまでにもさまざまな公共投資が町によってなされてきた．階段や坂道が入り組む路地は，御影石の舗装が施され，照明のフットライトをかねた灯籠風のファニチュアも設置された．また，熊本県土木部による「熊本アートポリス構想」の下で，「杖立橋」（地元では，三つ架かる橋の真ん中にあるという意味で，「中の橋」と呼ばれる）の掛け替えが行われ1996年3月に竣工し，橋台部の崖上に「Pホール」と呼ばれる集会場としての機能を持つ公共建築が一体的に建設された．

このような物件は，作成設置する際にはそれなりの資金と手間をかけるものだが，その後の維持修繕や清掃については顧みられることが少なく，結果として町のなかはつぎつぎにさまざまな主体が独自に作製した設置物で溢れることになってしまう．

主宰者は2004年4月に杖立温泉に移住した前出の田北氏である．ラボの建物は，昭和30年代に隆盛をきわめた杖立温泉の名残をとどめる木造の元射的遊技場を補修，再利用している．杖立ラボの設立に当たっては，その設立主旨に賛同するさまざまな法人，個人の資金的な部分を含む協力があった．

写真3 杖立ラボの会による住民への説明（旧杖立小学校・杖立温泉会館）

道路沿いには福岡・博多から直通する高速バスのターミナルがあり，先述のPホールに面している．また杖立川を渡る三つの橋に通じる路地や道路の入り口がある．杖立温泉街の道路網のなかではまさに背骨に当たる施設であり，トンネルのバイパス開通による通過車両の激減はうってつけの条件であった．

　これらはもちろん，住民や来訪する観光客には必ず目に入り，使われる頻度の高い，杖立の集落における社会基盤とも言えるものである．しかしながら，居住者から見た使い勝手や清掃作業の面から問題があったばかりでなく，現実的な日常生活のなかで住民が感じている問題の本質からは，いささか焦点が外れた整備となっていた．

　景観づくりを軸に据えたまちづくり活動において，民間事業者や住民が主体となる活動を生み出すことはきわめて重要なプロセスである．しかしながら，杖立温泉では，当初，住民側の行政に対する心理的依存度がきわめて強く，水力発電の電源立地交付金という限られた公的資金を有効に使いながら，住民の関心を高め，具体的な住民の目に見える（明確に感じ取れる）改善状況を生み出すことが，まず第一に必要であった．民間事業者や住民を巻き込んでいくために，行政にしかできないことを限られた予算で継続的に一貫性を持って進めていくには，シンプルでわかりやすく継続的実施が可能な整備テーマが重要となる．このために選択されたのが，「歩車共存道路」である．

　歩車共存道路は，「杖立景観整備基本計画」にすでにその内容が示されており，杖立川右岸の旧国道212号線（町道）の継続的な整備テーマになった．この歩車共存道路の整備は，杖立温泉を貫くメインストリートを，日田と阿蘇を結ぶ地域の大幹線から閉じた温泉街の生活空間へと，その意味を変えさせるための戦術として位置づけられた．第1期の歩車共存道路の整備は，Pホール前とバスターミナルを結ぶ約65mの区間で実施された．杖立ラボの設立を支援した設計事務所の献身的な作業によって設計は進められ，2005年3月末に完成した（写真4・写真5）．

(6) 1年目の総括

　杖立温泉景観整備基本計画が策定されてから1年間で，杖立の町は大きく変わったようには見えなかった．景観整備計画のなかで必要とされた事業のうち優に90％以上は手付かずであったし，移住した大学院生の多大な努力もあって杖立ラボが設立されたとは言え，そのまちづくり機関としての活動を支える制度的支援や経済的支援は完全に立ち後れていた．この問題は現在までずっと未解決なままである．しかしそれでもなお，二つの大きな進展があったことを記しておきたい．

　まず第一に，歩車共存道路という，姿形が実際に見える空間が出現したことである．これは，見た目の美しさよりもむしろ，実際にその沿道で飲食店を営む事業者から，安全性，高い安心感を根拠として好評を持って迎えられた．日常生活の感覚に照らして明らかな改善があったという現場の居住者の実感は，専門家の論評や第三者の評価とは比べものにならないほど，居住者自身にとって説得力のある評価だったと言える．歩車共存道路の整備継続と延長を求める意

写真4　第1期歩車共存道路の完成（2005年4月）　　写真5　杖立ラボのオープン（2005年3月）

識は，この年の初動の事業で見事に定着した．

　第二には，引き算ワークショップやイメージ改善に積極的な事業者の協力による，「自分たちで自分の町を変えることができる」という肯定的な意識が，実体験に基づいて一部の住民のなかに生まれたことである．予算的，制度的な問題を積み残したままのスタートではあったが，地方の小自治体の一地域におけるまちづくりを進めていくためには，制度的整備や予算確保とならんで，自分たちの「生活する時間＝商売のために費やしている時間」をまちづくりのために割いてくれる地元住民の出現は不可欠であり，初年度の取り組みはその後のまちづくり活動のキーパーソンを生み出すきっかけとなったのである（写真6）．

まちづくりの経緯・3年目

(7) 3年目以降への活動のビジョン

　杖立温泉における景観まちづくりは，予算的な裏付けが必要なハード整備を上記の歩車共存道路の整備延長に一元化することにし，ソフト面での取り組みにおいては，特に杖立温泉街での日常生活に対して新たな付加価値を与える，あるいは新たな「味付け」を試みる事業を行うことになった．

　ソフト面においては，主に二つの方向性がある．一つは不特定多数の受け手を相手に情報発信を行うための商業的広告，もう一つは町内外を橋渡しし，少数ながらも好奇心旺盛で行動力の高い人々を相手とする参加型のワークショップである．杖立ラボを主宰する田北によれば，このどちらの方向も，実は「ささやかな共感」に基づく緩やかなネットワーク，協力し合える人間関係を生み出すための仕掛けであると言う．

景観まちづくりにおいては，観光地のように商業的な事業者がまちに多く住み活動している場合，短期的な集客実績や実収益の向上を期待されることがよくあり，杖立温泉の場合も例外ではない．このため，観光協会の理事や旅館経営者などからは，ある種の観光客の目を引く劇的な変化，イベント的な外観演出を求める声も上がっていた．

集客を目指した劇的な（しかし一時的な）変化は，地元住民にとって退屈とも思える日常の自分たちの住むまちを見直すきっかけにもなり得る．その場に居合わせた観光客の満足度も高まり，無関心になりがちな住民や地元事業者の関心を引きつけることもできるかもしれない．しかしながら，杖立ラボの主宰者が目指したビジョンはまったく逆であった．わずか人口350人強の杖立温泉において，地元からの信頼を十分に得ることが難しい段階でまず必要なことは，杖立温泉という風土そのものへの共感を覚える人間を，地元，町内，福岡などの大都市に渡って一人でも多く生み出すことであり，またそのような人間関係のなかで生み出される新しいアイディア，意見の多様さを重視しようとする現れであったと言える．

(8) まちづくりのための情報発信の戦術

情報発信は，主に杖立ラボの活動に興味がある，あるいは高い水準の広告活動を望む，旅館経営者や商業事業者からのデザイン作業の発注というかたちで実現した．つまり，杖立温泉全体のイメージ刷新を目指した共通の広告をつくるという方法ではなく，自らのイメージを明確にし他者との差異化を図りたい事業者のニーズに応じた，それぞれに相応しいデザインを個別に展開するという方法である．デザイン対象は，WEB（事業者のホームページ），チラシやパンフレット，事業者の名刺，施設のロゴマークといったものであった．

一方，地元の商工者が加盟する団体である杖立温泉観光協会を軸として，今後の情報発信に際して杖立温泉街の宣伝イメージを統率するための方針，基準を検討する動きもあった．これについては，福岡市内の建築事務所の参加により「杖立温泉活性化会議」が開かれ，杖立温泉の広告，ポスター等に統一的に用いられる色の基準が合意された．これにより，以降の杖立温泉に関する公的な情報発信に関しては，イメージカラーが定められ使用されることとなった．

(9) 参加型ワークショップの展開

2年目からの杖立温泉での景観まちづくり活動において最も特徴的であったのは，住んでいる人，来訪する人，外で情報を得る人，といったさまざまな立場の人々の間に共感を生み出すための，参加型ワークショップの実施と情報発信の取り組みであった．その核となったプログラムは，「特別な平日」と名付けられたイベントである．町内外の誰もが年齢を問わず参加でき，小さな「作品」を作って見せ合い，自分の過ごした時間を大切に思い返すという，参加者の心情に働きかける仕掛けが込められた一連のプログラムである．温泉街への経済効果を生み出す集客力という点から見ればほとんど意味をなさなかったが，少数の確実な杖立温泉街のファンを生み出した．またその様子はWEB等で大都市に暮らすメディアリテラシーの高い人々のネットワークに流され，杖立温泉という場所に

これらのデザイン作業の多くが，杖立ラボの主宰者個人のデザイナーとしての特別な力量に負っていたことは，景観まちづくりという活動においてはきわめて特殊な状況であったと言わざるを得ない．このため，個別の情報発信のデザインが充実する反面，まちづくりにおいて必要な人的・時間的な資源が他の活動に十分配分されず，活動の展開においてややバランスを欠くこととなった．

写真6　杖立ラボの会に集まる住民

写真7　＜特別な平日＞シリーズの「絵はんこ教室」

対する高い関心を呼び起こした（写真7）．これらの情報を手に入れた人々は，多人数ではなく個人個人で杖立温泉や小国町を訪れるようになった．

(10) 学生の研究活動による貢献

　杖立温泉における景観まちづくりの活動において，公的な補助金による公共事業や，民間資金による情報発信，杖立ラボの活動によるワークショップの展開について述べてきたが，その一方で「杖立温泉景観整備基本計画」を中心になって策定した九州工業大学工学部の景観工学研究室では，杖立ラボの運営活動の支援と並行して，大学という研究機関の特性を生かした独自の取り組みを行っている．

　杖立では，九州工業大学としてまず空間情報基盤の確立を行うこととなった．杖立温泉街は歴史のながい集落であるが，複雑な路地と水際線の度重なる変遷によって，正確な地図を一度も作ることなく現代に至っている．道路台帳や住宅地図，河川実測図，国土基本図など，個別の事業や目的に応じた範囲，精度，縮尺がばらばらな状態で管理されてきたことが，初年度の活動で明らかになっていた．このため，大学では民間の地図データ作製会社のソフトウェアを用いて，温泉街の街路，路地網および建築輪郭線を独自に測量して既存データを大幅に修正し，さまざまな実測調査データを地図上のオブジェクトにリンクさせることができる，独自のマッピングデータベースシステムを試作した．

　こうして作製した地図データを用いて，大学の景観工学研究室では数編の調査研究論文を執筆し，杖立ラボの会において発表，住民から評価を受けている．それらのいずれもが，その後の公共事業である歩車共存道路の整備内容や，杖立ラボの活動，さらには住民の自主的まちづくり活動のバックデータ，あるいは

景観まちづくりの活動において大学が組織として参加する場合，大学にしかできないことを探りあてるのはきわめて重要である．初年度の「杖立温泉景観整備基本計画」の策定のような，本来民間のコンサルタンツや設計事務所が正当な対価をもらって受注するべき仕事を大学組織が行うことは例外であると考えてよい．結果として景観まちづくり活動を通じて仕事に携わった学生の力が伸びることはある．だが大学がやるべきことは，民間企業ができるはずのことの肩代わりではない，という点は改めてここで強調しておきたい．

きっかけとなる問題意識の啓発に有効に働いている．

　景観まちづくり活動とは，情緒的な共有や合意形成などのような住民と一緒に行う「実際の活動」の成果を重視するイメージが強いが，現実にそれを支えているのは強固で客観的なデータの積み重ねである．この点で大学が景観まちづくりに参加することの意義は十分に説明できよう．

まちづくりの経緯・4年目

(11) 大学による支援から地域の自立へ

　「杖立温泉景観整備基本計画」の策定後丸2年を経て，2006年度には大きな動きが地元に起きた．まず，「背戸屋チーム」と呼ばれる杖立温泉街に住む若手・中堅の商工者が，4月から独自の「ギャラリー背戸屋プロジェクト」を開始した．このプロジェクトを担う住民グループは，九州工業大学が小国町から依頼されて景観まちづくりに取り組む10年ほど前に，早稲田大学建築学科の研究室がここで活動していた時期に，当時の若手の住民グループに働きかけ交流を深めており，そのときのグループのメンバーが中心となっていた．その意味で，大学が景観まちづくりに参加することの意義を短期的な経済の活性化だけで捉えるのでは十分ではないことがわかる．

　「ギャラリー背戸屋プロジェクト」は，路地裏の空間を温泉街の居間や廊下に見立てて，そこを歩く際に目に入る壁面に小さなオブジェ，フレームを設置し，歩きながらささやかに楽しめる雰囲気を演出するという，ほとんど費用のかからない手作りの取り組みから始まった．

　さらにこの年の秋からは，地元住民有志による「竹明かり実行委員会」が設立され，切り出した竹を加工して内部に電灯を灯し，橋の欄干や路地裏をほのかに照らす演出が，温泉街の中心部で行われるようになった．この作業のために，最も上流にあるさくら橋の桁下のスペースに「竹明かり工房」が設けられ，竹明かりの製作場として住民の手で管理，運用されている．

　この4年目の地元住民の動きは，杖立温泉の景観まちづくりの牽引役を，公共事業予算を使う町役場や学生を駆使する大学から地元の住民の手に渡すという，意義のあるものとして位置付けられる．これこそが景観まちづくりの本来の担い方，あり方だといえよう．

(12) シンボルマークをつくる

　自立した地元の動きが活発になったことを受け，杖立ラボでは杖立温泉観光協会の協力の下で，著名アーチストである日比野克彦氏を招聘して，杖立温泉街のシンボルマークを選定する取り組みを行った．「杖立のしるしはぼくらのしるし」と呼ばれるプロジェクトである（写真8）．地元住民はもとより，これまで

たとえば，杖立温泉街の道路空間の「奥行き性」という物理的特性の評価を行うもので，スペースシンタックス理論を用いた解析が行われた．この結果，温泉街の街路網のなかで，どこに情報発信拠点や住民の活動拠点を配置することがもっとも効率的であるかという客観的な指標が得られた．また，「歩けるまち杖立」を実現するために，街路空間の歩行環境，特に宿泊客を想定した夜間の歩行環境の評価を行うため，温泉街の街路網の2000ヶ所以上に及ぶ路面水平照度と鉛直照度の実測調査を行い，温泉街全体の光環境の成立状況について評価を行った．その他，歴史的な空間形成経緯や，各種メディアでの表現内容を分析した研究などがある．

「背戸屋」とは，細い路地裏の空間を表す地元の言葉であり，居住者にとっても来訪する観光客から見ても，杖立温泉街の魅力はこの斜面地を巡る坂道だらけの路地裏空間にあるという共通認識がこの活動の根本にある．

「背戸屋チーム」と「竹明かり実行委員会」の活動には，杖立ラボ主宰者の田北がアドバイザーとして加わっており，さまざまな設置やデザインの支援を行っているものの，その活動の主体は地元の住民グループによって担われている．大学や杖立ラボが企画広報し，参加者を募りイベントを運営するという方式ではない．

図2　杖立温泉のシンボルマーク（「杖立のしるし」デザイン監修：日比野克彦）

写真8　「杖立のしるしは僕らのしるし」選考会

に培われた人的ネットワークやWEB等を通じて広報され，全国から118点のシンボルマークの応募作品が寄せられた．応募の条件は杖立温泉でのワークショップか応募説明会に参加することである．全作品を前に公開投票を行った上で，選考委員長である日比野克彦氏に上位作品を元にした最終的なデザインディレクションが依頼された．その結果，三つの作品を融合させたユニークなシンボルマークが決定し，その後の広報宣伝活動，印刷媒体の作製において広く利用されている（図2）．ここに至りようやく，杖立温泉街の情報発信に関して，厳密なイメージカラーと印象的なシンボルマークの両者が揃うことになった．また応募作品のすべてが，上記の「ギャラリー背戸屋」によって展示された．

日比野克彦氏の参画の成果は，翌年の「明後日朝顔プロジェクト」への杖立温泉の参加に引き継がれた．杖立橋や旧小学校（杖立温泉会館）を始めとする温泉街の要所要所で，住民の手によって多くの朝顔が花を咲かせ，来訪者の目を楽しませることとなった．

(13) 学生によるデザイン提案のチャンス

地元の生活空間の演出活動を，地域住民が率先して行うようになった結果，大学の学生は新たな取り組みを試すことができるようになった．その代表例がこの年の秋に行われた「さくら橋ミニシャレット」の開催である．これは九州工業大学だけでなく，九州内の景観デザインに興味のある他大学の学生を交えた三つのチームを作り，杖立温泉に3日間泊まり込みながらさくら橋の改修構想を練り，模型を作製して自主的に住民に提案するという企画であった．この企画の最終日には，熊本県知事が杖立温泉の視察に来訪するという機会に恵まれ，学生らの構想内容と企画の主旨を直接説明することができた．

このさくら橋は，2年目から続く歩車共存道路整備事業の到達点として位置づけられており，翌年から実施することが想定されていたさくら橋の改修計画に住民の興味を引きつける役割を，この学生による企画は十分に果たすことができ

まちづくりの経緯・5年目

(14) ソフト事業の運営へ

　路地裏の魅力を演出して来訪者に楽しんでもらおうという考え方は，この年から「杖立温泉みちくさ案内人会」の発足によって，ソフト事業として具体化した．「背戸屋チーム」のメンバーと多く重なる住民グループ活動として，路地裏を案内して一緒に歩きながら歴史や出来事を語り合って，その時間の中で路地裏の魅力を再発見しようとするものである．従来，官民問わずハード寄りに偏りがちであった杖立温泉での景観まちづくりの活動のなかにあって，この事業の美点は，来訪者と案内人・住民とが一定時間を近い距離で共に過ごすことにより，両者の信頼できる人間関係を育むことができる点にある．

　この取り組みに続き，旅館経営者や飲食業経営者を中心としたグループが，新たに「食」の文化づくりを目指して勉強会を始めた．テイクアウトのできる共通メニューを開発するなど，5年目に入った景観まちづくりの活動のなかで，住民の発案によって住民が自主的に営むソフト事業は活性化する兆しを見せ始めている（写真9）．

(15) 新たな公的資金の獲得

　初年度を除いて，ソフト事業に公共予算が投入されることがほとんどないまま，杖立温泉での景観まちづくりの活動が営まれるなかで，この年，熊本県の補助事業である「平成19年度・地域との連携による商店街魅力創造事業」に杖立温泉街が採択された．一般的な地方都市の中心市街地とはまったく様相を異にする杖立であるが，旅館や飲食業の活用による温泉街の魅力づくりは，この補助事業の運用によって今後新たな展開を迎える可能性がある．

(16) さくら橋の改修事業支援

　歩車共存道路の整備を延長して継続するなかで，整備の終着点として位置づけられていたのが，最も上流に架かるさくら橋であった．前述のとおり，杖立側に3本架かる橋のなかで，唯一自動車が通行可能な道路橋であり，歩車共存道路の整備事業においては橋梁構造，荷重耐力との整合も含めて課題が大きい．これを月一回開催する連続ワークショップのテーマに位置づけ，杖立ラボと九州工業大学により住民の参加の下で開催され，機能面やデザイン面での合意形成を積み重ねる努力が続いている．

写真9　新聞の地方面で特集される杖立温泉の取り組み

ハード整備における難点は，一貫して予算が不足している点である．また技術力，デザイン力を有する設計事務所やメーカーに発注することが保証されない指名競争入札制度もあいまって，専門家が十分な対価を得て地域の景観デザインに取り組むことを困難にする状況を生み出している．杖立温泉街において続けられている5年間の景観まちづくりの活動もその例外ではない．

表1 杖立温泉街における景観まちづくり活動の年表

年度	実施月	事業の内容
■2003年9月～2004年3月		
	9月～3月	住民参加WS
	1月～2月	専門家講義（緑地環境・歩車共存）
	3月	先進地視察（有田）
	3月	「杖立温泉景観整備基本計画」策定
■2004年4月～2005年3月		
	4月	大学院生が杖立移住
	6月～7月	「杖立温泉景観整備基本計画」全戸説明
	8月～	「杖立ラボの会」開始
	8月～	「杖立ラボ・勉強会」開始
	11月	引き算ワークショップ
	12月	紅葉橋改修塗り替え（観光協会）
	3月	「ライフステーション杖立ラボ」設立
	3月	小国町景観法対応勉強会開催（小林一郎，仲間浩一，星野裕司，高尾忠志：敬称略）
	3月～4月	小国町在住作家による展示企画・開催
	3月	第1次歩車共存道路完工（Pホール・バスセンター間）
	民間広告デザイン等	旅館日田屋：広告全般デザイン（～現在）
■2005年4月～2006年3月		
	4月	杖立こいのぼり祭ボランティア制度発足
	8月	第2次歩車共存道路施工区間・住民投票
	10月	＜特別な平日＞シリーズ開始『カキノジン「絵はんこ教室」』開催
	11月	＜特別な平日＞エコポワークショップ開催（伊東啓太郎・田川産業）
	12月	Pホール前広場改修
	2月	杖立温泉活性化会議 開催（ダイス・プロジェクト）
	3月	＜特別な平日＞『カキノジン「絵はんこ教室」』第2回開催
	3月	第2次歩車共存道路完工（バスセンター・さくら橋入口間）
	民間広告デザイン等	お宿丸正：ロゴマーク・パンフレットデザイン（～現在），旅館たしろや・広告全般デザイン
■2006年4月～2007年3月		
	4月～	ギャラリー背戸屋プロジェクト 開始（※アドバイザーとして）
	8月～11月	「杖立のしるしはぼくらのしるし」プロジェクト（日比野克彦）杖立シンボルマーク
	10月～	竹明かり実行委員会設立，竹明かり作成（※アドバイザーとして）
	11月	さくら橋ミニシャレット開催（Kyushu Landscape League主催）・潮谷熊本県知事が視察
	3月	第3次歩車共存道路完工（さくら橋入口・旅館組合事務所間）
	民間広告デザイン等	杖立温泉観光協会：ホームページデザイン，管理
■2007年4月～2008年3月		
	4月～	現在「杖立温泉 みちくさ案内人会」発足，開始（※アドバイザーとして）
	4月	観光協会：パンフレットデザイン
	4月	観光協会：ポスターデザイン
	4月～	さくら橋改修ワークショップ
	4月～11月	「明後日朝顔プロジェクト・熊本」参加（日比野克彦・熊本市現代美術館）
	4月～	「杖立温泉 朝顔プロジェクトX」発足（※アドバイザーとして）
	6月～	「平成19年度 地域との連携による商店街魅力創造事業」（熊本県）
	8月	「明後日朝顔プロジェクト・ギャラリートーク」開催（日比野克彦・熊本市現代美術館）
	民間広告デザイン等	泉屋旅館：パンフレットや名刺等のデザイン（～現在）
		五風十雨：パンフレットデザイン（～現在）
		観音岩温泉：パンフレットや名刺等のデザイン
		ひぜんや・大自然：ホームページデザイン・管理（～現在）

2.2.5 厳原町大町通り

樋口明彦（九州大学）

長崎県対馬市

（A）市民による街路のデザイン

事業の概要

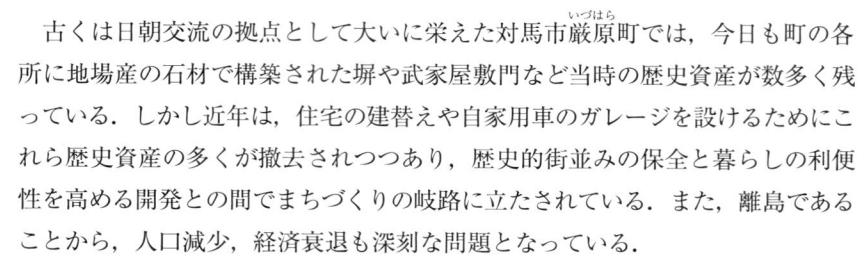

　古くは日朝交流の拠点として大いに栄えた対馬市厳原町では，今日も町の各所に地場産の石材で構築された塀や武家屋敷門など当時の歴史資産が数多く残っている．しかし近年は，住宅の建替えや自家用車のガレージを設けるためにこれら歴史資産の多くが撤去されつつあり，歴史的街並みの保全と暮らしの利便性を高める開発との間でまちづくりの岐路に立たされている．また，離島であることから，人口減少，経済衰退も深刻な問題となっている．

　ここで事例として取り上げる大町通り（長崎県道）は，対馬市厳原町の真ん中を南北に走る歩道のない幅員6mの2車線道路で，地域の幹線道路であるとともに，道の両側には多くの商店が並び，まちの中心として重要な役割を果たしてきた道である（写真1）．そんな大町通りで，1998（平成10）年に長崎県による都市計画道路としての拡幅事業が動きだし，延長300mの区間で幅員を16mに拡幅する工事が行われることになった（図1）．

　事業主体である長崎県では，美しいまちなみや景観の形成を県が支援することにより地域の活性化を推進する事業のパイロットプロジェクトにこの事業を選定し，地域住民を主体としたまちづくりの議論の場を設け，そのなかで大町通りをどのような街路として整備するかを決めていくことにした．メンバーとして

写真1　拡幅前の大町通り

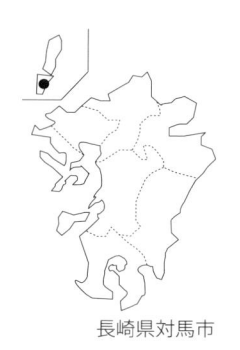

参加したのは，地域活動に熱心な地元市民8名と事業主体の長崎県，厳原町，そして筆者らである．その後約20回に及ぶ議論のなかで具体的な街路整備の姿が少しずつ構築されていった．第一期の工事は平成16年度に完了している．

模型の活用

　従来の道路整備事業では，道路構造令等に従って機能性に比重を置いた設計が行われることが一般的であり，地域の歴史的背景や文化等の要素が考慮されることは稀である．大町通りの仕事では，協議に参加した市民メンバーから参考とすべき歴史的モチーフや日常生活の中で目に付く地域の課題等を提示してもらい，できるかぎり設計に反映させることにした．また，デザイン作業の段階においても，ほとんどすべての部分について市民メンバーによる確認と合意を経たうえで前に進むことにした．

　そうした過程でおおいに役立ったのは，筆者の研究室の学生たちが作成してくれた多数の模型である．議論を活発にするツール，デザインスタディを市民と

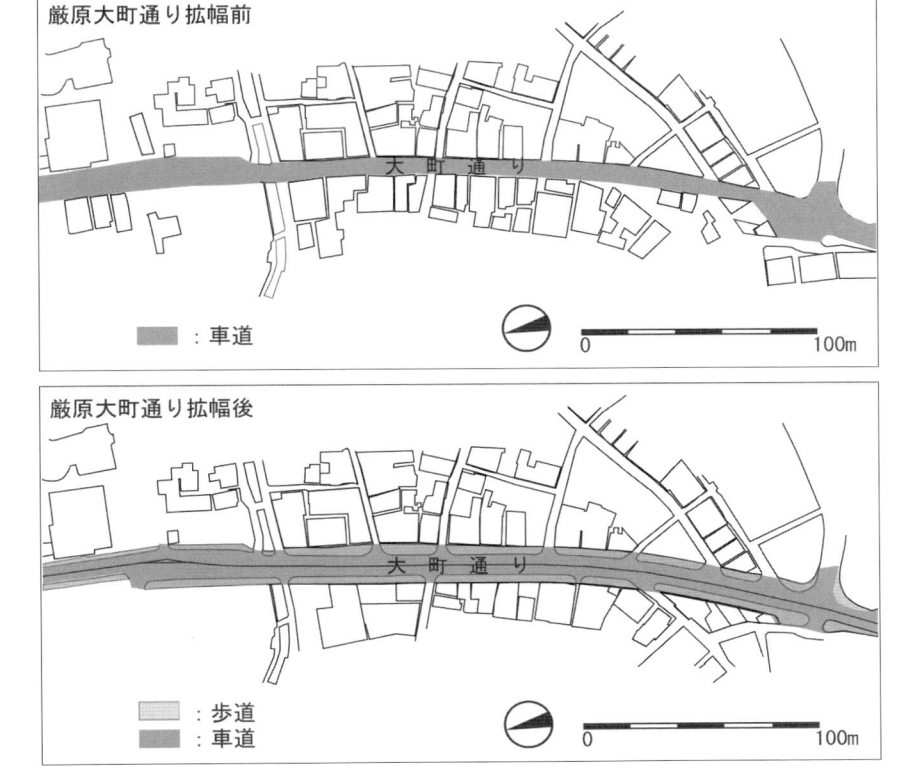

図1　改修前後の街路形状の変化

写真2　1/100模型を囲んで議論する市民メンバー　　写真3　1/20模型

　共同で進めるツール，そしてデザイン確認のツールとして，大小さまざまな模型を使用した．
　最初のデザインコンセプトについての議論では，事業区間の街路と沿道の建物のすべてを表した1/100スケールの簡単な模型を持ち込み，それを全メンバーが囲むことにより議論が具体的なものとなるように促した（写真2）．ある程度デザインの方向性が見えてくると，1/40や1/20の部分模型を作成して市民メンバーがイメージやスケールを共有できスタディに参加できるようにした（写真3）．そして設計段階では，照明器具や手すりなどの実寸の模型を作成して最終確認を行った．なかでも圧巻は，事業区間のなかほどに架けられた江尻橋の実物大模型である（写真4）．これはメンバーの熱意に共鳴してくれた地元の施工会社の協力で実現したものである．
　模型というと精密に作られた（ということは制作費も高価な）完成予想模型をイメージしがちであるが，市民参加をサポートするための模型はそれとはまったく別ものである．厳原で用いた多数の模型は，市民参加による街路デザインという作業を進めていくためのツールであり，飾って眺めるためのものではない．これらの模型を前に，市民メンバー・県の担当者・そして筆者の間で無数の議論が戦わされ，多くの模型が破棄されたり切り刻まれたりし，そこから最終的なデザインが導き出されていったのである．
　専門家以外の人がデザインの議論に参加する場合，平面図・断面図などの図面から実際の姿をイメージすることはとても困難である．2次元的に表現された情報を頭の中で組み合わせ3次元の空間を構築する作業は特別な訓練を必要とする．図面を読みなれているはずの行政担当者やコンサルタントにもこうした能力

写真4　実寸模型による橋梁形状の確認　　　　　写真5　撤去できずに残ったソフト地中化ポール

を十分身に着けている人はそう多くはない．しかし模型であれば誰でも視覚的に空間情報を理解することが可能だ．対象が自分たちの生活の場であれば，それはさらに容易となる．実際の空間と模型で表現された空間とを比較することにより，スケール感を調整することや模型では表現しきれないディテールを自己の記憶によって補うこともできる．

電線・電柱をなくす

　大町通りの拡幅事業では，町・県と電力会社の交渉の結果，完全な電線地中化は行わず，街路法線方向の高圧電線のみ地下化（ソフト地中化と業界では呼んでいる）という形で実施されることになった．電力会社側の計画では，せっかくの石舗装上に変圧器の入った金属のボックスや各戸に低圧線を引き込むための電柱が設置されることになっていた．これでは何のための地中化かわからない．実にばかげた話である．市民メンバーらが電力会社担当者と直接交渉した結果，低圧線を裏道から配電できればその分のボックスや電柱を減らせることがわかった．市民メンバーが手分けして関係する家々をまわり受電設備を大町通り側から裏道側に移動してくれるようお願いした．その結果，役場が受電設備の取り付けに資金援助をしたこともあり，数本の電柱を除きほとんどすべてを大町通りからなくすことができた（写真5）．もし地域住民を主体としたまちづくりの議論の場が設けられていなかったならば，この結果はなかっただろう．事業後の大町通りに与える景観的な影響を考えると，これは市民参加による大町通りデザインの最大の成果かもしれない．

二箇所のポケットパーク

　街路拡幅が行われると，必ず中途半端な土地が空き地として残ってしまう．こうした残地はそのまま放置されることが多いのだが，大町通りでは「住民ばかりにがんばらせるわけにはいかない．町も汗をかかないと」と，厳原町が2箇所の残地を買収してポケットパークをつくることになった．これらのうち港に近い方の公園では，厳原で切り出された久田石(くたいし)のみを用いた石塀を背後に設け，同じく久田石主体の広場の中央に対馬を代表する樹木であるヒトツバタゴの若木を据えた．一方，もうひとつの公園の方は市民メンバーでデザインすることになり，メンバー全員で模型を作りながらああでもないこうでもないと議論してかたちを決めていった．その結果，掲示板やパーゴラなど盛りだくさんの内容になり，少々窮屈な公園ができあがってしまった(写真6)．完成後にメンバーの一人から「いろいろと入れすぎましたね．次からは気をつけないと」とのコメントがあった．まちづくりのよい教材になったわけだから，これはこれでよかったように思う．掲示板にしろパーゴラにしろ既製品を使っているので，そのうち痛んで撤去されれば，10年後，20年後には落ち着きのあるポケットパークになるだろう．

市民による街路デザインの意義

　道路の拡幅は，通過交通の便を考えれば確かに必要なことであろうが，その

写真6　市民デザインによるポケットパーク

一方で用地買収による立ち退きや道路が広くなることで，道路を挟んだ二つの地区が物理的・精神的に分離され地域コミュニティが崩壊する危険性もはらんでいる．地域住民と行政が協働し，交通の処理のみではなく，地域にとっての快適性や風土・文化の継承などさまざまな役割を備え，地域の活性化にもつながる道路づくりが行われれば，それにこしたことはない．大町通りはそうした意図をもって始めた仕事だった．結果として，多数の市民の献身的な協力を得たことにより，明確なデザインの方向性を確立できたこと，電柱の数を激減させることができたこと，残地を活用したポケットパークを創ることができたことなど，多くの成果をあげることができた．これらはどれも，行政単独による従来のやり方では不可能なものばかりである．

　さて，大町通りの場合，市民による街路デザインの取組みが立ち上がった段階ですでに拡幅用地の買収は終了しており，多くの建物の建替えが終了してしまっていた．普通「街路をデザインする」という際には，単に道路空間をいじるだけでなく沿道の家並みをコントロールすることまで含むものであるが，大町通りではそれができなかった．後付けで簡単な住民協定が作成されたが，これも「エアコンの室外機を歩道に面して置かない」，「目立つ色彩は用いない」などごく緩やかなものである．では，大町通りの街路デザインは不完全なもので終わったのか．われわれはそうは考えていない．次節でも触れるが，今回できあがった大町通りの石畳は100年もつように作ってある．現代の住宅や店舗の寿命はせいぜい20〜30年であり，大町通りが鄙びてゆく時間の中で沿道の建物の多くが修築されるか再築されるだろう．そのときそれぞれの建物の持ち主はどんな建物を建てようと考えるだろうか．その段階でもし厳原市民の多くが自分たちのまちのすばらしい歴史を大切にしていこうという意思を共有していれば，厳原らしさの感じられる建物が選択されるだろう．大町通りにはそうした思いを市民の心に醸成する装置となってもらいたい．実は，すでにその徴候は現れている．大町通り拡幅後に修築された一軒の建物の持ち主が，石畳の歩道沿いに厳原固有の石塀を作ってくれたのだ．

(B) 歴史を投影したディテールのデザイン
石張りの歩道空間

　ひとくちに街路といっても，それを構成する要素は大きく車道部分と歩道部分，そして沿道の家並みに分かれている．車道部分では，当初全国各地の寺社の参道や旧街道の景観整備の事例を参考に石舗装を用いることを検討してみたが，大町通りの場合，予算が確保できず石舗装は見送ることになった．また，沿道の家並みについても，拡幅のために用地買収が行われた西側については，すで

に多くの建物が残地での建替えを済ませており（写真7），かつての歴史的な街並みを再生するには手遅れであった．そこで，街路デザインの対象は幅員3.5メートルの歩道部分に絞ることになった．

最初の作業は，市民メンバーと導き出した大町通りの果たすべき役割（厳原の表玄関・八幡様の参道・日常生活の空間・まちのハブ）・表象すべきイメージ（朝鮮通信使を迎えた歴史・石文化）を歩道のデザイン，なかでも舗装に落とし込むことであった．

厳原は先にも触れたように古くからの石の文化を持つまちである．なかでも独特の錆色をした久田石（くたいし）は，高級武士の屋敷門の敷石や八幡宮の参道敷石に用いられており，新たに創る歩道の舗装石にも久田石が適していると考えていたが，調べたところ採石山はあるものの石を扁平に加工する石工さんや加工技術が対馬に残っていないことが明らかになった．そのため久田石の利用は現在石屋や町役場にストックされている少量のものに限られ，歩道敷石としては利用できないことが判明した．立派な石文化のある厳原で地場の石を使えないというのはなんとも皮肉なことであったが，ない袖は振れないわけで，大量に必要な舗装石材はやむなく安価で供給の安定している中国産の御影石を使うことになった．

では，どのような色目の石にどのような加工を施し，どの程度の大きさでどのように並べるか．それによって，同じ石畳でも雰囲気はモダンにもなりレトロにもなる．また，「地」にもなり「図」にもなる．町内の石畳道をくまなく調査してみたが，江戸時代の事例には適当なものが見当たらなかった．当時のものはさまざまなサイズの石をパズルのように組み合わせたものがほとんどで，目地の間隔も広く，今日求められるバリアフリー環境としては馴染みにくい．正直困った．そ

写真7　拡幅のために既存家屋の撤去と建替えが進行している状況　　**写真8　完成後の大町通り**

こで事例調査の範囲を全国に広げ，福岡市内から東京の銀座まで舗装石の事例を調べまくった．その結果たどりついたのが写真8に示したパターンである．使用している石はすべて幅30cmだが，長さは90cmを基本として，30cm・45cm・60cm・120cmの5種類がある．また，色については普通の白御影よりも少し黒味がかったものを基調に，5%ほど錆入りの御影（久田石の代わり）を混ぜて用いている．厚さはすべて10センチ．普通はもっと薄いものを用いるのだが，100年もたせたかったので割れにくい厚い石にした．幅の同じ石を街路に平行に並べて縦目地を通すことで，歩行方向の流れをつくった．また，さまざまな長さの石をランダムに張り込むことで横目地を不規則に並ばせ，人間的な味わいを持たせた．石の面は，さまざまな仕上げ方法の石を取り寄せテスト舗装をしたうえで，歩くには問題ない適度な表面の荒さがあり味わいのある表情をそなえたノミ切り仕上げを採用した．

　できあがったばかりの歩道はいかにもとってつけたような印象であったが，完成後数年で，意図していた「以前からそこにあった」ようなさりげない歩道（「図」ではなく「地」）になってきている．石の良さは，自然素材であるので時間が経てば経つほど汚れも含めて「味わい」が深まっていくことだ．色を塗ったコンクリートブロックの舗装などではこうはいかない．完成直後が最も「きれい」で，その後は時間とともにみすぼらしくなっていってしまう．

鋳物の使用

　街路をデザインするとき，どうしても石だけでは材料がたりない．かといってプラスチックだ，アルミだと多くの材料を用いると，まとまりがなくうるさい空間になってしまう．できるだけ石だけでまとめ，石ではどうしても不向きなところにあとひとつだけ素材を使うとしたら何がよいか．厳原は海港として栄えたが，それは江戸時代までのことであり，神戸や横浜のような近代になってから歴史の始まった海港よりも一時代以上前の話だ．したがって，近代港湾都市で用いられている鉄を素材にしたデザイン（たとえば錨や舵輪をモチーフとしたもの）は参考にならない．木を使うという手もあるが，どうしても痛みやすく，とても100年もたない．やはり金属しかない，などと思案を巡らした結果，江戸期にも一般に用いられていた鉄鋳物を使うことにした．鋳物で創ったのは街路樹の植栽ますカバー，横断防止柵（歩道と車道の間の手すり），そして柵の途中に間隔を置いて設置した石柱（祭りのときに幟を立てるためのもの）の中に仕込んだ歩行者用フットライトである（写真9，10）．これらはいずれも石では作製できないものだ．すべてできるだけシンプルなデザインとし，安定錆処理を行ってある．表面の塗料が徐々に落ちるとともに安定した錆の皮膜が形成され，10年もする

写真9　街路樹の植栽ますカバーと横断防止柵（歩道と車道の間の手すり）

写真10　石柱（祭りのときに幟を立てるためのもの）の中に仕込んだ歩行者用フットライト

と鈍い錆色の表情に落ち着くはずだ．

25センチで何ができるか？

　大町通りの整備にあわせて進められることになった町道横町線（大町通りを横断する東西方向の街路で，東の川端地区と西の役場・史跡万松院を結んでいる）の拡幅事業でも，石畳と鋳物の使用を継続している．横町線の場合，歩道幅員が2.5メートルしかなく，大町通りで採用したような街路樹や街灯・石柱などを配すると窮屈な路になってしまう．万松院への参道として考えてもごたごたしていないほうがよい．そこで，市民メンバーと協議のうえで，横町線は基本的に石畳（大町通りと同じ石のパターン）のみとすることとし，夜間の安全のために必要最小限の歩道照明を設けることにした．

　道路構造令によれば，歩道に付属物を設ける場合，歩車道境界から50センチ以上離して設置しなければならないことになっている．そうすると幅員2.5メートルしかない歩道では歩ける部分が2メートル以下となってしまう．なんとか歩車道境界ぎりぎりに置けないかと調べてみたところ，縦横高さが25センチ以下のものであれば50センチ離さずとも置けることがわかった．縦横高さ25センチの空間というのは大変に小さなものであり，そんなサイズで街路照明ができるだろうかとも考えたが，ともかくデザインを起こしてみた．角柱ではなく円柱のフォルムを採用することで実際よりも太く見えるようにした．また末広がりの形態とすることで高さが強調されるようにした．完成したものが写真11である．意匠上は，日本風でもなく韓国風でもない「厳原風」となるように留意した．これを4メ

写真11　横町線の鋳物フットライト　　写真12　日中の横町線

ートルピッチで歩道端部に並べて配置した．昼間は車が歩道に乗り上げて違法駐車することを防止する装置として，夜間は歩行者照明として無事機能してくれている（写真12）．もちろん石畳とともに万松院への参道としての空間演出に大きく貢献している．25センチでも考えれば何かできるものである．

　最後にもうひとつの小さなデザインについて触れておこう．写真12でもわかるように，歩車道境界に設けられた雨水排水用側溝の蓋（幅50センチ）に歩道の石畳と同じ石材を使用することで，歩行者やドライバーには歩道が実際よりも50センチ広い3メートルに見えるようにするトリックを用いてみた．かなり効果があったように考えているが，読者にはどう見えるだろうか．このトリックは大町通りでは採用していない．長崎県の方針で歩車道境界に境界ブロック（車道の表面よりも20センチ程度高い帯状のブロック．車両が歩道に乗り上げるのを防止するために設置される．）を設けたため，そこで歩道と車道が視覚的に分断されてしまい側溝の蓋を石にする効果が期待できなかったためである．

2.2.6 駅周辺の都市整備

星野裕司（熊本大学）

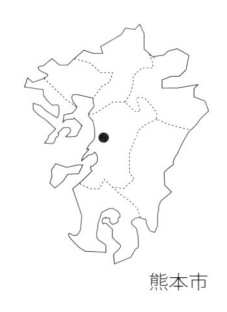

熊本市

「都市はツリーではない」．クリストファー・アレグザンダーという建築家が，都市の構造を考察し，導いた言葉である．アレグザンダーが示した例えを，今の日本の都市に置き換えてみる．ある交差点には信号があり，その角にはコンビニがあって，入り口で新聞を売っている．信号が赤になり立ち止まった人は，コンビニで売っている新聞を見つけることも，あるいはそれを買うこともあるかもしれない．このようなどこにでもある出来事が，都市がツリーではないという根拠である．ツリーとは階層的に整理された秩序をもつ組織のことを指すが，そのような組織では，道路や信号機でつくられるまとまりと，コンビニや新聞の販売でつくられるまとまりが重なりあうことはない．前者は交通や公共のまとまりであり，後者は商売や民間のまとまりであるのだから．しかし，信号で止まった歩行者が新聞にふと目を向けるという単純な振る舞いによって，それらは容易に重なりあい，新しいまとまりをつくり出す．ただ，このまとまりも固定されたものではなく，また違う時，違う人にとっては，違ったまとまりをつくる．これが都市の構造であり，その魅力の源泉であるというのがアレグザンダーの考えであった．多くの人が共感するものだと思う．しかし，このような身近だが豊かな多様性を，人工的に（つまりデザインによって）実現することは難しい．なぜなら，私たちの思考はどうしてもツリー的になってしまうからである．これから紹介する事例は，このような豊かさを何とかデザインによって実現しようと試行錯誤している，現在進行中の報告である．

熊本駅周辺整備の概要

熊本駅では，2011（平成23）年の新幹線開業を大きな契機として，在来線の高架化，駅西の土地区画整理事業，新合同庁舎の整備，民間プロポーザルによる拠点整備である東A地区市街地再開発事業など，さまざまな事業が熊本の新しい玄関口を創造するために展開されている（図1）．その広さはおよそ63.2ヘクタール，事業終了は2018年という，大規模かつ長期のプロジェクトである．

そもそも熊本駅は，明治時代，市街中心部に建設予定だったものが当時の住民の反対に会い，郊外に春日駅（現熊本駅）と池田駅（現上熊本駅）として二つに分けて建設された経緯がある．そのため，市街中心部からは約3km離れており，その開発も商業を中心とした副都心を目指すことはなかなか難しい．このような背景もあって，熊本駅周辺整備では「パーク・ステーション」というテーマを掲げ，西の花岡山・万日山や東の白川・坪井川といった周辺の水と緑の自然を活かしたまちづくりを進める構想をもっている．

図1　熊本駅周辺の主な事業
多種多様な事業が同時並行で進行している

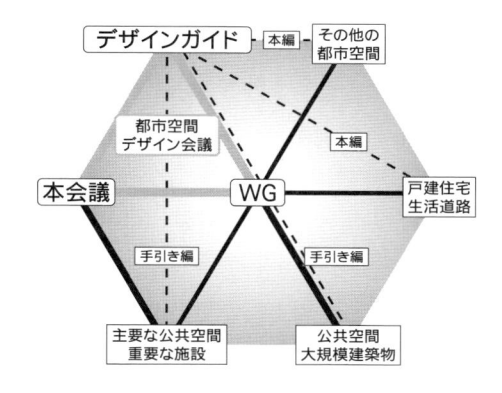

図2　デザイン調整の仕組み
「本会議」「WG」「デザインガイド」でつくられるまとまりが「都市空間デザイン会議」である

　整備全体の統括は県と市が設置した熊本駅周辺整備事務所が行っており，整備の基本方針であるパーク・ステーション構想や整備区域，各事業のスケジュールについて示した「熊本駅周辺地域整備基本計画」を2005（平成17）年6月に公表している．この基本計画に基づいた都市デザインの指導や事業主間の調整を図る仕組みとして「熊本駅周辺地域都市空間デザイン会議」を設立し，2006年10月27日の第1回都市空間デザイン会議以降，定期的に開催している．この会議では，デザイン指導や調整のベースとなる「熊本駅周辺地域都市空間デザインガイドー本編ー」を2007（平成19）年6月に策定しており，今後実際の都市デザイン調整の仕組みとしての役割が望まれている．

　熊本駅周辺整備の全体を，ここに記述することは不可能である．そこで「デザインガイド」の内容に基づきながら，複雑な全体をもつ都市デザインにおいて，その調整の仕組みと思想，およびその実践例の一部を紹介していきたい．

デザイン調整の仕組み

　駅周辺整備のように，さまざまな整備主体が絡み合う複雑な特徴を持つプロジェクトでは，デザインの調整をうまく行わなければ，バラバラで特徴のない街並みがつくられる可能性が高い．デザイン調整の仕組みとしては，「デザインマニュアル」のようなルールを決めて，それを守らせるような仕組みや，「さいたま新都心整備」で設置されたような，マスターアーキテクトを置いて全体のデザイン調整を行うものなどがある．マスターアーキテクトとは，いわばオーケストラの指揮者のようなもので，すべてのデザインを統括する個人のことであり，その

監修の下，すべてのデザインが決定されるというものである．

　熊本駅では，それとは異なる仕組みを模索している．前述したデザイン会議のことで，次の三つで構成されている（図2）．一つ目は，主要な公共空間や街並み形成上重要な施設との調整を行う「都市空間デザイン会議（本会議）」である．本会議は，都市計画の専門家を座長として，ほか数名の地元学識経験者で構成されている．二つ目は，その他の公共空間や本会議で対象とならない大規模な建築物等との調整を行う「都市空間デザインワーキンググループ（WG）」である．WGは，行政と地元の若手学識経験者で構成され，関係コンサルタントとの調整を行う実働部隊である．三つ目は，戸建住宅や生活道路など上記に該当しない施設との調整に活用する「都市空間デザインガイド」である．デザインガイドに関しては，事業者や住民と都市空間デザインの考え方を共有するツールとして2007（平成19）年6月に本編を策定し，より実効力のある都市空間デザインのツールとしてデザインの具体例を示した手引き編をこれから策定していく．

　都市の多様さは，魅力の源泉であると同時に，バラバラで調和のないものとなれば不快さの元凶ともなる．どうすれば魅力となる多様性を実現できるか，という問いに対する一つの試行錯誤がこの仕組みである．

　先に紹介したその他の仕組みに比べると，確かに複雑ではある．たとえば，マニュアルによる調整が楽譜だけによる演奏，マスターアーキテクトが指揮者によるオーケストラだとすれば，熊本駅の仕組みは奏者が互いを意識しながら音を紡ぐジャズのようなものかもしれない．この仕組みの一番の特徴は，本会議やWGの調整組織がツリー状ではなくジャズの演奏のようにフラットなことにある．フラットであるがゆえに調整が難航する場面も出てくるが，何より自由な意見を出し合えることは利点である．また，それを仕組みとして一番に実現しているのが，図の中心にあるWGである．このように，都市の多様性を実現していくためには，デザインのための仕組みそのものをデザインしていかなければならないのである．

「景」という都市空間の捉え方

　「デザインガイド」において示された都市デザインのテーマは，「駅として使いやすく，公園として居心地良く，街として暮らしやすい，熊本に育まれた文化に根ざした都市空間」というものである．つまり，駅周辺全体が，駅として，公園として，そして街として，一体的に快適な空間を作ろうというもので，そのイメージは図3のようになる．それを実現するためには，どのような考え方を展開すればよいのか．それを端的に表現したものが「景」という都市空間の捉え方である．

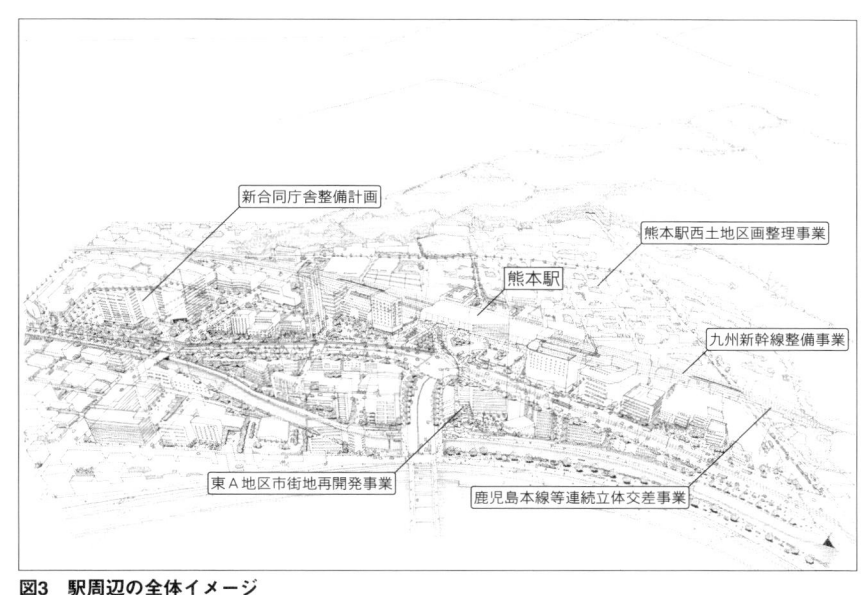

図3　駅周辺の全体イメージ
すべてが駅であって，公園であって，そして街であるような，そのようなまとまりを実現したい

　通常，ある地域の全体像（マスタープラン）を設定する場合，骨格を「軸」や「ランドマーク」などで表す場合が多い．熊本駅でも，「基本計画」の段階では，駅前の通りを含んで駅を貫通する中心的な空間を「アメニティ軸」と表現していた．そのような「軸」とは，まさに地域を構成する骨であって，その他の部分とは，はっきりと分かれた明快な形象をもつことが要求される．そのように都市を捉えた場合，ヒエラルキーが明確な，まさにツリー状の都市がつくられてしまう．それでは，せっかくの仕組みも有効には機能しない．そこで，WGにおいて議論され，本会議で承認された考え方が「景」というものである．

　熊本駅周辺の都市デザインにおいて「景」とは，人の目線から捉える空間のまとまりであり，建物や道路，水や緑などすべての空間要素により構成されるものとしている．第1部で詳しく述べられているように，景観に境はなく，見えているものは遠くでも見え，見えないものは近くでも見えないもので，その時々において，見ている人と見えているものの間でさまざまな関係をつくるものである．つまり，「景」においては，公共的な街路も民間の建物も，人の目線から捉えた一つのまとまりであるという意味では，まったく区別はないのである．このような捉え方は，先に紹介したアレグザンダーの都市論と呼応すると同時に，設計者に対しても，街路や広場といった公共空間の設計のみに完結しない，高度な調整を要求する．いわば，計画者や設計者の立場ではなく，利用者の立場で都

市をデザインしていこうという，デザイン会議の宣言なのだと考えてもよい．

熊本駅三景

　熊本駅周辺では，主要な景として三つを位置づけている．駅を貫通し，駅前広場や東A地区再開発，坪井川を結ぶ「出会の景」，線路に並行して走る電車通りが「木立の景」，そして坪井川沿いが「水辺の景」である．これらは，それらが示す場所が重要であるのと同時に，全体の都市デザインのなかで大切にしたい要素を表してもいる．すなわち，「ひと」「緑」「水」である．また，このような考え方は，計画者の自己満足で終わっては意味がなく，利用者や民間の開発者に共有されなければならない．そのため，わかりやすくイメージしやすい言葉を使うことも重要で，その点にも十分な配慮を行っている．

　一方，これら三景は，具体のデザイン調整においても特徴がある．「出会の景」は，駅舎デザインや東A地区再開発といった公共性が強く大規模な建築物が調整対象である．「木立の景」は，新合同庁舎整備計画のような大規模な建築物もあるが，基本的には中小規模の民間建築が調整対象である．「水辺の景」は東A地区再開発が一部あるが，基本的には民地や住宅との調整が中心である．つまり，これら三景の調整を実現していけば，駅周辺全体においてデザイン調整のパターンを構築することができ，いわゆるパイロットプロジェクトとしても位置づけられうるものなのである．

　さてここでは，「景」という考え方に基づくデザイン調整の例を一つ紹介しよう．東A地区再開発と坪井川親水広場とのデザイン調整である．この再開発は，民間からのプロポーザルによってデザインだけではなく事業内容そのものも決定されたが，敷地中央のコミュニティウォークと呼ばれる通り抜けが駅と川を結び，それを三つの建物が取り囲むものと提案されている．また，一方の親水広場には，大正時代に建設された旧石塘堰の遺構を保存する予定である．このコミュニティウォークと親水広場が，単につながっているという以上の密接な関係を構築できるかどうかが，この提案が実際に良い空間となるかどうかの鍵である．そこでWGでは，コミュニティウォークから親水広場に至るシークエンスをスケッチで起こし，空間のメリハリが印象的に展開されるかどうかなどの検討を行い，再開発事業者と調整した（図4）．この検討は，「景」という考え方が空間に境がないということと同時に，時間的にも境のない連続的なものを志向していることをよく表したものといえるだろう．

デザインの実践例（木立の景）

　最後に，公共空間におけるデザイン展開を一つ紹介しよう．鉄道と平行に走

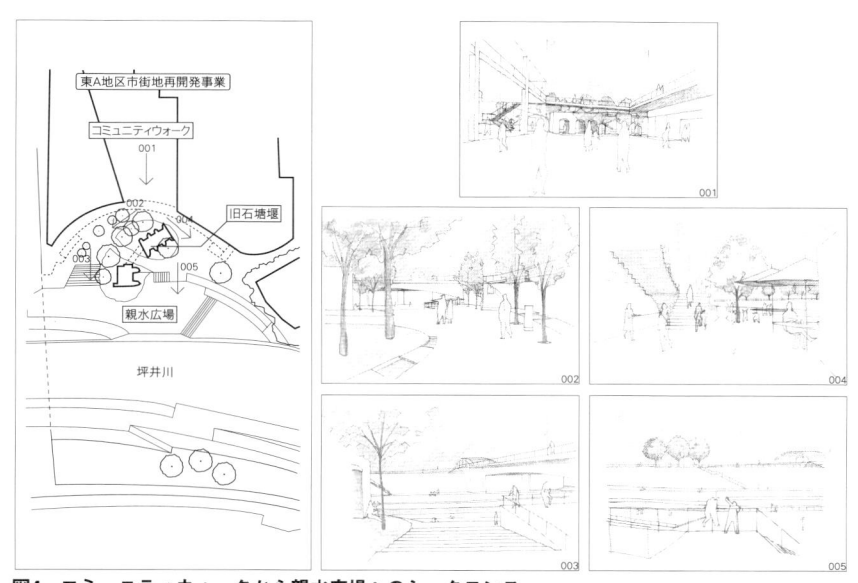

図4　コミュニティウォークから親水広場へのシークエンス
「景」とは，シーン景観だけではなくシークエンス景観をも含んだ概念である

る電車通りの「木立の景」である．この街路の特徴は，緩やかな曲線を持った線形であり，また，市電が道路中央ではなく片側の歩道沿いを走るサイドリザベーションである(図5)．このような街路に対して「デザインガイド」では，「地域とつくる木立のなかを市電が走る空間」というテーマが与えられた．具体的な課題は，木立の連続と沿道との協調連携をどのように演出するかということである．

　さて一般に，駅前通りのような表通りでは，ケヤキなどの大木の並木道をつくる．しかし，並木道をつくれば格が高く特徴のある街路ができると考えるのは安直である．東京の表参道などを思い浮かべてもらえばよい．確かにケヤキ並木がすばらしい街路であるが，表参道は平面的にも直線で，かつ街路の縦断勾配は中央がくぼんだ凹型をしており，並木道が映える道路構造をしているのである．道路構造という点では，この「木立の景」は並木道が映えるものではなく，また，サイドリザベーションという特徴も活かすことができない．そこで，まったく異なる発想，つまりまず木立があり，その中を道が通り，建物ができるというイメージから街路のデザインを行った．すなわち，歩道幅員の4mを確保しつつ，異なる樹種をランダムに配置したのである．同一断面が連続する金太郎飴のような街路ではない，まったく新しい街路景観を創出することを期待している．

　具体的には，クスノキ，ケヤキ，イチョウという大木を主景木として20～30mの間隔で，街路全体に三角形を形成するように配置し，その間を埋めるように

図5 「木立の景」のイメージ
市電のサイドリザベーションは，全国的にも珍しい．沿道建物と市電，あるいは歩行者が一体となった街路景観をつくりたい

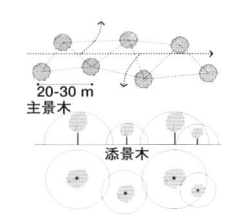

図6 配植の考え方
三角形をつくりながら配植する手法は，日本庭園的なものである

ハナミズキやサルスベリ，モクセイなどの花や香りが楽しい樹種を添景木として配置していく（図6）．これは，庭園的な手法を参考にしたもので，配植によって空間に広がりと奥行きを与える手法である．すなわち，主景木が景としてのまとまりを，添景木が景に彩りを与えるのである．主景木間を通常の街路樹の倍以上の間隔としたのは，それぞれの主景木が自然に成長でき，美しい樹形を見せるために必要であったからである．つまり，並木道では一つの樹の美しさではなく，群としての美しさを見せるのに対し，この「木立の景」では，樹々それぞれが個性を持った美しさを見せるのである．

　この三角形は街路内で完結せずに，沿道の民地と連携して面的な広がりを見せるだろう．つまり，街路内の二つの樹と民地の一つの樹が組み合わさって新しい三角形ができ，さらにその樹を基点に三角形が増え，という形で展開していくことを期待している．規制でも拘束でもない，まさにジャムセッションのような連携である（写真1）．

　また歩行者は，美しい木立がつくる奥行きのある街路空間のなかを，市電と共に歩んでいくことができる．このとき，主景木がつくる30m前後のまとまりは，ヒューマンスケールにのっとった規模となり，房状に連なった居心地のよい空間を連続的に歩んでいったり，たまには休んだり，沿道の店に立ち寄ったり，変化に富んだ歩行体験となるだろう．

写真1　「木立の景」の模型写真
面的に展開した「木立」．いずれ街路をはみ出し，街中に「木立」が展開していくことを期待している

おわりに

　このプロジェクトは進行中のものであり，本稿を書いている現在は，2011（平成23）年の新幹線開業に向けて，設計の大詰めを迎えている．しかし，このような大規模プロジェクトでは，さまざまな要件が日々変わり，完成までは常に流動的な状況にあるだろう．また，わかりやすいサインシステムはどうすればよいのか，自転車と歩行者のすみわけはどうすべきかなど，まだまだ残された課題も多い．一つの街をつくるにあたって，すべての要素を規制することも拘束することも不可能だ．では私たちに何ができるのか．それは，いつでも新しい人々が参加でき，新しい楽器や演奏が組み合わさっていけるような，一つのトーンをつくっていくことではないかと思う．いま，地域に暮らす人や障碍をもった人など，さまざまな人々との対話を始めているが，このような対話もまた，積み重ねることでこの地域にしかないトーンをつくっていくことにつながっていくのである．

参考文献

1) Christopher Alexander："A City is not a Tree, Architectural Forum", Vol. 122, No.1, April 1965, pp. 58-62（Part Ⅰ），Vol. 122, No.2, May 1965, pp. 58-62（Part Ⅱ）．
2) 増山晃太，星野裕司，小林一郎：「熊本駅周辺整備における都市デザイン調整システムの形成に関する研究」，景観・デザイン研究講演集，No.3, 2007．

2.2.7 児童参加の広場づくり

柴田 久（福岡大学）

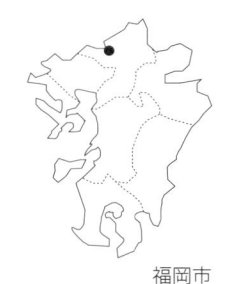

福岡市

対象広場の概要

　福岡県にある福岡教育大学附属福岡小学校では2006年に創立130周年を迎え，その記念事業の一環として校舎玄関前に位置する広さ約500平方メートルの広場づくりが提案された．130年もの歴史と伝統をもった同校の対象広場には，古くからの桜の木が立ち並ぶものの，雨水等によって地表面が浸食し，桜の根の部分が露呈した状態であった（写真1）．また雑草も多く生い茂り，硬くデコボコした地盤の悪さから，いつしか児童たちの快適な遊び場とは縁遠い空虚な場所となっていた．すぐ隣のエリアには児童たちが元気に遊ぶグラウンドが広がっているものの，前述の桜木と並び，グラウンドとの間に高木が連続して植えられており，広場から児童たちが遊ぶ姿がほとんど見えない（写真2）．実はもっと以前には同様の高木が広場内に林立し，近接する歩車共用道路への児童の飛び出しが安全上の問題として指摘されており，広場の設計にはそうした事故防止の観点も必要とされていた．そうしたなか，同校の教諭から筆者に相談があり，教育の一環として総合学習の時間を利用したワークショップ（以降：WS）を重ねながら，児童たちとの協働による広場のオープンスペース設計を進めていった．

実体験を重視したプロセスとプログラム

　行ったWSの内容および得られた児童の意見の特徴についてまとめたものを表1に示す．WSは同小学校5年2組（39人）を対象に実施し，5人ごとのグループ作業を中心に全体のファシリテーターを筆者らが務めた．

写真1　悪化した広場内地表面（奥には駐車場）　　**写真2　改修前の広場の様子**

まず，WSの初期プロセスとして，第1回目「先輩から学校の歴史を教えてもらおう」，第2回目「広場のデザインに必要なことを知ろう」をプログラムとして設定している．第1回目では小学校を卒業したOBや同校に永年勤めた教諭を招き，時には教室を出て校内を歩きながら各空間の履歴，行われていた活動などを直接聞き取り，整理していった．第2回目においては，他所で行われた広場づくりの先進例を見せながら，広場の設計に必要な項目や魅力ある空間とはどのよう

表1 WS実施内容と得られた児童意見（一部）

日程	目標		プログラム内容	児童の意見
5/17 第1回	【先輩から学校の歴史を教えてもらおう】昔と現在では，校庭と遊びがどのように変わったか調べる	現状把握と目標設定	各班（6～7人）の，6グループに分かれて学校内を回りながら先輩たちに質問する	・ブランコがなくなってしまった ・昔は遊べる遊具が校内にたくさんあった ・昔は体育館前でも昼食を食べていた ・対象広場は芝生だった
5/19 第2回	【広場のデザインに必要なことを知ろう】みんながよいと思う広場をつくっていくためには，どのような仕事を，どのように進めていかなければならないかを知る		風景や空間設計の専門家が手がけた模型，写真などを使った講演と質問コーナー	・広場だけの狭い空間だけを見るのではなく，学校全体から広場を見ないといけないことがわかった ・ベンチを置くと良い広場になるというのは意外だと気がついた ・広場は自分たちのものだけではなく，これから長い間在校生が使っていくものだと気がついた
5/25 第3回	【学校全体の活動を調べよう】みんなで学校全体の場所の使われ方を調べ，その結果から広場がどのような場所になればいいかを知る		学校全体の敷地図を囲んでグループで話し合い，グループごとに結果を発表する	・ウサギについて（ふん，お墓，柵） ・地面について（整地，花，芝，クローバー） ・休める場所が欲しい（ベンチ，石，段差，日陰） ・130周年記念の文字を刻む ・虫のいない場所にしたい ・広場より運動場を見たい ・その他（池，飛び石，展望台，イチョウ）
6/1 第4回	【広場の大きさを理解しよう】対象広場の大きさを実際に体験し，広場でできること，広場にはそぐわないこと，交通事故など，広場設計で重要となるポイントを確認する		「手をつなぐ」，「試し遊び」，「座る」等からの広場スケール体験／前回で出された要素の原寸シミュレーション体験／実際に大きさを測った後に検討する ＜チェック項目＞広場の木々について／体育館ステージと飛び石／広場と植木鉢の大きさ／運動場側樹木と遊びの幅／教室の広さと児童の身長／広場から何が見えるか／教室の机やイスの大きさ／駐車場と周辺の使われ方	・広場の幅が思ったより広かった ・グラウンドで遊ぶとき，意外と広い所で遊んでいた ・木の下にベンチをおいても虫が多い ・池，ベンチ，柵等を置くと狭く感じる ・運動場側樹木はボールや砂ぼこりを防いでくれる（形はきれいにする） ・広場からグラウンドが見えにくい（運動場側樹木が邪魔） ・さまざまな場所より広場が見える（広場は学校の中心である） ・ベンチを置くなら大勢が座れるものにする ・広場内の地面がデコボコだった
6/9 第5回	【広場のデザインを考えよう】いままでの結果を踏まえたうえで，もう一度広場に求められるものについて考える	設計案の検討	各班が自分たちの考えたポイントを発表し，それについてみんなで検討する	・全面芝生かクローバーを残すか… ・附小のシンボルとなるものが欲しい ・座れる場所をつくりたい（木，石） ・極力現在のかたちを残したい ・秋に色づく木々を植える
7/7 第6回	【最終設計案を確認しよう】まとめられた広場の設計案について，もっと考えたいところ，わからないところを話し合って最終決定する		対象広場の模型を囲み各班の「気に入った点」および「気になる点」を話し合い，模型上に示していく（旗立て検討ゲーム）	＜気に入った点＞・丘からの眺めが良い・広場から広場が見やすい・クラス全員が座れる石段・車両事故をなくすための傾斜・座れるし，見た目が良い芝生　　＜気になる点＞・学校案内板の場所は車から見やすい位置にしたい・シンボルツリーの種類が気になる・石段の費用が気になる・広場内の電灯が邪魔
9/7 第7回	【自分たちにできる工事の内容を確認しよう】・広場完成までの作業工程を学び，実際の工事の大変さを知る・自分たちで行う作業を見つけ出し，その工事費がいくらになるかを考える	工事体験	実際の作業現場で「地盤整形」，「石積み」，「芝生張り」を体験し，自分たちのやる作業を確認する	・地面を平らにするのは難しい（広い，バランス，人手不足，力が必要） ・植樹のために地面を深く掘るのは大変だとわかった ・石積みは重いので，足の上に落としたら危ないとわかった ・芝生はずれがなくきれいに張れた（軽くて安全） ・芝生張りは時間はかからないが，多くの人数が必要だと気がついた
10/30 10/31 第8回	【実際の工事に参加しよう】広場での工事に参加し，広場のつくられ方を知る		小学校の休み時間を利用して，全校児童で芝生張りを行う	・自分が置いた芝生の位置をきちんと覚えた ・一人でたくさんの芝生を張ることができたのでよかった ・想像以上にきれいに仕上げることができた
11/14 第9回	【広場完成をみんなで祝おう】本計画に携わってくれた方々を招待し，お礼の言葉と広場のコンセプトを説明する	事後評価	小学校職員，卒業生，各専門家が参加し，広場制作を振り返るとともに，銘板の除幕式を行う	・広場制作を振り返ることで，きちんとデザインのポイントを確認できた ・つくるだけではなく，今後大切に守っていくことが大事だとわかった ・もう一度たくさんの人たちが関わっていたことに気がついた
12/1 第10回	【広場を大切に守っていこう】広場改善プロセスを振り返ると同時に，掃除の仕方やその方法について考える		・広場に対するこれまでの取り組みを振り返り，感想文を作成する ・芝生等の維持管理方法について学び，今後どのように広場を守っていくか検討する	・みんなで楽しめる広場が完成してよかった ・広場を制作することで，責任感や協力することの大切さを知った ・これからもみんなの思い出に残る広場であってほしい ・広場の制作では普段一緒に行動しない人とたくさん触れ合えてよかった ・つくってよかったと思えるように，きちんと守っていきたい ・広場を5年生だけでなくみんなにとって人気の場所にしたい ・はじめは無理だと思ったが，本当に広場ができたことに驚いた

写真3　広場の大きさを体感（第4回WS）　　写真4　グループごとにデザイン案を検討（第5回WS）

な場所なのかについて専門家との意識共有を図っている．第3回目「学校全体の活動を調べよう」のWSでは，広場内の議論だけでなく，学校全体の空間的な利用状況を把握したうえで，対象広場に求められる役割を確認している．大人と比べ，局所的な思考に偏りがちな子供の参加においては，より広域的な視野からの検討作業は重要なプロセスとなる．校内全体から見た広場の空間的役割を児童に捉えてもらうとともに，デザイナーが校内で展開される児童の遊び行動の特徴を把握するのに役立つプログラムであった．

　次に第4回目「広場の大きさを理解しよう」では，広場の敷地面積や広場内および周辺の木々の高さ，間隔，木陰のできる範囲など，実際にメジャーを携えながらスケール体験によって広場での活動内容を確認していった．ここでは広場だけでなく普段教室で座っている椅子の高さやグラウンドでの遊び範囲や眺望範囲なども測り，普段行っている活動が広場の大きさとどのような関係にあるのか，その規模を相対化し検討している（写真3）．こうした各WSの成果は毎回教室に掲示され，第5回目のWSではこれまでの成果を踏まえ，グループに分かれ広場の設計図（平面図）を描きながら議論するプログラム「広場のデザインを考えよう」を実施している（写真4）．これを経て第6回目「最終設計案を確認しよう」のWSにおいて，これまで議論してきた成果を踏まえ，筆者らが最終設計案を提案し，作成した模型を用いて生徒との合意形成を試みている（写真5）．その後，第7回目「自分たちにできる工事の内容を確認しよう」のWSにおいて，広場完成までの作業工程を学びつつ，広場に設置する石の重さや一部の芝生張りを体験し，自分たちがかかわった広場設計案を巡る工事の大変さを知るプログラムを実施している．最後に一連のプロセス最終段階として，第8回目のWS「実際の工

写真5　旗立て検討ゲームによる合意形成（第6回WS）　　写真6　芝張りの様子（第8回WS）

事に参加しよう」において，広場の芝張り工事全体を施工会社ならびに造園業者の実務技術者の協力を得ながら，全校児童を巻き込み行っている（写真6）．完成した広場の様子を写真7に示すが，この広場完成後，今後の維持管理について話し合う第10回目の話し合いが設けられ，児童の継続的な広場との関わりを促すプログラムで幕を閉じた．

　以上，WSの全体像として，広場の現状把握，目標設定，設計案の検討，工事体験，事後評価までの流れが読み取れよう．ここでは児童への教育的観点ならびに対象地への愛着促進を意図し，広場の設計案から施工までの流れをできる限り机上だけでなく，児童の実体験により進めた特徴を有す．

完成した広場デザインの特徴

　ここでは完成した広場デザインの具体的な設計コンセプトおよび特徴について報告する（図1）．まず児童の遊び行動の自由度を考慮し，あえて立ち上がるモノ（施設）は設置せず，児童のさまざまな活動に対応できる全面芝生のオープンスペースを確保した．さらに駐車場に向いた広場の正面性を南側のグラウンドに向けるため，広場内東部にグランドの高さより1.2m高くした「見晴らしの丘」を設置し，眺望確保によるグラウンドへの視線の転換を図った（図2，写真8）．同時にグラウンド側の植樹帯を剪定し，広場とグラウンドとの視覚的つながりを促した．これらは景観設計のコンセプトとして，児童が元気に遊ぶ「活動景」を広場からの眺望の面白さ（景観的価値）として付与することを目指したものである（写真9）．

　さらにWSの意見として得られた「大勢が座ることのできる場所」に対応し，丘

写真7 改修後の広場全景

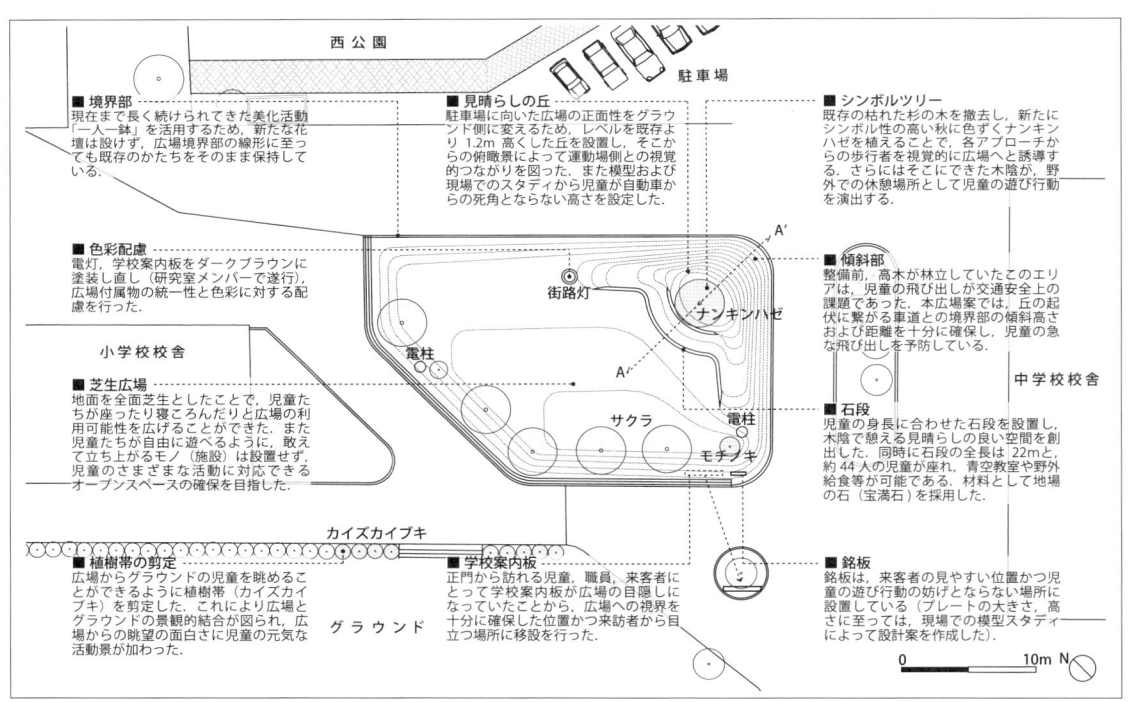

図1 広場の具体的デザイン案（平面図）

■ 境界部
現在まで長く続けられてきた美化活動「一人一鉢」を活用するため、新たな花壇は設けず、広場境界部の線形に至っても既存のかたちをそのまま保持している。

■ 見晴らしの丘
駐車場に向いた広場の正面性をグラウンド側に変えるため、レベルを既存より1.2m高くした丘を設置し、そこからの俯瞰景によって運動場側との視覚的つながりを図った。また模型および現場でのスタディから児童が自動車からの死角とならない高さを設定した。

■ シンボルツリー
既存の枯れた杉の木を撤去し、新たにシンボル性の高い秋に色づくナンキンハゼを植えることで、各アプローチからの歩行者を視覚的に広場へと誘導する。さらにはそこにできた木陰が、野外での休憩場所として児童の遊び行動を演出する。

■ 色彩配慮
電灯、学校案内板をダークブラウンに塗装し直し（研究室メンバーで遂行）、広場付属物の統一性と色彩に対する配慮を行った。

■ 傾斜部
整備前、高木が林立していたこのエリアは、児童の飛び出しが交通安全上の課題であった。本広場案では、丘の起伏に繋がる車道との境界部の傾斜高さおよび距離を十分に確保し、児童の急な飛び出しを予防している。

■ 芝生広場
地面を全面芝生としたことで、児童たちが座ったり寝ころんだりと広場の利用可能性を広げることができた。また児童たちが自由に遊べるように、敢えて立ち上がるモノ（施設）は設置せず、児童のさまざまな活動に対応できるオープンスペースの確保を目指した。

■ 石段
児童の身長に合わせた石段を設置し、木陰で憩える見晴らしの良い空間を創出した。同時に石段の全長は22mと、約44人の児童が座れ、青空教室や野外給食等が可能である。材料として地場の石（宝満石）を採用した。

■ 植樹帯の剪定
広場からグラウンドの児童を眺めることができるように植樹帯（カイズカイブキ）を剪定した。これにより広場とグラウンドの景観的結合が図られ、広場からの眺望の面白さに児童の元気な活動景が加わった。

■ 学校案内板
正門から訪れる児童、職員、来客者にとって学校案内板が広場の目隠しになっていたことから、広場への視界を十分に確保した位置かつ来訪者から目立つ場所に移設を行った。

■ 銘板
銘板は、来訪者の見やすい位置かつ児童の遊び行動の妨げとならない場所に設置している（プレートの大きさ、高さに至っては、現場での模型スタディによって設計案を作成した）。

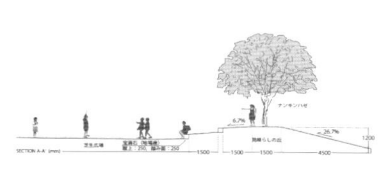

図2 見晴らしの丘から芝生広場までの主要断面図　　**写真8** 見晴らしの丘　　**写真9** 視覚的に繋がった広場とグラウンド

には児童の身長に合わせた石段（地場石材の宝満石を使用）を組み込んでいる．石段の全長は22mと約44人の児童が一度に着座でき，屋外での授業等も可能である．加えて露出したサクラの根の部分を埋め直すために，グラウンド側境界部のレベルを既存より25cm程度高くし，そこから駐車場境界部へと排水されるよう地盤調整を行った（写真10）．なお丘の設置に関しては起伏の高さおよび道路との距離を十分に確保することで，児童の急な飛び出しを予防している．特に，道路につながる丘の傾斜角度は道路との境界部より4.5m入った位置を基準に，児童が車両からの死角とならないよう現場でのスタディを繰り返し行って決定した．

参加のデザインプロセスの効用について
広場に対する児童の意識変容

　本事例を踏まえ，「参加のデザインプロセス」の効用について考えてみたい．まず各WSで得られた児童意見の結果から，本事例で目指された実際に体験するというWSのプログラムによって，広場に対する意識（参加のデザインでいうところの空間への意味づけ）が強められる効果が期待できよう．当初，対象とする広場のみを評価していた児童は「広場が嫌い」という漠然とした意見を持っていた．しかし，WSにおいて学校全体から広場を見て議論したことで，なぜ嫌いかの理由をより広範な視点から探りはじめ，隣接する駐車場など広場周辺の空間的条件について考えが及ぶようになった．さらに，児童が作成した初期の設計案には，保全すべき樹木等についてあまりふれられていなかったのに対し，WS後の設計案では現存する桜の木をいかに活かすかを検討した提案を導き出している．広場に残っている魅力の要素を最大限活かそうとする空間デザインへの意識の醸成が参加によって促されたと解すことができよう．

議論を可視化する合意形成技法の有効性

　最終設計案を模型と図面にて説明した際，児童はベンチを置くか否か，またその素材は何にするか，芝を張るかどうかなどの点で意見の食い違いを生じさせていた．しかし，児童の意見や各WSで出された成果が目前の模型に造形化されたことで，設計案に対する意識の変化が現れ始めた．すなわち，もめていた設計案のポイントを提示された模型のデザイン案と相対化させ，児童自ら衝突していた意見の集約と合意を達成しようとする雰囲気に転じたのである．特にWSでは意見の違いを旗によって表現し，それら一つひとつに対して合意すれば除くという工夫をあえて作業として行った．模型や旗などによるコミュニケーション技術の活用が，それまで児童が主張し合っていた意見の食い違いを可視化させ，曖昧な議論を客観的かつ冷静な検討へと導いたものといえる．

実体験を重視した対話プロセスの成果物と造形化のタイミング

　しかし，留意すべきは単にそうした合意形成技法を活用すればよいということではなく，その際にそれまで話し合ってきたプロセスを常に振り返ることのできる場づくり（本広場改修計画では成果物を常に会場に掲示）と設計案の魅力を造形化して意識共有するタイミングと言える．つまり，上記合意形成に向かった一連の流れは，一回のWSにおいて提示されたデザイン案の魅力が児童に即座に受け入れられた結果であるという単純な話ではない．設計案をつくるまでの十分な対話の成果がデザイン案の理解と合意形成を促す伏線となったことは言うまでもない．特に，本広場設計プロセスでは，机上で手を動かし，現場でスケールを測り，工事の大変さを身をもって体験するなど，児童が自ら経験したデザイン・アプローチがプロセス中に重視されたことで，広場や最終設計案に対する評価を客観的に行えたものといえる．

信頼形成がもたらすデザイン条件の向上

　当初，学校側は整地と簡単な遊具やベンチなどを置く程度の計画を想定しており，予算を含め，筆者らの考え方とかなりの開きがあった．WSでは設計案の重要性とともに材料費や施工資金の検討，ならびに児童や大学生を含め，設計者自ら現場での施工工事に加わるなど，人件費の節約を目指す努力がはらわれている．こうした作業は予算の決定権を持つ学校側との信頼形成に一役買ったと言っていいだろう．最終的には難しいとされていた予算の増額や広場以外の範囲に及ぶ空間デザイン（植樹帯の大掛かりな剪定や広場の見通しを阻害していた案内板の移設）においても，徐々に関係者の理解を得ていった．すなわち，児童から教諭を含め，現場での実体験を重視した参加の経験や関係者間の信頼形

成が広場デザインへの意欲を促したものといえる．

　広場供用後，しばらく経ったある日，小学校を訪れてみた．昼休みになった途端，玄関からすごい勢いで飛び出してきた児童たちが，広場を楽しげに走り回る光景は今も忘れられない．広場とは，やはり人に使われてこそ美しいものであると痛感させられた．改めて広場づくりに関わった福岡小学校の教諭や児童たちの熱意に拍手を送りたい．また今回関わった児童たちが広場や母校を愛す気持ちを，卒業後も持ち続けてくれることを切に願っている．

　本広場は，2008年度キッズデザイン賞（建築・空間デザイン部門）を受賞している．

写真10　サクラ満開時の広場

2.2.8 遠賀川リバーサイドパーク

樋口明彦（九州大学）

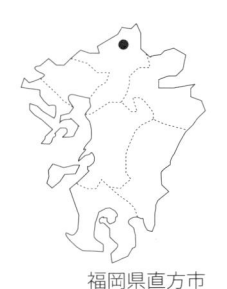

福岡県直方市

事業の概要

わが国の川は，河川法という国の法律に基づいて管理されている．戦後同法の下で「雨水をできるだけすみやかに海に流し出す」，「何十年に一回の大雨が降っても氾濫しないように整備する」などの理念が徹底され，その結果としていわゆるコンクリート三面張りの水路が川に取って代わる状況が全国の川で発生していたが，1997（平成9）年，この河川法が大きく改正され，治水と利水が中心であった川の管理に環境保全と住民参加という新たな視点が法的に位置付けられることになった．以後「川づくり」と総称される取組みが全国各地で増えつつある．戦後営々と続けられてきた徹底的な治水優先の河川改造により人工的な水路となってしまった川を，新しい河川改修技術の導入等により，本来の自然な相に近いもの，市民に親しんでもらえるものに戻していこうという取組みだ．ここで取り上げる遠賀川の事例は，こうした新しい流れの中で，川づくりをまちづくりの枠組みの中で考えることによって，川というすばらしいパブリックスペースを地域の中に取り込み，活かしていこうという取組みである．

遠賀川は福岡県東部を流れる一級河川である．この川が直方市を流れ下る部分のうち市役所前付近は，直方市の中心部に位置し，左岸河川敷直近に中心市

写真1　改修前の河川敷とその周辺の状況

街地が展開している（写真1）．この左岸側（市街地側）は，都市河川でよく見られる低水路と平らな高水敷を組み合わせた複断面開水路で，駐車場やほとんど使われることのない水上ステージで占領されたあじけない水辺であった（図1）．2004（平成16）年，国土交通省遠賀川河川事務所の呼びかけで川を愛する多数の市民に九州大学建設設計工学研究室が加わって「遠賀川を利活用して直方を元気にする協議会」が発足した．ここで行われた10回以上の会合を経て，水辺に近づくことができない低水路コンクリートブロック護岸を撤去し，高水敷全体を緩傾斜の草地のスロープに創りなおすことにより，市民が安全かつ自由に利用できる川辺，水を身近に感じられる川辺を創出する河川改修事業が平成17年度から実施されることになり，現在も継続中である．

デザインのポイント

筆者の研究室が中心となって行った本事業の設計作業では，ランドスケープデザイン・低水路護岸のデザイン・管理用道路（プロムナード）のデザインなど多数の項目について詳細な検討を行っているが，ここではこれらデザインについてすべてを解説する紙幅がないため，主なポイントだけを挙げることにする．

①緩傾斜スロープの高水敷

この事業の最大の特徴は，市民の強い要望に応えてコンクリートブロック積みの低水護岸を撤去し，高水護岸中段からなだらかに水面までつなげる緩傾斜

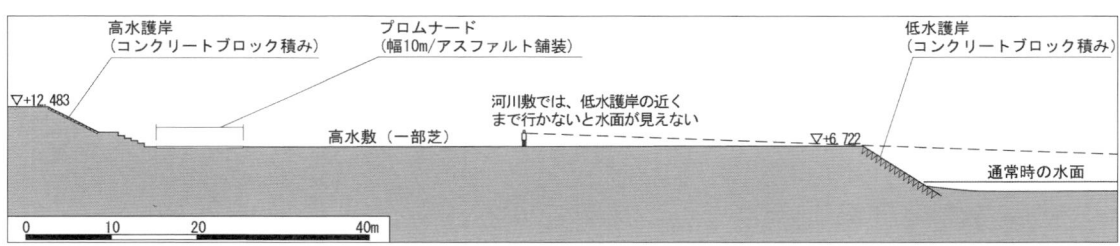

図1　改修前の断面イメージ

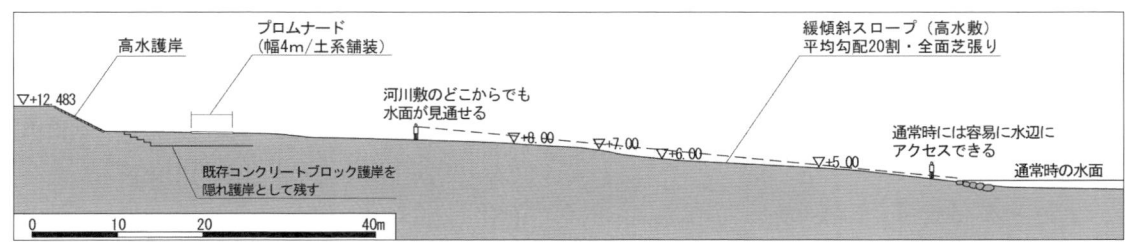

図2　改修後の断面イメージ

のスロープを基本の断面として採用したことである．この目的は，景観的には河川敷のどこからでも水面が見通せる親水性の高い空間を創出すること，川本来の自然な表情に近づけることの二点であり，さらに治水的には高水敷を斜めに掘削することで河積（かせき）（川の流下断面積）を増大させ，治水安全度を高めることである．これは，遠賀川が事業実施地点で緩く左にカーブしており，左岸側は流れの内側となるため外側（右岸側）に比べて川の流れが遅いことから，川を怒らせない（増水時の川の流れに逆らわない）範囲であれば土の斜面に芝を貼っただけの構造でも必要な耐久性は確保できるだろうとの河川工学的な判断に基づいている．

　全体としては，延長約600m，幅約150mの区間で，河川横断方向に図2に示したような傾斜地形を造成し，河川敷のどこにいても川面が見通せるようにするとともに，子供がサッカーをして遊べる3%未満の勾配から草スキーのできる25%程度の勾配までさまざまな空間を埋め込んでみた．一方，河川縦断方向については，数箇所の丘を設けてうねるような地形を造成し，視覚的な空間の分節化を仕込んでみた（写真2の等高線を参照のこと）．これにより，平坦な場合に比べて奥行き感のある空間演出ができたと考えている．なお，貼り芝は表土を洗掘から防ぐための暫定的なものであり，時間の流れの中で徐々に地元の植生に遷移することを想定している．

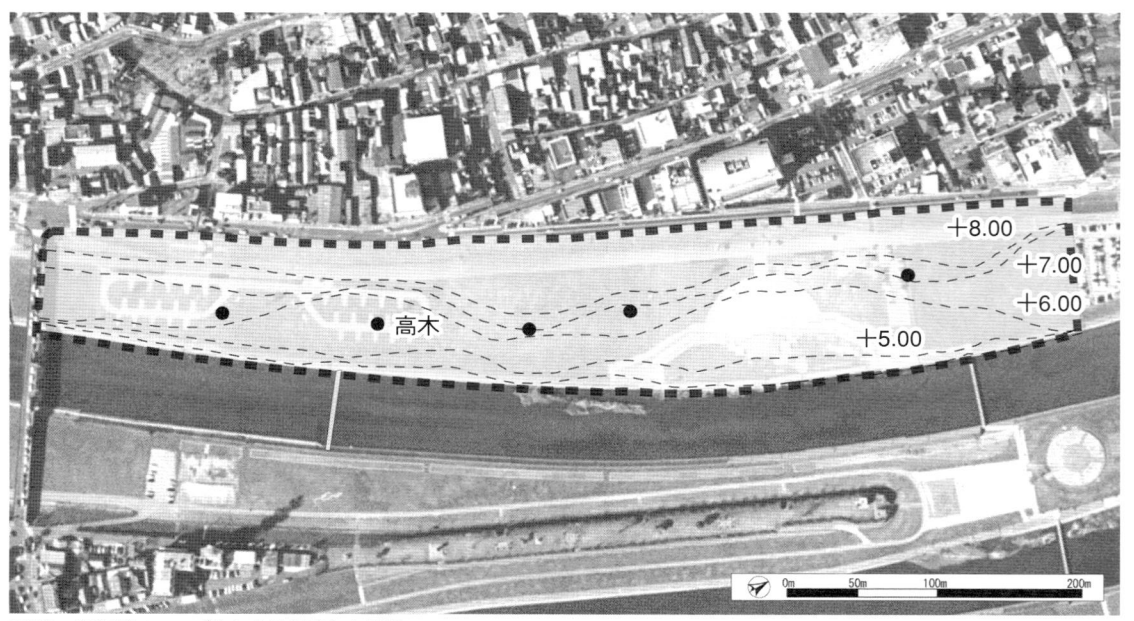

写真2　緩傾斜スロープ化により創出した地形

②高木の植栽

市民からは河川敷内にできるだけたくさんの高木を植えるよう提案が出されていた．しかし，河川敷は出水時の流路であり水の流れを阻害する高木の設置には強い制限がかけられているため，今回の事業では以前からオートキャンプ場と市役所前に植えられていたケヤキ他高木4本を移植するのみにとどめざるを得なかった．そこで，これら既存樹木の枝ぶりや大きさをよく吟味したうえで，地形と最も馴染みの良い場所に配置する計画を作成し，移植を実施することにした．写真2中の黒点はこれら樹木の配置を示している．丘の端部にあたり散策する市民の目標物になる場所や，空間の奥行きを際立たせる場所に置かれているのを読み取っていただきたい．あるケヤキでは長い枝がブランコをぶらさげるのにちょうど良い高さに伸びていたので，誰かが古タイヤなどをロープでぶら下げて遊びはじめるのを期待して枝が川の流れの方に向くように配置してみた．

③廃材の再利用

どんなによい景観をつくることができても，そのために大量のゴミや廃棄物を出すのはよろしくない．最後に，現場発生材の再利用について触れておこう．市役所前には巨大な水上ステージ（中央川側に人工水路に囲まれたステージが設けられ，その周囲に階段状に石とレンガで仕上げられたコンクリート構造物が客席空間として設置されていた）が存在していた．「水上ステージはほとんど使われていない．管理ばかり大変で散歩するにも邪魔」との意見が多く，今回の事業で撤去することになったが，その際発生した大量の石材やレンガは，廃材として処分するのではなく，事業のなかで再利用している．レンガについては規模を縮小して作り直したオートキャンプ場の駐車スペースに格子状に配置し，その空隙に土を詰めることで緑化を行い，遠目には芝貼りの広場と一体化するようにした．また，石材については右岸側の別の事業で再利用している．土砂についても，今回の事業では低水路に近い部分を削ったことで生じた土砂を堤防側に盛土してスロープを造成しており，外部からの土砂の搬入はほとんどない．場外搬出処分しなければならなかったのは，撤去した低水路護岸のコンクリートと高水敷に敷かれていた舗装アスファルトのみであり，これらも再生施設に送られ再利用されている．

おわりに

写真3と写真4を比較してみると，改修前後で高水敷の空間がまったく異質のものになっていることがわかると思う．以前の高水敷は，「ここは水上ステージ，ここは駐車場，ここは管理用道路」といった具合に敷地が特定の用途で分断占有され，河川空間が本来提供すべき開放的でのびのびとした雰囲気からはほど遠

写真3 改修前の高水敷は単調な平面であり,護岸はコンクリートで覆われていた

写真4 改修後の状況 緩やかなスロープが水面へと続いている

写真5 草スキーをする子供たち

写真6 水辺で遊ぶ子供

いものであった．筆者はこうした空間を「幕の内弁当」と読んでいる．仕切り板で区切られた弁当箱の中のように空間が分断され，それぞれの場所に何が入るか（何をするか）が決まってしまっているからだ．設計に当たって筆者らは，来訪者が自由に使える空間・来訪者が使い方を発見できる空間をつくりだすことを強く意識した．

　完成後に実施した調査によれば，来訪者の数は約1.5倍に増加している．また，来訪者の動きを観察すると，改修前と比較して河川敷を広く利用する傾向や水辺に近づく傾向があること，等高線に平行な動きや高木に向かう動きなど緩傾斜スロープ化による空間の変化に起因するとみられる来場者の動きがあることも確認され，頻繁に人が通るルートにはケモノ道ならぬヒト道ができつつある（歩行ルートの選択を来訪者の自由な判断に委ねるため，管理用道路を兼ねたプロ

写真7 増水時の状況

ムナード以外にはわざと散策路を設けなかった)．写真5や6に示したように，草スキーやピクニック，また川辺での釣りなど，以前は見られなかったさまざまなアクティビティも誕生してきている．また，川辺にはさまざまな植物が繁茂し，水棲生物の多様化も確認され，環境再生も進んでいるようである．

　これまでに何度か写真7のような出水があった．このように川は暴れて当たり前の自然であることを忘れてはならない．今のところ大きな土砂の流出などは起きていないが，現在の地形が100％川の気に入ってもらえるものであるはずはなく，時間の流れの中で川が自らの力で少しずつ気に入った地形に変えていくことだろう．川辺をデザインするという行為は，長い時間の流れのなかで少しずつ川と会話しながら行う継続的な作業なのである．

2.2.9 湯の坪街道周辺地区景観計画

高尾忠志（九州大学）

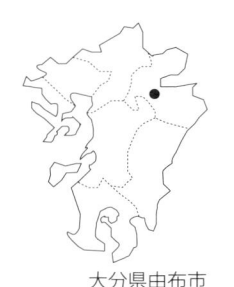

大分県由布市

未来へつないでいくこと

　2002（平成14）年11月に行われた交通実験の事務局に，景観検討の担当者として参加したのが，筆者が由布院の地域づくりにかかわった最初であった．東京大学景観研究室修了後，アトリエ74建築都市計画研究所に入社して1年目のことであった．翌年度にも「くらしのみちゾーン計画策定調査」において景観検討を担当し，この2年間に由布院で出会った人々から多くのことを教えられた．皆，心があたたかく，眼差しが真剣だった．人を育ててくれる風土が由布院にはあるのだと思う．

　計画策定後，行政側の動きが停滞し，交通実験からの流れが途絶えかけた2004（平成16）年4月，筆者は九州大学に赴任した．桑野和泉氏（由布院玉の湯）から連絡があって再び由布院の地域づくりに参加することになり，2004（平成16）年6月，桑野氏と交通実験事務局の全体統括者であった大澤雅章氏（まち交舎）が呼びかけた「湯の坪街道デザイン会議」に景観アドバイザーとして参加した．デザイン会議では，地道な活動を行いながら，何とか流れをつないでいった．

　未来のことはわからないのだから，地域づくりはその時できることに最大限に取り組むことしかできない．しかし続けていれば，流れはいつか乱れを生じ，そして波が来る．そのとき，その波に乗る力を地域が持っているかが勝負になるだろう．だとすれば，先人が蒔いてくれた地域づくりの種を枯らさずに育てていくことが大事であり，それが自分の役目だと考えた．そして，由布院で出会った人々の思いに報いること．由布院の環境を，風景を未来へつないでいくこと．そんな思いを持ってこの7年間由布院に通い続けている．

地区が抱える課題

　湯布院町（現在は合併により由布市となった）の湯の坪街道（写真1）は，由布院盆地で大分川と湯の坪川が合流する辺りに位置する．近代以前の街道とは重ならない．JR由布院駅から金鱗湖に向かう動線上に位置していたことから観光のメインストリートになったと思われるが，定かではない．街道から望む由布岳の表情は毎日変化し，その裾野のこぢんまりとした盆地地形に農村風景が広がる．湯布院町は辻馬車，映画祭，音楽祭，牛食い絶叫大会などのイベントや，地産地消をコンセプトとした質の高いサービスを持つ温泉旅館により観光地として全国的に著名な町である．年間観光客数は約380万人．一般的には「まちづくりの成功事例」として認識されることが多いだろう．

　しかし湯の坪街道周辺地区は，増加する観光客やそれを目当てとした外部資

本による開発によって，交通と景観に関して深刻な問題を抱えている．休日に
なれば歩行者でいっぱいの街道に観光客のマイカーとマイクロバスが乗り入れて
くる．沿道には周辺景観に調和しない店舗が増加し，それまでの地域の文脈を
無視した商売が行われ，店舗のファサードや商品陳列を道路境界ギリギリまで
せり出す店舗が増加している．住民が意見を言うために店舗を訪れても，雇わ
れ店長やアルバイト店員が多く，事態が改善されることは少ない．また，地区に
は住宅も多くあり，観光地としてだけではなく生活の場所として認識することが
重要である．沿道住民の中には「もうここには住みたくない」と言う人もいる．
生活や農作業を安心して行うことができない上に，観光地としての魅力は失わ
れてきている．このままで地域に未来はあるのか．

風景は当たり前にあるのではない

これらの課題に対して，これまで何もしてこなかったわけではない．湯布院町
が，バブル期に町内の大型開発を抑制することを目的とした「潤いのある町づく
り条例」(1990年)を制定したことはよく知られている．また，住宅や店舗等の建
替えを対象として「『ムラ』の風景をつくる　ゆふいん建築・環境デザインガイド
ブック」(2000年)を由布院温泉観光協会が中心となって策定するなど，風景保
全に向けた仕組みづくりが行われてきていた．

現在の緑豊かな湯の坪街道の景観も沿道住民の活動の賜物であった．大正時
代の湯の坪街道には緑が少ないが(写真2)，昭和50年代に街道の中心部にある店
舗が，建替えの際に建物の壁面を後退させてクヌギを植え，周辺の店舗がこれ
に習ったことが街道の風景をつくってきたのである(写真3)．その風景は，地区
住民同士が地区の将来や互いの店舗のあり方について議論をする相互監視的な
態度を持つことによって維持されてきた．

大分川も地元住民によって清掃が行われ，排水溝は竹で覆い隠され，落下防
止柵はツタが這わされている．電柱に付く看板の権利を地元住民が買い取った
ことや，駅前通り沿いに計画された建物の高さを地元住民の運動によって下げ
たこともあったと聞く．磯崎新氏が設計したJR由布院駅も住民運動によって中
央の塔の高さが下げられた．由布院におけるこのような地道な活動は枚挙に暇
がない．

由布院の持つ風景は当たり前にそこにあるのではない．守り，育ててきた住民
たちの絶え間ない努力の結果としてそれはある．自分たちの環境を大切にし，分
相応のもの，ほかにはないものをつくっていこうとする地元住民の姿勢によって
守られてきたものを，押し寄せる観光客とそれを目当てとした外部資本が崩し
ている．ならばその「暗黙のルール」を明文化する必要がある．その道具として

写真1　湯布院観光のメインストリートである湯の坪街道

写真2　大正時代の湯の坪街道（写真提供：豊島昌太郎）

景観法が使えないか．湯の坪街道デザイン会議は，地区住民による景観協定締結を最大の目標とした．そして，その時がきた．

検討委員会の立ち上げ

2006（平成18）年5月，ゴールデンウィークの人込みの中，湯の坪街道で交通事故が起きてしまった．湯の坪街道周辺地区において活動を行うさまざまな住民団体は，ただちに「湯の坪まちづくり協議会」を設立し，続いて同年12月に「湯の坪街道周辺地区景観づくり検討委員会（以下，委員会）」を立ち上げ，「由布岳を望む誰もがやすらげる湯の坪街道周辺地区」を目指して，地域ルールづくりの検討を開始した．筆者は委員会事務局メンバーとして活動を支援している．

委員会の活動は由布市湯布院振興局からの人的，予算的支援を受けて行われたが，行政が設置する委員会のように市長から権限を委嘱されたものではない．地域住民有志が自主的に検討を行っているものであり，ここでの検討を地域住民全体の意志としてオーソライズするために，住民や店舗関係者を対象とした説明会を繰り返した（写真4）．なお，1年半で委員会は6回，地域住民説明会は5回を開催し，その間に委員会事務局会議を27回行い，毎回長時間の議論を積み重ねてきた．

難問——「ゆふいんらしさ」とは何か

景観法は，基本法として理念を謳った前半部分と，規制手法を定めた後半部分から構成されている．後者には景観計画，景観地区，景観協定が用意されて

写真3 セットバックしてクヌギを植えた街道沿いの店舗 　　写真4 地区住民説明会の様子

おり，具体的には建築物，工作物，屋外広告物等に関する規制基準を定めることが主旨となる．したがって，景観法を使うには湯の坪にふさわしい「客観的な」基準を考える必要がある．歴史的街並みが残り，明快な建築様式が読み取れる地区や，建築のデザインに統一感をもたせることが課題の地区であれば，基準を設定することは比較的容易かもしれない．しかし，由布院はそのどちらでもない．「ゆふいんらしさ」を言葉にすることは難しい．地域に存在するデザインはさまざまであり，その多様性こそが「ゆふいんらしさ」とも言える．しかし一方で，そのバックグランドには共通する何かがあるようにも思える．それを定量的，定性的な基準とすることが課題であった．そもそもナンセンスなことをしているのではないか，とも思う．

交通実験の経験から地区にさまざまな考えを持っている人がいることはわかっていた．住民主体の検討体制によって，景観計画や景観協定を策定していくためには，前者は3分の2の同意（景観法における提案制度の要件．結果的には2007（平成19）年9月に由布市に景観室が設置され，景観計画検討に参加してくれたため必要なくなった）が，後者は全員合意が必要となる．だから，とにかく客観的な根拠が必要だと考えた．事務局メンバーで議論を重ねて，ルールの根拠として現地調査を行うこととした．

調査は，A.建物調査，B.看板調査，C.色彩調査を行った．建物調査は①高さ，②壁面後退距離，③間口，看板調査は①種類，②高さ，③面積，④枚数，色彩調査は①建物壁面の色，②建物屋根の色，③看板ベース色，④看板アクセント色を調査項目とした．色彩は色相，明度，彩度を測色した．調査対象地区には

212戸の建物が存在し，その内訳は住宅が39%，土産物屋が28%，飲食店が11%，旅館が5%となっていた．看板は1000枚を超えた．

　調査結果に基づいて委員会で議論を行い，全体の8～9割が現状において守っている基準を「暗黙のルール」として捉えることとした．もっと厳しい基準にすべきだという意見や，こうあるべきだという将来像から基準を設定すべきではないかという意見も出されたが，全員合意のハードルの高さを考えると，このラインが精一杯だと考えた．このルールは今以上に状況を悪化させずに，「全員で半歩前に進む」ことを目的とし，それによって地域全体をゆっくりとある方向へ向けていくものだと考えている．

湯の坪街道周辺地区景観計画・景観協定の構成

　委員会で検討したルールは，景観計画，三つの景観協定（商い協定，看板協定，看板色彩協定），紳士協定（おもてなし基準）から構成される．それぞれの規制項目を表1～5に示している．

　景観協定を三つ用意したのは，できるだけ多くの人に協定に参加してもらうためである．どれか一つの規制をクリアしていないがために協定にまったく参加してもらえないという事態を避けるために選択式とした．これにより，たとえば看板の枚数については守る意志はないが，商売の仕方や看板の色については守っていきたい，といった参加の仕方が可能となっている．

　本来であれば，屋外広告物の規制コントロールは，景観協定ではなく，屋外広告物条例によって行われることが望ましい．景観法の制定によって，景観行政団体になった自治体に県から屋外広告物条例の制定権を移譲することが可能となったが，大分県ではほぼすべての市町村がこれを拒否している．実際の運用に負担がかかるからであり，由布市もその例外ではない．大分県が湯の坪街道周辺地区だけのために屋外広告物条例を改正するということも現実的ではなく，景観協定によって屋外広告物の規制を行うこととした．

　景観計画の届出については，届出が必要な行為を条例で定めることになるが，本計画では表6の通りとした．景観法においては，届出が必要のない行為は違法行為とみなされない（ルールが適用されない）．しかし，すべての行為に届出を必要とすることは，行政窓口で対応不可能であるため現実的でない．そこで苦肉の策として，「但し，努力基準以外の景観形成基準を満たしていないものは届出が必要」とした．これによって基準を満たしていないものは届出が必要となる．そのためには誰の目で見ても基準を満たしているかどうかが判断可能でなければならない．本計画では壁面後退，高さ，色彩について数値基準を示しているために，この記述に挑戦することができた．

表1　由布市湯の坪街道周辺地区景観計画

壁面後退	県道，湯の坪街道，民芸村縦道，および大分川沿いでは，歩行者にとっての交通安全性を高めるために道路協会から1m以上建物壁面を後退させなければなりません．但し，一般住宅は除く．
建物の高さ	建物及び工作物の高さは県道，大分川沿い，および湯の坪川沿いでは10m以下，それ以外では8m以下にしなければなりません．
屋根の形	建物の屋根は陸屋根を避けて，なるべく勾配屋根にして下さい．
自然素材など	・建物および工作物の素材は自然素材を使用するよう努めて下さい． ・室外機は目立たない位置に設置して下さい．やむを得ず目立つ位置に設置する場合は自然素材で覆い目隠しをして下さい． ・自動販売機を覆う屋根等は周囲の自然景観に調和したデザインとして下さい．
建物の色彩	・建物の色彩は，色相R,Y,YR,GYについては彩度4以下，色相G,BG,B,PB,P,RPについては彩度3以下にしなければなりません．但し，自然素材そのものの色の場合はその限りではありません． ・使用する色数は出来る限り少なくして下さい．

表2　景観協定（商い協定）

商品の陳列	・客が道路上で商品を見たり道路上に行列ができたりして，交通の妨げにならないよう，道路境界から0.5m以内に商品の陳列をしてはいけません． ・県道，湯の坪街道，はかり屋前縦道および民芸村縦道以外の道路に面する敷地では，店舗前で商品陳列をしてはいけません．
植樹・緑化	・壁面後退をした空間にはクヌギ等の木を植えて緑化するよう努めて下さい． ・大分川沿いの道路では住宅の道路側を生垣等で緑化するよう努めて下さい． ・営業用駐車場は，道路に面している部分には植栽を施し，道路から駐車している車が見えないように配慮して下さい．また，自然な風合いに溢れた空間とするように配慮して下さい． ・営業用駐車場は，全面アスファルト舗装は避け，可能な限り緑地の舗装面として下さい．
照明	電光掲示板，点滅する照明，けばけばしい色による広告照明を出してはいけません．
地区活動	ゴミ拾い，掃除，防犯パトロール等の地区活動や建物前に草花を設置する等，地区の美化活動への参加に努めて下さい．

表3　景観協定（看板協定）

看板の高さ	看板の最も高い部分の高さは，県道沿いで5m以下，それ以外では3m以下にしなければなりません．
看板の枚数	・自分の店舗がある敷地以外に設置する看板（誘導用看板等）は原則として出してはいけません． ・やむを得ず設置する場合も2枚までとし，その2枚を並べて設置してはいけません． ・壁面後退した空間において建物に直接設置しない看板の枚数は5枚以内にしなければなりません． ・建物に直接設置する看板は県道沿いで3枚以内，それ以外で6枚以内にしなければなりません． ・広告旗（のぼり）は道路上から見える位置には設置してはいけません．
看板の面積	・「自分の店舗がある敷地以外に設置する看板」と「壁面後退した空間において建物に直接設置しない看板」の1枚あたりの面積は，県道沿いで3㎡以下，それ以外では0.5㎡以下にしなければなりません． ・建物に直接設置する看板の面積の総和は，面積率10%以下にしなければなりません．面積率は下式に従います．但し，道路に直接面していない店舗については「入口がある壁面の間口」によって算出します． 面積率＝（建物に直接設置する看板の面積の総和（㎡））／（建物の道路に面積壁面の間口（m）×高さ5m）
看板の形態	・看板を設置する場合は，周囲の景観に調和しない湯の坪らしくないデザインは避けて下さい． ・看板を設置する場合は，なるべく自然素材を利用して下さい．

表4　景観協定（看板色彩協定）

看板の色彩	・看板に主に使う色彩は，色相BG,Bについては彩度4以下，色相GY,G,PB,Pについては彩度6以下，R,YR,Y,RPについては彩度10以下にしなければなりません．但し，自然素材そのものの色の場合はこの限りではありません． ・使用する色数はできる限り少なくして下さい．

表5　紳士協定（おもてなし基準）

声かけ・客引き	声かけ，客引き，ビラ配りはしてはいけません．
試飲・試食	店外での試飲や試食の営業行為はしてはいけません．
音楽・音声	店外まで聞こえる様な音楽や音声案内はしてはいけません．
駐車スペース	・お客様用や仕入れ業者用の駐車スペースを確保し，交通の妨げとならないように努めて下さい． ・やむを得ず駐車する場合は，なるべく道路の端に寄せて停めるよう努めて下さい．

※なお，看板は屋外広告物法における屋外広告物のことを指す．

表6 届出行為と届出除外行為

	建築物	工作物
新築	届出必要	原則不要．但し，努力基準以外の景観形成基準を満たしていないものは届出必要．
増築	10㎡未満は届出不要．但し，10㎡未満のものでも，努力基準以外の景観形成基準を満たしていないものは届出必要．	原則不要．但し，努力基準以外の景観形成基準を満たしていないものは届出必要．
改築	届出必要	原則不要．但し，努力基準以外の景観形成基準を満たしていないものは届出必要．
移転	届出必要	原則不要．但し，努力基準以外の景観形成基準を満たしていないものは届出必要．
外観を変更することとなる修繕若しくは模様替え又は色彩の変更	見付け面積10㎡未満は届出不要．但し，10㎡未満のものでも，努力基準以外の景観形成基準を満たしていないものは届出必要．	原則不要．但し，努力基準以外の景観形成基準を満たしていないものは届出必要．

地域に関わる者同士が話し合う仕組み

　これらのルールの最終的な合意形成については，地区住民説明会における住民総意としての承認を経て，個別協議を行った．そのために，それぞれの建物や店舗が基準を満たしているかどうかについて，調査結果に基づき個別診断を行った．建物や看板それぞれがルールに適合しているかどうかの確認作業は気の遠くなるようなものであったが，この個別協議そのものが，今回の取組みの大きな成果であったと考えている．関係者に当事者意識を持ってもらい，理解を深めてもらうためにはこのプロセスはどうしてもはずせない．

　景観協定が締結された後には，地区住民による「景観協定委員会」を設置する．この協定委員会こそが，地域の相互監視的な態度を機能させるための仕組みである．そしてさらに，協定委員会が店舗関係者と話し合うきっかけを持つために，潤いのある町づくり条例にならった「近隣関係者の理解」を景観条例の届出要件として設定している．つまり，景観計画に基づいて届出を行う者は，事前に近隣関係者の理解を得なければならない．その「近隣関係者」に隣接する土地の地権者，自治会長に加えて，景観協定委員会を含めている．それによって，住民に開発の知らせが届き，さらに話し合いのきっかけができると考えている．

計画的思考と現場とのギャップ

　湯の坪街道周辺地区景観計画の最大の特徴は，住民が主体となって計画づくりを行った点にあるだろう．しかし，当然のごとく住民は景観や景観法に関する素人集団である．技術的なサポートをすることにも労を尽くしたが，それ以上に

難しかったことは，計画的思考に基づいた解決策と，住民が現場で感じている課題や望んでいることに折り合いをつけることであった．

　風景とは，その場所における生活や生産活動の結果として見られるものであり，逆に言えばその場所の生活を守ってこそ風景を守ることができる．現場における人々の声を拾い集め，小さかったり目に見えなかったりしても風景を壊していくものが起こる過程の分析を積み重ね，それと地域全体の未来を描く思考を行き来することがわれわれ専門家に求められている．

本取組みの影響

　個別診断結果の通知と個別協議をきっかけとして，各店舗での対応が行われている．看板の数を減らしたり，これまで道路と敷地の境界ぎりぎりまで商品をせりだしていた店舗がセットバックを自主的に行う事例も見られる．増築や改築に際しての事務局への問い合わせはこれまでに6件あり（2008（平成20）年9月現在），看板や建物のデザイン，色彩などについて協議が行われた．周辺の街並みに合わせて店舗のデザインを改修する事例や，湯の坪川沿いに新築された建物が高さを10m以下におさえて設計，施工されるなど，ルールづくりと個別協議の効果は少しずつではあるが着実に現れている．景観計画区域内のすべての店舗を対象とした個別協議は地区住民の当事者意識を高めると同時に，事務局との協議を通じて本取組みに対する理解を深める効果があったといえる．今後は景観協定委員会によるデザインチェックを継続的に行いながら，段階的にルールの強化を行い，より良い町へと一歩ずつ進んでいくことが期待される．

　また，湯の坪街道の入口（湯の坪街道周辺地区景観計画区域外）に立地する大分銀行湯布院支店から協力の提案があり，看板のデザインについて協議が行われた．協議の結果，看板の色を彩度の低い色に塗り替え，看板自体の高さを低くし，設置位置も現在より低い位置にすることとなり，大分銀行の負担により工事が行われた．

　さらに，本取組みを受けて，2007（平成19）年9月に由布市は景観室（2008（平成20年）4月からは都市・景観推進課）を設置した．景観室は「由布市景観マスタープラン策定委員会」を設置し，都市計画とまちづくり条例の見直し，全市にわたる景観計画の策定に向けた方針を検討している．さらに，由布市景観マスタープラン策定委員会で検討された基本方針に基づいて，合併以前の旧町単位（狭間町，湯布院町，庄内町）で地区住民により構成される景観協議会を設置し，より具体的な施策の検討を行っている．

第 3 章

事例編

2.3.1 白水溜池堰堤

柴田 久（福岡大学）

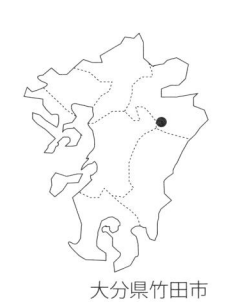

大分県竹田市

　白水溜池堰堤は，流れる水の表情を巧みに取り込んだ土木構造物の景観デザイン事例として秀逸である．本堰堤は大分県竹田市の山間に位置し，周囲を豊かな緑が覆っている．構造形式は重力式割石コンクリートダムであり，表面は細かな凹凸のテクスチュアを持つ石張り（材質は地場産の凝灰岩）となっている．江戸時代末期，軸丸村（現在の豊後大野市緒方町軸丸）では水田が不足し，灌漑用水路の新設による新田開発が計画された．工事費用の莫大さや大雨による法面崩壊，隧道の落盤など，堰堤建設には多くの困難もあったが，1924（大正13）年に「富士緒井路（小富士村と緒方村（旧軸丸村）より命名）」水路，1938（昭和13）年に白水溜池堰堤が完成している．本堰堤の完成によって，富士緒井路土地改良区への安定した水量確保が実現し，現在まで本地区の農業用水ならびに電力源ともなっている．

　堰堤の高さは約14m，長さ約87mと，構造物自体は小型であり，上部ならびに下流部には人の進入できる場所が設置されている．それらの場所は堰堤を眺めるのに最適な視点場となっており，前述した石張りによって作り出される水泡や流れ落ちる水の様子を間近で眺めることができる．水理学的に「転波」と呼ばれるこの落水表情は，さながら「白いカーテンのようである」と称されることも多い（写真1）．1999（平成11）年には，大分県ではじめて昭和の近代遺産として本堰堤が国指定重要文化財に指定された．設計者として知られる小野安夫は大分県の土木技術者であり，本堰堤の軟弱地盤における難工事に献身したと

写真1　白水溜池堰堤（下流左岸より）

されている．そこには彼の造形に対する卓越した感性とともに，風景の骨格となり得る土木構造物に対するデザインへの熱意を感じざるを得ない．

　ここで堰堤の造形についてより詳しく解説しておこう．本堰堤の右岸は俗に言う「武者返し」と呼ばれ，堤体面と連続する反り返った曲面状の石張りが滑らかな仕上がりを見せている．一方，左岸は下に降りるほど裾広がりの階段形状となっており，堰堤表面からそれら各階段の踏み面へ連続した曲線面がスリット状に繋がっている（写真2）．言うまでもなく，左右両岸とも落水の減勢を目的としており，堤体底面の地質と水流の強さを考慮し，下流の地盤の弱さを補強した形となっている．しかし，そうした機能性を担保するだけでなく，芸術的な落水表情を見せる本堰堤は，周囲に広がる山林など，豊かな自然の美しさを引き立たせる社会基盤施設の景観デザインとして高く評価できよう．また人々の生活を守るために，大自然と抗いながら美しい風景として成立させた本堰堤の造形は見事といえる．ぜひ，現地に赴き，白水溜池堰堤に携わった技術者たちの気概を感じてほしい．

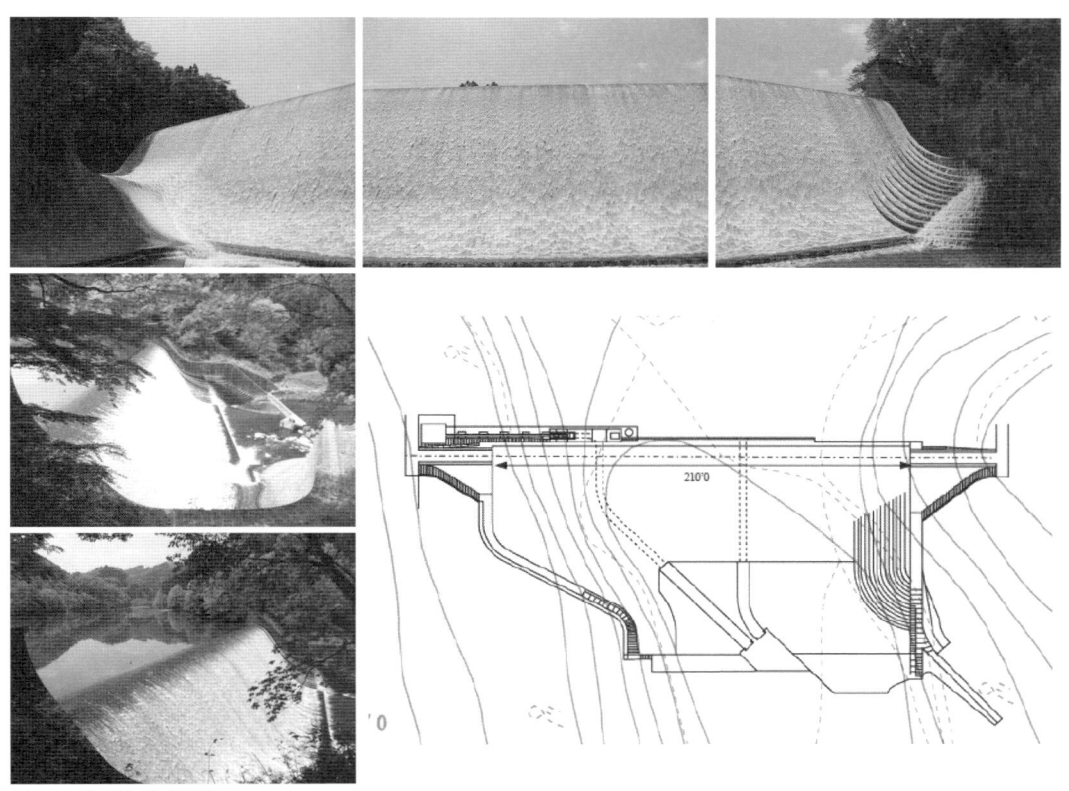

写真2　堰堤と落水表情

2.3.2 河内貯水池堰堤

仲間浩一（九州工業大学）

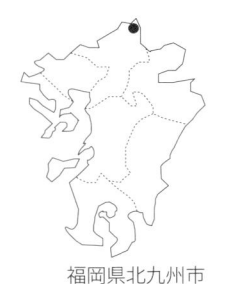

福岡県北九州市

　1901（明治34）年に，八幡村（現在の北九州市八幡東区）において操業を開始した官営八幡製鉄所は，1914（大正3）年に勃発した第1次世界大戦で増大した鉄鋼需要に対応するため，1916（大正5）年に始まる第3期拡張計画に基づき，設備拡張にともなう工場用水の不足と将来的な給水計画への対応を迫られた．

　このため官営八幡製鉄所では，筑豊地域に源を持ち玄界灘へ流れる遠賀川の水を汲み上げ製鉄所まで配水すると同時に，八幡市街地の南側に広がる山岳地域に製鉄所独自の水源を求めることとなった．前者に関しては，遠賀川からの用水をいったんポンプアップして除濁した後，調整池を経由して市街地を横断する埋設管により製鉄所構内へ用水を供給する方法をとった．このため，丘陵地帯にあった既存の農業用溜池を買収拡張し，「養福寺貯水池」を建設している．また後者に関しては，八幡市街地の南にある皿倉山塊の東側に渓谷を刻む，板櫃川の上流部，河内地区に「河内貯水池」を建設したのである．

　二つの貯水池は，一つの製鉄所拡張計画の下に位置づけられ，同一の技術陣によって同時に設計，施工管理されており，異なる立地条件に合わせて機能を組み込まれた，"二卵性双生児"とでも言うべき一連の構造物群である．立地する地形や構造物全体の様相，現場の風景はまったく違えど，個別の機能的設備の外観意匠，造形手法にはきわめて強い類似性が認められる．

　しかしながら，渓谷に造られた河内貯水池とそれを取り巻く施設群は，現在，一般市民の日常的なレクリエーションの場として提供され，土木学会選奨土木

写真1　堰堤の取水塔から見る河内貯水池水面
河内貯水池の管理を担う多くの建築は，自然石張りの意匠を与えられている

写真2　曝気用の3機の噴水塔を持つ亜字池
平面形状が漢字の「亜」に似ることから名付けられた．池に隣接して自然石貼の壁面を持つ弁室が建てられている

遺産としても広くその姿と価値を知られているのに対し，丘陵地帯に造られた養福寺貯水池とその周囲の土地は，現在も新日本製鉄株式会社の管理下に置かれ，桜が開花する春の一時期に敷地の一部が公開されることを除けば，一般市民が立ち入りその構造物を目にすることはできない．一般に，近代土木遺産として河内貯水池とその周囲のいくつかの構造物が広く世に知られているのに対し，養福寺貯水池はほとんど衆目を集めることなく現在に至っている．

　河内貯水池を設計したのは当時の官営八幡製鉄所土木部であった．

　河内貯水池の堰堤は，1919（大正8）年5月に起工し，1927（昭和2）年12月に竣工している．本体の高さは43.1m，堰頂部の長さ189m，その総貯水量は700.7万立方メートルであり，完成当時は東洋一のコンクリートダムであった．含石コンクリートの表面には自然石の切石積みが施されており，左岸側の堰堤わきには洪水吐きの越流堤と排水路が備わる．堰堤の建設にあたっては，資材運搬用の軌道が谷底に建設され，表面に用いられた自然石も，現場の河内の谷で切り出されたものを使用した．

　河内貯水池堰堤本体を眺める視点場は，堰堤の左岸脇の崖上に設けられた貯水池管理事務所，水面をやや隔てた北河内橋近くの水辺の藤棚広場，および，堰堤下の斜面に設けられた小段の園地と，堰堤直下のコンクリートアーチ歩行者橋上であろう．いずれの場所も建設当時の本来の空間の雰囲気や，堰堤との位置関係をよく残しており，堰堤そのものの迫力ある見え方はもちろん，沼田らの意図した構造物の文明的意匠を味わうことができよう．

　河内貯水池の建設により，官営八幡製鉄所は下流域における広範な社宅開発が可能になった．製鉄の社宅への上水道供給は，八幡市やその後の北九州市（1963（昭和38）年2月に五市合併）の公共の上水道によることなく製鉄所が独自に行うなど，河内貯水池は風景を売りにした観光地であるとともに，水資源を核としたエコシステムの中心として，地域社会のなかで確固たる存在であった．

　河内貯水池の構造物デザインを論じる上では，沼田尚徳という個性的な土木技術者の思想や情熱を探ることが重要であることは言うまでもない．だが，それと同時に，構造物が作り出す「場」（ここでは貯水池周辺や下流域全体のさまざまな環境）が，地域全体の経済的な観光戦術や環境維持を実現する居住者を巻き込んだソフト政策によって戦略的に支えられていた，ということを洞察してほしい．

沼田尚徳
当時の土木部長は沼田尚徳である．1919（大正8）年5月に起工し1927（昭和2）年12月に竣工するまで，設計を担当した沼田とその直属の部下である松尾が，施工管理まで一貫して携わっている．

たとえば，貯水池の利水は製鉄所のものであったが，地元の河内小学校を中心とする自主的な清掃活動や営林補助活動と引き換えに，貯水池における釣魚活動が戦時中の中断などを除き河内の地元住民に許されていた．貯水池にとって重要な水質の維持と流入量の安定策に，住民の日常的な暮らしのなかでの行為，活動が柔らかに組み込まれていた．

参考文献
1) 北九州市役所企画局:「北九州市の土木史」, 1997.
2) 新日本製鐵株式会社八幡製鉄所土木誌編纂委員会編:「八幡製鉄所土木誌」, 1976.

2.3.3 河内貯水池周辺の施設空間

仲間浩一（九州工業大学）

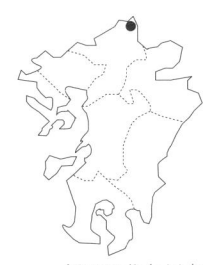

福岡県北九州市

「南河内橋」の他にコンクリートアーチの「北河内橋」，コンクリート4連アーチの「中河内橋」，切石積みアーチの「猿渡橋」，コンクリート桁橋の同じ構造形式を持つ「第一水無橋」と「第二水無橋」がある．第二水無橋は木材で補強された後，道路の拡張整備に伴い撤去され，現在の水無橋は，かつての第一水無橋の20m下流側に架け直されたものである．また，猿渡橋は道路拡幅のため，下流側にコンクリート桁橋が併設されている．

　土木施設としての河内貯水池は，一般的には貯水池そのものを体現する堰堤本体と左岸側の斜面上部に建つ貯水池管理事務所の形姿がよく知られているが，実際には堰堤本体だけでなく，上流，堰堤下から下流にかけて点在する体系的な利水施設，管理施設群から成り立っている．

　上流側では，貯水池の水面に沿うように1921（大正10）年から生活道路を兼ねた管理用道路が貯水池建設と同時に並行して施工され，その道路橋として異なる構造形式をもつ六つの橋梁群が出現した．なかでもスティールのレンチキュラートラス構造をもつ赤い「南河内橋」が著名である．

　また，堰堤の下流側では，堰堤直下のコンクリートアーチ橋の「太鼓橋」，曝気設備を兼ねた噴水付きの「亜字池」や「弁室」を含む水工施設群，およびそれより下流の渓谷斜面に沿った流下水路の構造物群からなる送水施設群から貯水池施設は構成されており，きわめて広範囲にわたる多数の施設建築群を現在でも確認することができる．

　河内貯水池をとりまく個別の施設デザインを詳しく論じるのは紙数の都合上不可能であるが，全体に共通した時代的な特徴について，簡単にまとめて記しておきたい．

　河内貯水池の構造物群は，1) 完成当初から1953（昭和28）年の大水害までのものと，2) それ以降，昭和40年代までに水害から復旧，新設されたものに分けることができる．1) の構造物群は，基本的にコンクリート構造に現場で確保さ

写真1 貯水池完成と同時に北河内橋付近に設けられた藤棚のある広場は現存し，水面を挟んで堰堤本体と取水塔を眺めることができる

写真2　堰堤直下にある施設群とコンクリートスラブアーチの太鼓橋
完成当初より堰堤下の斜面や放水路脇には桜の植樹などが行われ，深山幽谷の情緒を楽しめる名所として，造園的デザインが施された

れる自然石を貼り付けた，古典的な様式の外観を有する．そのなかで，「南河内橋」や「太鼓橋」のような特別な場所にのみ，スティールやコンクリートを用いて機能的な造形を試みた施設が見られる．一方，2)の構造物群は主に堰堤下流の送水施設が該当し，隧道と橋梁が連続する表面装飾のないシンプルなコンクリート構造となっている．

　さらに，構造物のデザインだけでなく貯水池の水面を取り巻く風景的な演出にも力点が置かれ，観光的な魅力を作り出していた．貯水池の完成当初より，北河内橋付近には堰堤本体と水面を眺めるための格好の視点場となるお茶屋と藤棚が設けられた．堰堤下や周辺の斜面地には吉野桜やカエデが植林されている．また南河内橋周辺では，地元の観光業者に料亭や旅館を経営させ，深山幽谷と先端技術の象徴である橋とを組み合わせた風景が生まれた．つまり官営八幡製鉄所は，新しい文化的な風景価値を生み出す場所を構造物群のデザインと土地利用によって，意図的に作りだそうとしたのである．彼らは，発展を続ける八幡市街地からの観光客来訪，滞在の受け皿としての貯水池空間の風景演出に，きわめて積極的であった．

　前出の丘陵地帯に造られた養福寺貯水池には，松林，弁天島，そこへ渡れるコンクリート製の筋違橋等を含む，外部から隔離された「回遊式庭園」の様式が与えられたという事実とは好対照である．当時の設計者が既存環境を読み解きながら貯水池建設を通じて実現しようとした風景づくりのあり方が想像できる．

自然石は経済性と耐久性の観点から，現場の北河内産の石材や河原の石を利用しているが，これらの石の使用法も，切石積み，野面積み，割石張り等の多種多様な組積方法を用いている．その結果，自然石の素材感を活かしたテクスチュアや濃淡，石の形状の違いなどによる造形美の可能性が追求された意匠となっていた．いくつかの構造物は，1953年の大水害により破壊され姿を消していることは残念である．

2.3.4 三角西港

田中尚人（熊本大学）

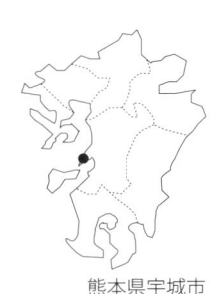

熊本県宇城市

三角港（現：三角西港）は，野蒜港，三国港と並び，明治政府が国庫補助事業として建設したわが国で最初期の本格的近代港湾である．港湾およびその背後の土地利用計画の骨格をなす道路や排水施設が一体的に整備された基盤施設，西欧式の設計に基づきつつも熊本で伝統的に培われた高度な石造技術が発揮された構造物などが，高く評価されてきた．しかし，三角港の立地が熊本市から遠いことや，港湾の後背地が手狭であることなどを理由に，建設当初期待された九州の中心的港湾としての機能を果たせなかったという否定的な見解も散見される．現に，門司港とつながり九州を縦貫する鉄道の終着駅は際崎港（現：三角東港）に設置され，明治末期には海上物流の中心も東港に移った．

地図を見る

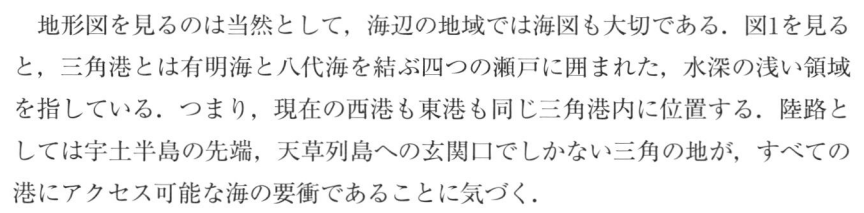

地形図を見るのは当然として，海辺の地域では海図も大切である．図1を見ると，三角港とは有明海と八代海を結ぶ四つの瀬戸に囲まれた，水深の浅い領域を指している．つまり，現在の西港も東港も同じ三角港内に位置する．陸路としては宇土半島の先端，天草列島への玄関口でしかない三角の地が，すべての港にアクセス可能な海の要衝であることに気づく．

今度は図2の海図を見てみよう．白色で示された三角港と有明海を結ぶ三角ノ瀬戸，八代海へ抜ける蔵々ノ瀬戸は水深が深く，主に航路として，灰色で示された宇土半島と戸馳島に挟まれた水路のようなモタレノ瀬戸と天草諸島へ抜ける横瀬戸は水深が浅く，船舶の係留や養殖場，貯木場などとして使用された．四つの港界で仕切られたさまざまな瀬戸から成る三角港は，一つの港として機能していた．

歴史を見る

三角西港に関する文献，既往研究などを読めば，以下のような史実が理解される．1880（明治13）年10月に熊本県有志が県に立案した港湾計画について，内務省御雇外国人技師ムルデルが調査し，対象地を百貫石から三角に変更して当時の最高技術を駆使して築港したこと．また，竣工以降，三角西港の港湾および都市機能が拡充されていくが，後背地の乏しさから，三角港の中心は鉄道との連携が可能な東港へと移行し商港としての衰退に至った．

これらの歴史を携えて現地を訪ねると，三角西港の歴史がたしかに見える．知識としての歴史を，地形に照らし合わせ，場所としてのすばらしさに思いを馳せることが重要である．三角港は若き明治政府によって，九州の，いや日本列島

図1 三角港の位置

図2 水路通報（平成13年）八代海北部

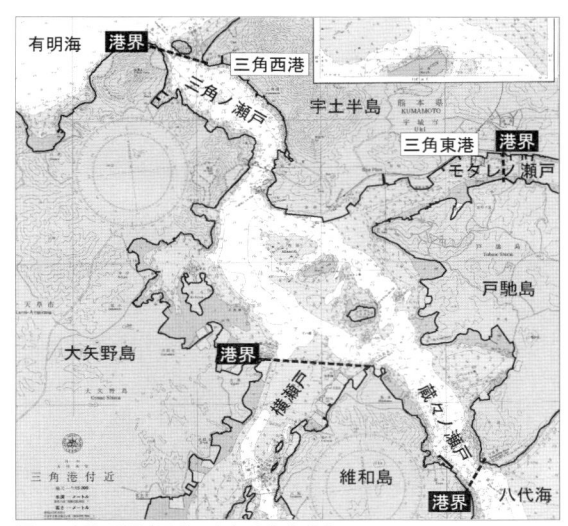

写真1 瀬戸ノ鼻より三角西港を眺める

写真2 石積み護岸

写真3 水路と橋

写真4 海と山と西港

の大陸への前線基地として，国土基盤的港湾の役割を期待されていた．海と港町や海運と鉄道の関係など，三角港が辿った歴史は単に一地方の港湾の歴史ではなく，日本の主要港湾の歴史を物語っている．

風景を見る

　三角西港においてもう一つ大切なことは，本物に触れ合えることである．精緻な石造の岸壁や後背地に張り巡らされた水路の護岸，都市計画の区画割りは，開発を免れ近代期の港町の都市基盤施設がまるごと残されている希有な例である．石積みの表情や素材感，工法のたしかさを目の当たりにして，土木構造物の寿命を体感し，時間が風景に与えるエイジング効果を感じ取ることが可能である．そして，このような土木空間に文化財級の木造公共建築が彩りを添えている．三角西港のヒューマンスケールな近代港湾施設群は，私たちに懐かしい居心地の良さを感じさせる．

　私たちは土木遺産に向き合うとき，その地形，歴史を下敷きに風景を見ており，そこで暮らしてきた人々の歴史に思いを馳せる．土木構造物が人々の生活を支え，その歴史が風景を支えているのである．

参考文献
1) 園田頼孝：「肥後熊本の土木」，熊本日日新聞社，1983.
2) 地域学シリーズ⑤新・宇城学，熊本日日新聞社，1990.
3) 星野裕司・北河大次郎：「三角築港の計画と整備」，土木史研究，Vol.23, pp. 95-108, 2004.

2.3.5 やまなみハイウェイ

仲間浩一（九州工業大学）

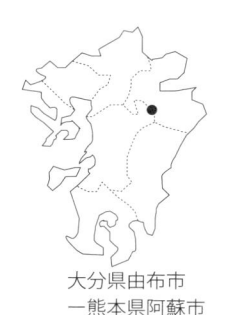

大分県由布市
ー熊本県阿蘇市

「九州横断別府阿蘇道路」は，大分県別府市と熊本県阿蘇一の宮を結ぶ全長約50kmの道路で，1964（昭和39）年10月に開通した．阿蘇国立公園（昭和61年に「阿蘇くじゅう国立公園」に名称変更）の「阿蘇地域」と「九重・由布鶴見地域（昭和61年に「くじゅう地域」に名称変更）」を接続している．1950年代からの日本の高度経済成長と急激なモータリゼーション，特に自家用車の所有拡大を背景として，九州東部の観光振興と地域浮揚を目的とする有料道路として，当時の日本道路公団により建設・管理された．1994（平成6）年からは通行が無料化され，一般県道として維持されている．

1960（昭和35）年に，アメリカのナショナルパークウェイ，特にブルーリッジパークウェイ（ノースカロライナ，バージニア州）を手本とした，「伊豆スカイライン」と「やまなみハイウェイ」が計画許可を受けた．両者は長い延長を持ち，異なる国立公園区域を連結するための機能を持つ道路である．したがって，大都市と自然風景の核心地（たとえば国立公園の特別保護地区など）とを直接結ぶアクセス道路の性格は持っておらず，また産業系の通過交通が利用する動機が生じないように，路線が設定されている．

やまなみハイウェイは，別府から由布盆地を抜け九重高原を経て阿蘇へ向かう．この道路を走る車から眺められる風景は美しい．しかし，それは九重の自然の風物が美しいからだけではない．この道路は，周囲の環境に配慮した設計という次元を超え，道路を造ることで新しい自然風景観の創出を狙い成功した，日本における近代的道路建設の模範である．

周遊園路

1952（昭和27）年の道路整備特別措置法公布から日本の有料道路建設は本格化し，1956（昭和31）年には日本道路公団が設立され，やまなみハイウェイの計画・設計にとりかかった．この道路で注目すべき点は，非傑出自然風景地（ありきたりな大した特徴のないそこそこの景色の土地）に，二つの離れた国立公園区域をつなぐ"接続パイプ"のような空間として，道路と一体になった帯状の国立公園区域が存在することである．特に，その帯状の区域の範囲を道路上からの可視領域範囲（景域）によって規定したという点において，やまなみハイウェイは自然公園の計画上，画期的な考え方を実現している（図1）．道路沿線を公園区域にする変更は，1965（昭和40）年3月に行われた．誤解を恐れず言えば，やまなみハイウェイは2地点間を機能的に結ぶ道路ではなく，国立公園を回遊式庭園に見立てた周遊園路であると考えればわかりやすい．道路の立地は物流目的の通過交通が使いづらくなるよう意図して計画され，風景の中を快適に運転するという行為そのものの楽しみ（ドライブの楽しみ）と，地域の歴史文化の情報や自然体験を得る楽しみ（ストップの楽しみ）を，道路施設の整備目的として追求している．

デザインの特徴

やまなみハイウェイのデザインには三つの特徴がある．第一に，道路そのものを稜線上には立地させず，可能な区間では意図的に緩やかな谷や低地を縫うように収められた．これにより，道路から離れたところにある山岳や高原の稜線輪郭を，風景要素として眺めさせるよう道路が計画された．道路そのものは自然風景の核心地には立地しない．つまり「傑出した自然の風景要素」はあくまで道路の上から遠く眺めるものである．第二に，地形の急峻な険しい場所を避けて道路が通過することで，路側のアースデザインや造園的デザイン処理に関して余裕度が高まり，道路とその沿道領域では「風景の前景」としての造園的デザインに力が入れられた．元地形との滑らかな接続に力点を置き，路側部の盛土・切

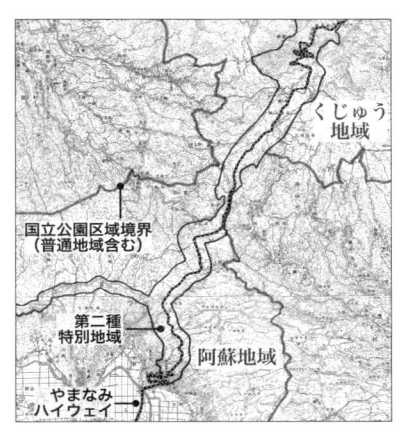

図1 阿蘇くじゅう国立公園の国立公園計画図（環境省作製・部分・筆者加筆）
阿蘇地域とくじゅう地域を結んでいるやまなみハイウェイ沿道の可視領域範囲が、帯状に国立公園区域に指定されていることがわかる

写真1 九重高原におけるやまなみハイウェイの道路風景
起伏に富む地形の中に収められた道路施設の沿道部分には、なだらかで滑らかな路肩の傾斜が与えられ、路肩と周りの森は一体化して見える。道路そのものが柔らかな自然地物に包まれているように体験される

土のアースデザインではソフトショルダーが採用されるなど、安心感をもって快適に走行できる道路の機能的デザインと、広大な風景を楽しめる造園デザインを両立している（写真1）。第三に、道路そのものを含む沿道空間がすべて国立公園の特別地域に指定されているため、国立公園管理の一環として沿道の民間施設・建築物の意匠のコントロールをすることが可能であり、道路デザインのみに依存しない総合的な風景形成を図るための制度的な仕組みが保証されていた．

事後的な課題

現代のやまなみハイウェイは、県道への移管と通行無料化から十余年を経て、沿道施設の利用ニーズとの間にギャップが生じている。たとえば沿道の施設の広告看板の掲出が華美になり、行楽シーズンには駐車場に入り切れない自家用車が沿道の路側に溢れている。無料化に伴い物流道路としての性格も生じている。このように、建設当時のやまなみハイウェイが目指した道路を体験装置とする自然公園の風景の楽しみ方は、時代の生活様式に応じて徐々に変容しており、将来の地域計画の中での道路の位置づけや、沿道施設の維持管理方針にも影響を与えるであろう．

参考文献

1) 持斎康弘・堀繁・仲間浩一：「わが国における自然風景地立地型車道の計画・設計コンセプトの変遷に関する研究」，1995年度第30回日本都市計画学会学術研究論文集，pp.7-12.

2.3.6 西海橋

小林一郎（熊本大学）

長崎県
佐世保市―西海市

橋の構造の例
次節以降では、2.3.7「鮎の瀬大橋」は斜張橋（吊構造）、2.3.8「牛深ハイヤ橋」と2.3.10「イナコスの橋」は桁構造、2.3.9「朧大橋」はアーチ構造である。

橋の透過性
図1は②吊構造、図2は③アーチ構造の例である。図に、1)、2)の線と3)の面を示した。図1の吊構造の橋面は透過性が高い。図2が石構造であれば、石積みが全面に見えることになる。一方、西海橋の例（写真1や3）では、石橋と比べれば透過性が高いといえる。

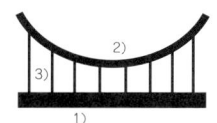

図1　吊構造

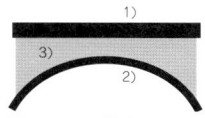

図2　アーチ構造

　橋には三つの機能がある。1) わたす：人、乗り物（自動車、汽車、船など）、物（水など）を対岸に渡す機能、2) ささえる：路面を支え、荷重を地面に伝える機能、3) みせる：存在感を示す機能。なお、2) は具体的には①桁構造（曲げ構造）、②吊構造（引張構造）、③アーチ構造（圧縮構造）の三つに大別される。3) はデザイン的には、橋を目立たせ、ランドマークとするとか、反対に周囲の風景に馴染ませるよう、透過性の高い構造とするといったことを意味する。つまり、「みせない」もまた、「みせる」という技術の範疇に入っている。

　上記の3機能を構図的に見れば、1) は水平線として現れる。2) は吊橋の場合はメインケーブルの「下に凸のライン」となり、アーチ橋では「上に凸のカーブ」となる。桁橋の場合は、1) と2) は同じような線になる。3) は、背景となる風景の前面にある（橋）面である。

　さて、現地を訪れて橋などの構造物を見るときの基本的なポイントとしては、a) 地形、b) 歴史、c) 造形などがある。この3点から西海橋を見てみよう。まず地図を参照。その場所は、海なのか川なのか、平地か山間部か、道はどのような平面線形（あるいは縦断線形）で橋にすり付いているだろうか。西海橋は大村湾と佐世保湾を繋ぐ、針尾瀬戸に架けられている。この複雑な地形を見て、潮は速く、強風が吹き抜ける瀬戸であることが想像できるだろうか。なぜこの場所が架橋地点に選ばれたのだろうか。このような場所に橋を架けるにはどのような方法があり得るだろうか。あるいは、どんな橋が良いだろうか。吊橋、斜張橋、アーチ、桁橋の4種類を例にして、地形とのバランスを想像してみてほしい。

　次に、歴史である。ぜひこの橋の建設の経緯を調べてほしい。①戦前のわが国の橋造りとの関連、②明石海峡大橋に至る橋梁建設史におけるこの橋の位置づけ、③当時の設計法や施工法と今日の違い、④人物史等々。紙面の都合上、敢えてそれらの詳細は何も書かず、参考になりそうな文献を紹介するにとどめる。名のある橋には多くの資料が存在する。事前でも事後でもかまわない。まず土木学会誌を調べてほしい。建設関連の情報誌や橋梁専門誌もいくつかある。探し当てた記事には、大体において参考文献が記載されているのでそれをたどっていくと、予期せぬものに出会うときがある。ネット・サーフィンという言葉があるように、文献探索もまた、新たな「何か」に出会う旅だと気づくはずだ。しかも、出会いの楽しさは、実際の人に出会うのと同じくらいの感動がある。

　地形や歴史を押さえたところで、あらためて西海橋を見てみよう。単径間上路鋼ブレーストリブ固定アーチ橋で、橋長316m、最大支間216m、1955（昭和30）年完成である。上路式なので、きれいに通った赤い高欄が形づくる水平線の

写真1　全景 　　　　　　写真2　アーチ部 　　　　　写真3　新旧の西海橋

上には空が見える．アーチリブの透過性が高く，周辺の木々と調和している．放物線のアーチ曲線は，円弧に比べ伸びやかである．固定式なので，アーチの端部が地面をぐっと踏みしめて安定感も感じる．部材の細やかな仕上げにも注目してほしい．寄せ木細工のような丁寧な仕事には目を見張るものがある．全体として整った姿に好感が持てるとしたら，上記のようないくつかの好ましい事柄が誠実に積み上げられた結果だと思うが，読者の感想はどのようなものだろうか．

最後に新旧の西海橋の併設（写真3）について考えよう．まず写真4を見てみよう．フランスのピレネー地方に，1500年頃に架けられた石橋の奥に，道路橋と鉄道橋が架けられている．同じ形式の橋が並ぶ姿を想像してほしい．20世紀の技術者はどんな形式の橋でも架けられたはずだ．しかし彼らが選んだのは，主役の石橋に寄り添う二つのコンクリート・アーチ橋であった．もちろん，地形を見れば必然的にこの形式が最初に浮かぶのだが，普通はあえて自分たちの設計する橋を主役にしたいと思ってしまう．反対に写真5では，アーチ橋の前に桁橋があり，石橋の表情を見ることは難しい．

併設橋を設計するときの問題点は，「後から設計する橋は，旧橋をどれほど尊重すればいいのか」ということだ．もちろん，旧橋は十分に立派な設計がなされ，考慮に値するものであるというのが前提ではある．日本の場合，旧橋も新橋も何も考えられずに設計されたとしか思えないものが幾つもある．さて，この瀬戸において新橋は旧橋をどう尊重し，全体の中の一部として，自らの橋をバランスさせたのだろうか．ここでも，判断は読者に委ねたい．なお，風景デザイン研究会のホームページにおいて，西海橋に関する議論を予定している．ぜひ，アクセスしてもらいたい．

併設橋
たとえば，瀬戸大橋は上下2層になって電車（鉄道橋）と車（道路橋）が通る橋．道路橋の隣に歩道橋は設置されている例はよく見かける．このように，一般には二つの橋が一体となって造られているものを併設橋と呼ぶが，ここでは独立したいくつかの橋が並んで架けられている場合も併設橋と呼ぶことにする．

写真4　三つのアーチ橋

写真5　桁橋とアーチ橋

参考文献
1) 中井祐：「西海橋を架けたエンジニア」，建設業界，Vol.50, No.1, 2001.
2) 九州橋梁・構造工学研究会編：「九州橋紀行」，西日本新聞社，1995.

2.3.7 鮎の瀬大橋

石橋知也（福岡大学）

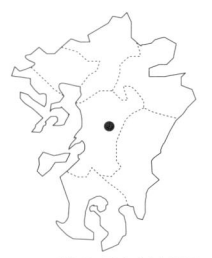

熊本県上益城郡

谷とアーチ
一般的には深い谷あいの地形において橋梁を架ける場合，構造上の合理性や施工性の面から，上路式のアーチ構造の橋梁が選定される．

　写真1は鮎の瀬大橋を最も象徴的に捉えたものである．鮎の瀬大橋は九州のほぼ中央にある阿蘇山の南側を流れる緑川上流部に架かる橋梁であり，その周囲の地形は阿蘇山から流れ出た火砕流を長い年月をかけて雨水が削り取ってできた深いV字谷となっている．地形は奥まで連綿と連なる山地と緑川の存在を明確にするかのごとく切り立った谷とで構成され，山地と谷とが織りなすダイナミックな風景を創出している．このように，橋梁としての存在感を主張しつつも，風景の中で孤立することなく調和を保っているのが，鮎の瀬大橋の魅力である．また，橋梁形式は1本タワーの斜張橋とV字橋脚を有するラーメン橋の複合構造を選択している．鮎の瀬大橋がこのような山地と谷のダイナミックな地形の中に存在して風景として完結するために，写真1のような正面からの遠景としての見えに対する収まりが重要視されたことがわかる．谷あいであるからアーチ構造でつなぐのが当たり前であるという固定観念を打破するだけでなく，複雑な表情を持つ自然環境の中で風景として成立するためには，周囲の地形の状況と構造物の造形が調和しなければならないということを教えてくれている．

　一方，この橋は左右が非対称の橋梁であるが，これは遠景における周囲の風景との調和からのみで決定されているわけではなく，橋梁の架橋地点までに展開される「シークエンス景観」と深く関わっている．左岸側にタワーを設置したのは，左岸側一体が架橋地点まである程度開けた地形となっていて，架橋地点に至る風景の変化の中で，斜張橋のタワーがある瞬間に見える効果を狙っている．中景として左岸側に存在する1本のタワーは開けた空間を引き締める効果を与え

写真1　緑川上流側からの遠景

写真2　右岸側からの橋の見え
そびえ立つタワーと緊張感のあるケーブルが来訪者を橋上へと誘う

ている．反対に右岸側はV字橋脚のラーメン橋であるため，橋上空間にはタワーなどの構造部材は存在しない．右岸側に到達するまでの取り付け道路は山あいを縫うように走っていて，架橋地点までの風景は両側を山に囲まれた状況である．したがって右岸側から鮎の瀬大橋にアプローチする際には，その途中で橋梁の存在を感じることができない．このように，架橋地点に到達したときに視界が広がる劇的な風景の変化を演出するために，右岸側には橋上に何も配置していない．訪れた人は一瞬にして開けた風景に魅了されると同時に，鮎の瀬大橋の近景である左岸側の斜張橋のタワーやケーブルを確認することとなる（写真2）．

　ここまで述べてきたように，鮎の瀬大橋を風景の変化の中に位置づけると，遠景，中景，近景のどの視距離においても，その魅力が存分に表現されていると解釈できるのである．橋梁を設計するうえで次のことを心がけておきたい．その橋梁が風景の中で調和するように配慮することはもちろんであるが，常にどのような視点からでも橋梁のプロポーションを崩すことなく存在できることが望ましい．また，架橋地点に到達しなければ，橋梁の存在を確認できないような状況はなるべく避けて，橋梁に到達するまでの「シークエンス景観」の中に，橋梁をどのように登場させるか注意を払っておくことが望ましい．

　鮎の瀬大橋の設計にあたっては，建築デザイナーの大野美代子が橋梁デザイン全般を担当している．土木構造物の中でも橋梁は特に建築物に近いとされるが，そのことは昨今建築分野のデザイナーが橋梁設計に参画する機会が増えていることにも現れている．大野氏は橋梁のほうが建築物よりも構成する要素が少ないにも関わらず，はるかに設計が難しいと述べている[1]．少ない構成要素のものを収まりのある形にまとめるためには，個別要素をより洗練したものとしてきちんとつくる必要があるからだ，と大野氏は言う．ケーブルの定着部，タワーの上端部，高欄，斜張橋とラーメン橋の接合部等々，鮎の瀬大橋を構成する要素のまとまりや細部にまで気を配ったデザインは，この橋の持つもう一つの魅力である．橋長390mの大きなスケールの橋でも，全体のでき上がりの印象には個別の要素の仕上がりが大きく影響を与えることがわかる．「橋のある風景」の本質的な構造デザインによる表現，厳しい地形条件下での徹底した施工管理が評価され，2002年度土木学会デザイン賞の最優秀賞を受賞している．

構造と背景の関係
もしも鮎の瀬大橋が2本のタワーのシンメトリーな斜張橋であったら，橋上のすっきりとした空間は存在しないであろうし，中景としてもタワーの重なりが発生しやや煩雑な風景となる危険性がある．1.1.4「モノのカタチ」を参照のこと．

参考文献

1) 篠原修編：「ものをつくり，まちをつくる－GS軍団メーカー・職人共闘編」，技報堂出版，pp.29-84，2007．

2.3.8 牛深ハイヤ橋

星野裕司（熊本大学）

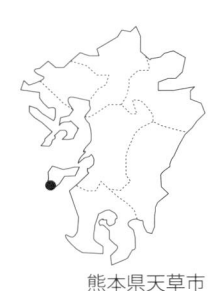

熊本県天草市

「湾に浮かぶ一本の繊細な線」．設計者レンゾ・ピアノによって建てられた，この橋のデザインコンセプトである．この上なくシンプルで，また何となく謎めいてもいるこの言葉は，この橋のデザインでほぼ完璧に実現されている（写真1）．それも，橋長およそ900mの桁橋という形式によって．斜張橋などといった派手な形式を選ぶことではないのだ．

この橋は，建築がメインとなる「くまもとアートポリス」の一環として建設されたが，架けられた場所は天草諸島の最西端の牛深，美しい自然に囲まれた漁港である．そのため，この美しい風景といかに調和するかが設計者にとっての最大の課題となり，その解答が先のコンセプトとなったのである．その実現にあたって行われた工夫は，およそ以下の三つである．

まず平面線形に関して，この橋は三つの岬を緩やかな曲線によって結んでいる．このなめらかな線形が，まずは一本の線としてのゲシュタルトを明快に構成している．また，橋脚数を減らすために1スパンが150m程度となっているが，このスパンだと桁厚が5m程度となり，とても重厚なものとなってしまう．そこで次に行うべきは，それを軽快に見せる工夫である．この橋では，箱桁の下部を曲面とし，さらに車道より40cm低く設定した歩道をブラケットで支持している．これにより，見かけ上の厚さはだいぶ薄くなるし，曲面の桁は，橋脚から浮いているような軽快な印象を与える．さらに，一般に歩道のほうが車道より高くなるところを逆にすることによって，車からも歩行者からも，美しい風景を眺望する

写真1　牛深ハイヤ橋の側面景
なめらかにカーブした，まさに「湾に浮かぶ一本の繊細な線」である

写真2 牛深ハイヤ橋の桁下空間
つややかな曲面、ブラケットのリズム、この橋の施工にあたっては、わが国のすぐれた造船技術が応用された

写真3 歩道空間
形態と機能、すべての要素が必然性をもってデザインされている

ことを可能としている（写真2）．

　そして最後に，風に対する工夫である．曲面の箱桁も風の抵抗を和らげることに一役買っているが，最大の工夫は歩道を守るようにつけられた風除板である．綿密な風洞実験によって検証されたそれは，一枚ずつ見ても微妙な反りをもった美しい形状をしている．また群として見ても，900mの橋にリズミカルな表情を与えている．日中には自然光を反射する鏡となり，また夜間には間接光によって歩道を照らし，漏れた光は橋そのものをライトアップする．このように，一つの機能をもった要素が，多くの機能を担うようになっていくと同時に，形態を洗練させていく．まさに，デザインのお手本といえるものである（写真3）．

　以上の工夫が，すべて関連しあって一本の線を表現する．光と影が織り成すテクスチャーをもった，まるで細い糸が寄り集まった一本の綱のような，力強さと繊細さを併せもった線である．

　この場所にこのような橋が必要であったのか，コストをここまで掛ける必要があったのかなど，土木事業として考えると非常に問題の多い橋ではある．ただ，私たちがこの橋から学ぶべきなのは，強くシンプルなコンセプトに対して，その実現のためには大変な努力が必要であり，また達成されるデザインの質は，その努力に比例するのだという，これまたシンプルな真実なのだと思う．なお，この橋は2001年度の土木学会デザイン賞の最優秀賞を受賞している．

参考文献
1) レンゾ・ピアノ：「航海日誌」，pp.164-165，TOTO出版，1998．
2) 土木学会デザイン賞Web：http://www.jsce.or.jp/committee/lsd/prize/index.html

2.3.9 朧大橋

石橋知也（福岡大学）

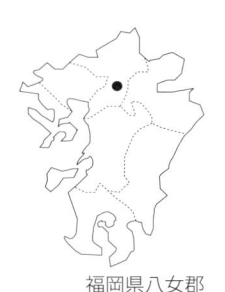

福岡県八女郡

　朧大橋の架橋地点は福岡県のほぼ中央を流れる広川上流の渓谷である．周囲を耳納山地に囲まれた豊かな自然環境の中にある．福岡県八女郡上陽町には大正，昭和初期の一連から四連の石造アーチ橋が残っており，それが町の誇りになっている．このような深い谷あいに架かる橋梁は上路アーチ形状が選択されるのが一般的であり，まさに朧大橋もその定石通りの橋梁形式の選定を経ている．しかしここでは，この橋が単なるコンクリート上路アーチ橋ではなく，優れた特徴を有することを紹介したい．

　第一に，地形に対しての収まりが良いという点である．写真1を見るとわかるように，朧大橋は谷あいの斜面に対してしっかりと踏ん張っているかのごとく架かっている．この橋は橋長293mという大スパンの割に幅員は約10mと細い．本橋の設計指導にあたった篠原修は，普通のアーチリブにしたのでは橋の形が貧弱になるのではないかという懸念を抱き，地形に対しての安定感と細々と見えない立体感をシンプルな構造で獲得すべきと考えた[1]．その結果，アーチリブを途中で分けて二本足で地形に降り立つような形状とした．さらに，橋梁のコンクリート基礎部に関してはすべて盛土によって埋め戻しを行い，地面と橋梁とのつながりに違和感がなくなっている．土木構造物というものは，橋梁であれ，ダムであれ，あるいは道路であれ，地形や自然環境と切り離して独立して存在するものではなく，一連のまとまりをもって存在するものである．この一連のまとまりを「収まり」と呼ぶとすると，収まりの悪い土木構造物はどこか違和感があり，

写真1　朧大橋の全景
谷地形の斜面に踏ん張っているように架かる

写真2　県道から見上げた様子

構造的な安定感に欠ける．また，橋梁は建築物のようにそれ自体でも完結した構造物になりやすいが，それゆえに地形に収まりを求めていくことが難しいとも言える．朧大橋の場合は，橋梁構造物としての存在感の主張と，地形にうまく収まることの両立を見事に実現したものといえる．地形への収まりという造形性への配慮が，結果的に足を開いた形が橋軸直角方向における耐震性の向上にも寄与することとなった．

　第二に，アーチ式橋梁の美しさを際立たせるアーチラインを表現したことである．朧大橋の立面図に目を通すと，非対称のアーチ（厳密にはアーチ接合長が非対称）であることがわかる．そのため，桁からアーチリブにつながる垂直材の配置間隔が一定になっている．さらに，地形の中に収まるときに谷の中心に対して全体の中心性が設定されていることから，橋梁の詳細な寸法設定に際しては構造物側からの要請ではなく，あくまでも地形側からの要請が尊重されていることがわかる．また，このようなアーチ橋の場合は，主構造である中央径間と両端の側径間が独立して構成されやすいが，本橋ではアーチに施された垂直材の配置間隔とほぼ同じピッチで側径間も連続的につくられている．その結果，桁の水平ラインが一直線に通っていて美しく，アーチラインとの調和が見られる．一方，上部工（桁など）と下部工（橋脚など）が一体的につくられているかは，橋梁自体の造形性に強く影響を与える．この点に関しても朧大橋では桁とアーチおよび橋脚が連続的にまとまっている．「この橋は斜面に対して踏ん張るように架かる」と前述したのも，アーチラインが力の伝達の様子を明快に示しているからであり，その力の流れのわかりやすさがアーチラインの美しさの本質であることを証明してくれている．

　朧大橋は，県道の真上に架かっているため，そこからの見上げの視点が存在する（写真2）．また，架橋地点に到達するまでのルート上でも，橋梁が見え隠れする．橋梁は袂（たもと）から見られることだけに配慮しても風景への調和がなければ良い設計とは言えないし，逆に遠景の見えに限定しても当然不十分である．地形と呼応した道路線形を微細に読み解き，架橋地点とそれに至るアプローチにおいて展開される「シークエンス景観」を捉えることも肝要である．この橋は2004年度土木学会デザイン賞で優秀賞を受賞しており，谷に架かるコンクリートアーチ橋の構造デザインにおける高水準を獲得した作品と言えるだろう．

参考文献
1) 篠原修：「土木デザイン論」，東京大学出版会，pp.182-192, 2003.

2.3.10 イナコスの橋

石橋知也(福岡大学)

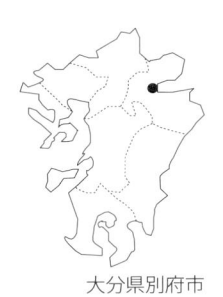

大分県別府市

イナコスの橋は，大分県別府市西部の県立南立石公園と国立西別府病院を結ぶ歩道橋である(写真1)．近年，遊歩道やポケット広場等が整備された境川に架かっている．発注者である別府市からは，「世界に二つとないユニークな橋であること」，「つり橋であること」などの条件が提示された．これに対して設計者の川口衞は，この橋が別府市のアイデンティティを感じさせるものであり，橋そのものの成り立ちがその地域の必然性や周囲の景観に無理なく調和するものとしたいと考えた[1]．別府市は中国の山東省・烟台市と姉妹都市の関係にあり，そこで採掘される花崗岩を市内の歩道の敷石などに使用していたため，この花崗岩をイナコスの橋にも採用している．

橋の構造形式を考えるということは，その橋自身の重さは当然のこと，利用時に積載される荷重を考慮して，それらの力の伝わり方をどのように処理するかということに等しい．用いる素材と力の関係については，石材やコンクリートのように圧縮力に抵抗できるものは圧縮材として，ピアノ線やケーブルのような線材は引張材として用いる．また，鉄のように圧縮と引張のどちらにも適した材料もある．つまり，素材が発揮する力学的な能力を熟知したうえで，それが構造上どの部分に組み込まれるのかをきちんと考えることが，橋などの構造設計の本質である．どのように力が伝達されるのかがわかるように構造設計された橋は，「ダイナミズム」と「緊張感」を有する．都市内に多数架かっているPC単純桁橋からは，残念ながらそのような感覚を抱くことができない．

写真1 イナコスの橋全景．遠景に別府湾を見下ろす

ではイナコスの橋の場合は，どのような構造設計なのであろうか．まず，利用者が石材を直接踏んで歩くようにするために，上向きに曲率を持つ石材床版を採用している．その石材が常に圧縮力を受けるように，幅40cm，厚さ25cm，長さ2.6〜3.6mの石材ピースを78体並べて，橋軸方向に5本配置したPCストランドにプレストレスを導入することによって，一枚岩のような床版をつくりだしている．また，横から見たプロフィールはレンズ形とし，上弦材は上記の花崗岩，下弦材は鋼製のフラットバー，そして上下をつなぐラチス材は鋼管を用いたサスペンアーチ構造である．レンズ形の構造形式は，設計者が敬意を表す英国のブルネルの創意と工夫がちりばめられたロイヤルアルバート橋（19世紀）（写真2）で使われたものである．また，イナコスの橋ではラチス材を一つおきに間引く「不完全トラス」を採用し，「軽やかさ」や「リズム感」のある造形美を実現している．

　歩道橋は道路橋や鉄道橋とは異なり，身の丈に合ったデザインが求められる．欧州では歩道橋の設計は「家具づくり」に例えられるほど，人が利用する際の居心地の良さについて細部にまで気を配ることが大切であるとされる．イナコスの橋でも，鋼製下弦材の接合部処理のきめ細かさ，橋と一体的に設計された縦桟高欄の微曲線が連続的に並ぶ造形性の妙など，ディテールへのこだわりが随所にちりばめられている（写真3）．

　イナコスの橋はそれを単体として評価することはできても，風景との調和や地形とのなじみという観点ではどうしても物足りなさを感じる．部材の細さや薄さから与えられる透明感は十分に伝わるものの，架橋地点の環境にとってイナコスの橋の存在がやや浮いているように見える．その構造物がその地形に組み込まれたときに，全体が風景として違和感なくかつ美しくまとまっているかを常に確認することが重要である．

サスペンアーチ構造
ケーブルとアーチを合成した構造システムで，上弦材両端部にかかるスラスト（横に広がろうとする力）を下弦材の引張力でキャンセルさせる自己釣り合い系の構造形式である．

写真2　ロイヤルアルバート橋（英国）

※写真出典
通商産業省生活産業局窯業建材課監修：イナコスの橋，景観材料，景観材料推進協議会，pp.16-17, 1995.

写真3　鋼製下弦材の接合部処理，縦桟高欄の様子

参考文献
1) 川口衞：「イナコスの橋」，造景 No.2，建築資料研究社，pp.64-73, 1996.

2.3.11 門司港レトロ

星野裕司（熊本大学）

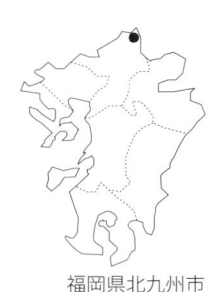

福岡県北九州市

　門司港は，戦前には神戸・横浜と並ぶ日本有数の国際港として繁栄し，いまや年間300万人を超える観光客が訪れる一大観光地である．しかし昭和の終わり頃は，往年の繁栄も遠い思い出となった寂れた港町であった．そこから今の発展を導いたのは，1988（昭和63）年より始まった「門司港レトロめぐり，海峡めぐり事業」（通称「門司港レトロ事業」）であった．この事業が成功した要因は，①歴史的景観を活かしたこと，②レトロというコンセプトを懐古趣味的に捉えなかったこと，③デザインを総合的に監修する組織があり，縦割り行政を克服したことの三つに整理することができる．具体的に紹介していこう．

　まずは，第一船溜まり周辺である．そもそも当初の計画では，この船溜まりは埋め立てる予定であった．しかし，門司港発祥のこの船溜まりの海面こそ大切にすべき歴史的景観であると考え，計画を変更して埋め立てから救ったのである．その結果，旧門司税関が有していた海との関係性も保存され，ブルーウィング門司というユニークで美しい跳ね橋が必然的に生まれ，それらを一体的に結ぶことで気持ちの良い歩行空間が確保されたのである．もしこの場所を訪れたなら，税関横の親水広場に注目してほしい（写真1）．一見，二つの広場が階段でつながっただけの，何てことはない広場である．しかし，この広場にはユニークな仕掛けがある．船溜まり沿いのパラペットにはスリットが入っており，干潮時には乾いた広場であった下段が，満潮時には水が入ってプールとなる．これは，海沿いの庭園で伝統的に使われる潮入の手法を活用したもので，シンプルな仕掛

写真1　親水広場から見るブルーウィング門司と旧門司税関

写真2　門司港駅とレトロ広場

写真3　自然石舗装とコンクリートポールの照明
エージングに配慮した素材やディテール

けが多様な表情や使い方を生むものとなっている．これも船溜まりを保存したからこそ実現できた空間である．

　門司港レトロにはほかにも，大正期に建設された門司港駅（重要文化財）を引き立てるレトロ広場（写真2）を整備したり，その広場から関門橋が望めるように既存のビルを撤去したり，歴史的景観を活かした歩行空間を実現するためのさまざまな工夫が実現されている．またディテールや素材に関して，エージングという視点から，時間経過に耐える，いわば本物を志向したことも，このデザインの優れたところである（写真3）．つまり，過去の模倣はしないということ．このような考え方も，歴史というものを考える上でとても参考になるものだろう．

　ただ，この事業にも課題はある．ここに紹介した第一船溜まり周辺や駅前などは多くの観光客で賑わっているが，設計者の意図からは大きく逸れて，テーマパークのような空間となってしまっている．つまり，レトロの繁栄と門司港での暮らしは，まったく別次元の，縁の切れたものとなっているのである．それでは，住民が暮らす街も人々に身近な商店街も元気にはならない．観光と暮らしをいかにつなげていくか，今後の門司港が解くべき課題である．

　景観設計の粋とまちづくりの課題．その両者を共に，そして深く学べる最高の教科書がこの門司港であるといえるだろう．なお，門司港レトロ事業は，2001年に土木学会デザイン賞最優秀賞を受賞している．

参考文献
1) 中部地方建設局：「シビックデザイン－自然・都市・人々の暮らし」，大成出版社，1996.
2) 土木学会デザイン賞Web：http://www.jsce.or.jp/committee/lsd/prize/index.html

2.3.12 日向市駅周辺地区

吉武哲信（宮崎大学）

宮崎県日向市

日向市は平成18年2月に東郷町（人口約5千人）と合併した．また東郷町は，平成18年1月に旧西郷村・旧南郷村・旧北郷村の合併により新設された．

写真1 古くからの家屋が残る美々津のまち並み

美々津のまち並みは，重要伝統的建造物群保存地区に指定されている．

　日向市は宮崎県北部に位置し，日向入郷圏域（日向市，門川町，美郷町，椎葉村，諸塚村）の中心都市として，また細島港（重要港湾）を拠点とした港湾工業都市として発展してきた人口6万人強の都市である．まちの歴史は古く，日向市南部には神武天皇東征時のお船出の港とされ，江戸期には回船問屋で栄えた美々津港があり，また，細島港も幕府直轄領として繁栄し，残されたまち並みからは今もその面影を見ることができる．

中心市街地再生計画の位置づけ

　日向市の中心市街地は，港湾都市の中心，および日向入郷圏域の広域中心として発展してきたが，1993年ごろから空き店舗が増加し，十五夜祭りなどの伝統的行事が衰退するなどの中心市街地問題が顕在化してきた．そこで市は，JR日向市駅を中心とする中心市街地地区を日向市および日向入郷地区のにぎわい機能を担う地区として位置づけ，大きくは1) 域内外の人々にとっての魅力アップを図り集客力を強化すること，2) 域内外からのアクセス機能（域内外へのイグレス機能も）および街なかでの移動の利便性を向上させること，3) 居住の場としての機能・魅力を向上し居住人口の増加を図ること，4) 日向入郷圏域の経済に貢献できることの4点を目指すこととした．これにしたがって平成10年度以降，商業地区再生事業，土地区画整理事業，複合拠点施設建設事業，連続立体交差事業，幹線道路整備等の複数の事業が計画・実施されてきたところである．

まちづくりの意図が込められた景観設計

　さて，日向市における中心市街地のまちづくりの最大の特徴は，その総合性・一貫性にある．その詳細をここで述べることはできないが，ここでは日向市駅，高架とその周辺の広場の景観設計を解説しよう．

　まず鉄道高架橋について見ると，通常は2柱式の10mスパンであるが，ここでは高架下空間をまちづくりに活用するためにスパンを広げて，1柱式14m割が採用された．コンコースもまた，今まで駅東西をより有機的に結合するために21mスパンの大空間を実現し，24時間開放されている．駅舎は，杉材の大屋根とスチールのハイブリット構造という独特のデザインがなされたが，これには入郷地域の経済の主軸である林業の活性化を狙い，地元で開発された新技術をもって杉材活用法の提案を行う意図がある．駅東西の広場や駅周辺の商業集積街区にも，日常的な憩いと出会いの空間となるとともに，ひょっとこ祭りなど，大規模なイベントが開催できるような空間設計がなされているなど，まちづくりのため

写真2　広域交通広場となる日向市駅と東口広場

写真3　県産杉集成材を活用した日向市駅舎

のさまざまな意図が込められている．

　また，景観まちづくりは景観設計に留まるものではない．日向市では，まちづくりをその真の担い手である市民と一体的に進めるために（日向市では「公民協働のまちづくり」と呼ぶ），非常に早い段階から市民との情報交換を行うためのシンポジウム，未来のまちづくりの担い手となる小学生を対象とした課外授業，その他さまざまな市民イベントが実施されてきた．

一貫性を担保する組織体制

　さて，日向市中心市街地の景観まちづくりが以上のような総合性・一貫性を確保し得た最大のポイントは，まちづくり全体を長期に渡ってマネジメントし得た組織体制である．すなわちまちづくりには，さまざまな事業を計画・実現する各種の行政系委員会，市民活動を担うまちづくり団体等，多くの組織がかかわっているが，それらは常に，公民協働で現実的な議論を積み重ねる「まちづくり協議会」（地元学識者，市民・地権者，商工会議所，市民団体，県・市で構成）と，まちづくりの方向性から詳細なデザインまでを議論しながら協議会をサポートする「都市デザイン会議」（東京・地元学識者，県・市・JR，専門家で構成）の中でマネジメントするかたちがとられてきた．

　もちろん，組織体制を形式的に整えれば景観まちづくりが可能になるというわけではない．このような前例のない組織体制を構築した県・市の担当者の覚悟とともに参画メンバー個々人の意欲や粘りが「情感の共有」を達成し得たのであり，それが総合的・長期的マネジメントを実現し得たのである．

　なお，「JR日向市駅」は鉄道に関する国際的なデザインのコンテストとして最高賞である「ブルネル賞」を2008年に受賞した．

2.3.13 日南市油津地区

吉武哲信（宮崎大学）

宮崎県日南市

飫肥城下町
飫肥は，飫肥藩・伊東氏5万1千石の城下町として栄え，現在も武家屋敷や石垣が多く残っている．本地区は九州で最初の国の重要伝統的建造物群保存地区に指定された（1977年）．

油津の登録文化財
現在，油津地区においては杉村金物店主屋，河野家主屋，赤レンガ倉庫など計21件の登録文化財がある．

油津赤レンガ館
河野家赤レンガ倉庫は，旧飫肥藩の材木商であった河野家が，1922（大正11）年に建設したものである．地元有志は合名会社「油津赤レンガ館」を設立し，寄付金を募ってこの倉庫を買いとった．赤レンガ館は，2004（平成16）年に日南市に寄贈され，現在，まちづくりの核として活用されている．

写真1　飫肥のまちなみ

　日南市は宮崎県南部に位置し，東には日向灘，西北から西南部には山林が展開する人口約44000人の小都市である．この地域は，江戸期には飫肥藩に属し，飫肥地区には今も城下町の面影が濃く，多くの観光客が訪れている．

油津の歴史

　油津港（あぶらつ）は古くから日明貿易や琉球との交易で栄えたが，江戸時代には収入源であった飫肥杉（舟材として用いられた）の積出し港として栄えた．堀川運河は木材の輸送路や舟の避難場所として1686年に開削されたものである．

　油津が最も栄えたのは明治後期〜昭和初期である．特に，東洋一の水揚げを誇った「マグロ景気」の時期には，多くの商家が建ち並ぶ商業都市となった．しかし戦後は，飫肥杉需要の低下，遠洋漁業の低迷により，次第に寂れていった．

油津の街と運河の変貌と再生の経緯

　堀川運河の運命は決して楽観的なものではなかった．昭和40年代に入ると水質汚濁や悪臭が深刻化し，昭和40年代後半には堀川支流の一部が埋め立てられた．また，街並みも商家や民家の改修・改築等によって徐々に姿を変えていった．

　この流れの転換は市民グループの活動によってもたらされた．昭和60年代に入ると，堀川運河の保存と観光資源としての活用を求める気運が高まり，1988（昭和63）年には堀川運河を考える会主催の「堀川運河祭り」が始まった．街並み保存に関しても，油津みなと街づくり委員会の協力により，（財）日本ナショナルトラストによる調査が実施された．そして市民パワーの圧巻は，1997年に競売にかけられた河野家主屋と赤レンガ倉庫を地元有志31名が買取ったことである．

　さて，現在進められている運河再生を核とした景観まちづくりが本格的にスタートしたのは，2002年の「日南市油津地区・歴史を活かしたまちづくり計画検討委員会（翌年からは日南市油津地区都市デザイン会議）」の発足からである．デザイン会議は，地元代表者，学識経験者，関係行政機関等で構成され，歴みち事業，港湾環境事業の2事業を中心に，景観計画，イベントなど幅広い内容をマネジメントする場となっている．さらに，デザイン会議は市民ボランティアからなる「日南市まちづくり市民協議会」と連携しつつ進められている．

　運河再生の進捗状況については，2003年に堀川大橋左岸上流部の一部区間が完成し，2007年夏に上流支流部とそこに架かる夢見橋（屋根つき木橋）が2008年春に運河と市街地を結ぶ緑地公園が完成したところで，現在は堀川大橋から油津の港町までの間の工事が進行中である（平成20年度夏現在）．

ここで，堀川運河再生プロジェクトにおける風景デザインの代表的な特徴を挙げておく．まず，運河の歴史的価値を十分に把握・評価し，時代とともに変化する石積み工法や石材も含めての復元が目指されている．新設の運河沿いの遊歩道は，バリアフリーでできるだけ水辺を回遊できるように配置され，将来的には中心市街地，港町との連携が図られる．屋根つき木橋は，日陰で涼やかな風が感じられる休息の場になるとともに，運河を眺める新たな視点場を提供する．照明柱や防護柵等は運河が主役になるように，控えめであるが素材感があり力強いデザインが採用された．油津の景観まちづくりはまず，住民が日常的に散歩でき愛着を持てるような空間づくりからスタートしている．

市民パワーが支えるまちづくり

　このプロジェクトはまた，地元材のみならず地元の伝統技術を積極的に活用していることにも特徴がある．飫肥杉が用いられた木橋は，地元の伝統的工法と最先端の構造計算技術の賜であり，運河沿いの飫肥杉ボードデッキもまた，新たな防腐技術と地元が関与する維持管理システムの上で採用されたものである．そして何よりも，運河の石積みの復元，木橋の建築には専門家に加え，地元職人の技が不可欠であった．

　もちろん，一般市民のパワーも重要である．木橋の竣工イベントは市民グループ主導で実施された．先述の市民協議会は，景観条例および港町油津景観計画の策定にも参画し，まちづくり集団としての性格を強めている．

　まちづくりの専門的集団としての市民グループ，そして地元の知識・技術を持った職人・技能者の参加が，油津の今後の景観まちづくりを切り開いていくものと期待されている．

写真2　油津地区のシンボル：堀川橋

写真3　整備された運河沿いの遊歩道

2.3.14 長崎水辺の森公園

柴田 久（福岡大学）

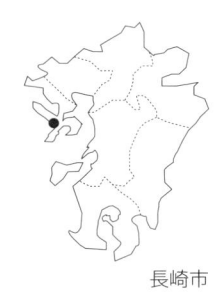

長崎市

　斜面に囲まれた長崎港に，2004（平成16）年3月「長崎水辺の森公園」が全面オープンした．この公園は，長崎港に面した埋立地を利用し，約6.5ヘクタールの広さを誇る臨海公園である．公園内の埠頭には客船も停泊することができ，長崎県美術館も隣接するなど，さまざまな機能を有した総合的親水公園といえる．

　長崎水辺の森公園は「大地の広場（約2.5ha）」，「水の庭園（約1.2ha）」，「水辺のプロムナード（約2.8ha）」の3エリアに大別され（図1），それらを合計8本の歩道橋がつないでいる．当公園内には中央，常磐横，出島横の三つに別れた水路が各エリアを縫うように流れており，公園内の移動においては常に水辺を歩く印象が得られる（写真1）．公園のデザインコンセプトとしては，オランダ坂，女神大橋，グラバー園に向かう景観軸が設定され，これら景観軸の交差する「大地の広場」には，濃淡を持たせた玉石による二重の螺旋道（ビードロの道）が特徴的なランドスケープを呈している．公園北側にあるメインゲートから小高い丘の石段をあ

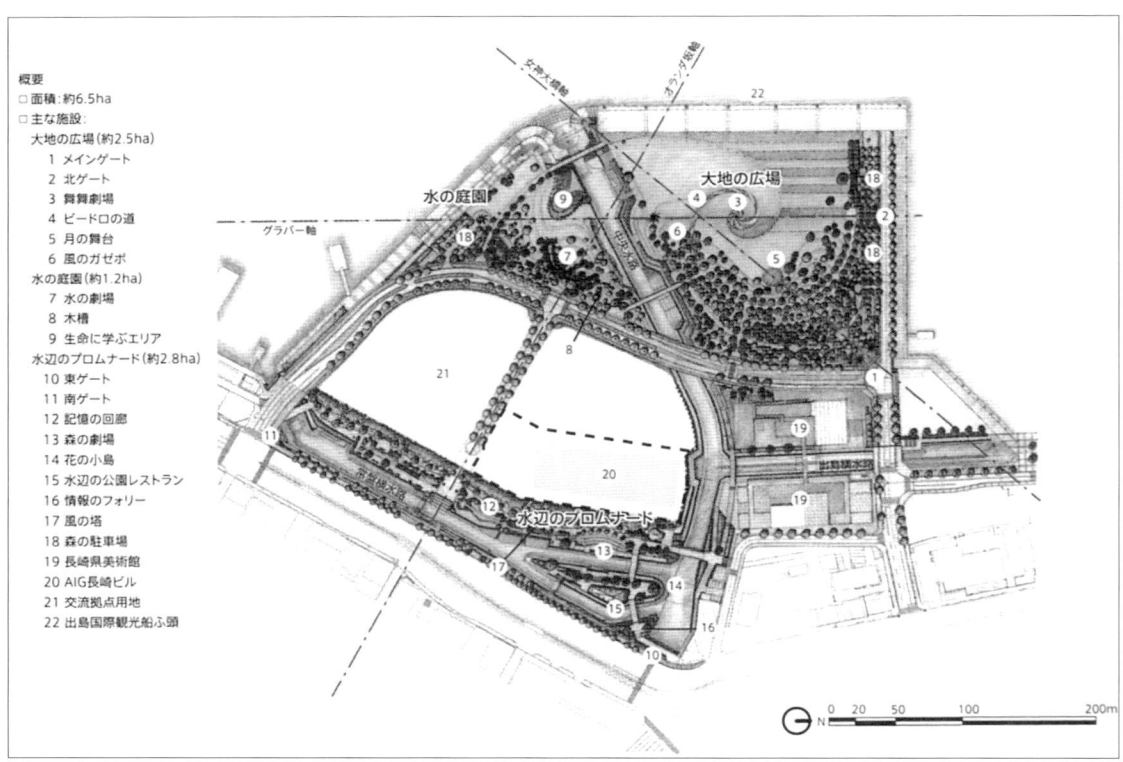

概要
□面積：約6.5ha
□主な施設：
大地の広場（約2.5ha）
　1　メインゲート
　2　北ゲート
　3　舞舞劇場
　4　ビードロの道
　5　月の舞台
　6　風のガゼボ
水の庭園（約1.2ha）
　7　水の劇場
　8　木槽
　9　生命に学ぶエリア
水辺のプロムナード（約2.8ha）
　10　東ゲート
　11　南ゲート
　12　記憶の回廊
　13　森の劇場
　14　花の小島
　15　水辺の公園レストラン
　16　情報のフォリー
　17　風の塔
　18　森の駐車場
　19　長崎県美術館
　20　AIG長崎ビル
　21　交流拠点用地
　22　出島国際観光船ふ頭

図1　長崎水辺の森公園の全体図

写真1　中央水路から女神大橋への眺め

写真2　水の劇場

　がると，上記の女神大橋がアイストップとなった長崎港の風景を一望できる．目前に広がる美しい港とともに，その要所を橋が締めるこの公園からの眺望は，社会基盤施設によってつくられる伸びやかな海の風景を存分に楽しませてくれる．またその名のとおり，多くの緑が施されたこの公園の北西には稲佐山がそびえ，夜景スポットとして有名なその山頂から，公園がどのように見えるのか想像をかき立てられる．

　水辺の森公園は2004年度グッドデザイン金賞（建築・環境デザイン部門），2006年度土木デザイン優秀賞に輝いているが，完成に至るまでには多くの専門家の連携があった．長崎県は2000（平成12）年に長崎港を中心とした県の開発事業を対象に，土木構造物の造形や都市計画，ランドスケープ，照明，建築といった異分野にわたる専門家の協働体制「環長崎港地域アーバンデザインシステム」を構築した．水辺の森公園はいわば各分野の知が結集した作品といえる．

　前述したエリア「水の庭園」には，いくつもの御影石によって組まれた「水の劇場」があり，その上流の噴水では多くの子どもたちが水に親しみながら遊んでいる（写真2）．夏には公園内で親子カヌー教室などのイベントも開催されている．水辺の森公園の完成によって，市民はきっと長崎に有する「港と海の風景」の魅力を，自分たちが住む街の誇りとして再認識したのではないか，そう思わせる作品である．

2.3.15 福岡市けやき通り

高尾忠志（九州大学）

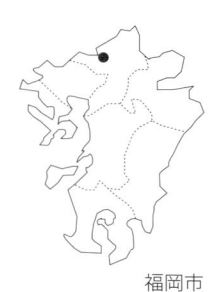

福岡市

写真1　けやき通りの街路景観

写真2　1948年の空中写真

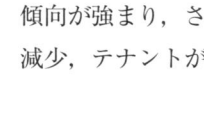

写真3　1958年の空中写真

けやき通り発展期成会
平成5年，マンションやテナントビルのオーナー，金融機関等，32法人・会員が集まり，通りの活性化と景観の維持・向上を目的に設立された．商店会の反省を踏まえて，ケヤキ並木や沿道の街並みの美しさといった通り本来の魅力を活かしていくことを活動方針としている．

　福岡市のけやき通りは，天神地区から西へ向かう国体道路（国道202号）の警固交差点から護国神社までの約800mの区間を指す．沿道建物の低層階には個人経営で質の高い店舗（喫茶店，花屋，本屋等）が並び，高層階にはオフィスやマンションが入る都市型土地利用が進んだ福岡でも人気の目抜き通りである．

「けやき通り」の誕生

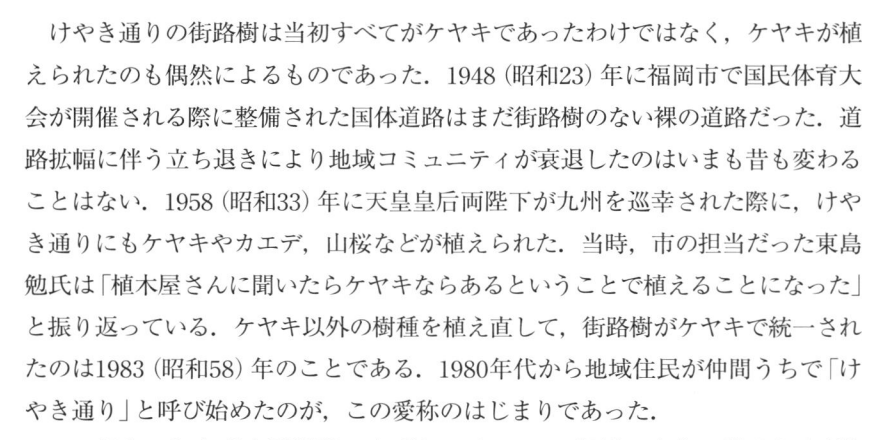

　けやき通りの街路樹は当初すべてがケヤキであったわけではなく，ケヤキが植えられたのも偶然によるものであった．1948（昭和23）年に福岡市で国民体育大会が開催される際に整備された国体道路はまだ街路樹のない裸の道路だった．道路拡幅に伴う立ち退きにより地域コミュニティが衰退したのはいまも昔も変わることはない．1958（昭和33）年に天皇皇后両陛下が九州を巡幸された際に，けやき通りにもケヤキやカエデ，山桜などが植えられた．当時，市の担当だった東島勉氏は「植木屋さんに聞いたらケヤキならあるということで植えることになった」と振り返っている．ケヤキ以外の樹種を植え直して，街路樹がケヤキで統一されたのは1983（昭和58）年のことである．1980年代から地域住民が仲間うちで「けやき通り」と呼び始めたのが，この愛称のはじまりであった．

　この通りの知名度を飛躍的に上げたのは，1984（昭和59）年に設立した「警固・赤坂・六本松・けやき通り商店会（以下，商店会）」の活動によるものだ．けやき通りイベントや清掃活動，野外ライブ，ミニラジオ局開設，街路灯の自費設置等の取り組みを，行政との関わりがない中で独自に行い，通りには多くの人が訪れるようになった．しかし平成以降，大型商業施設の天神への一極集中傾向が強まり，さらにバブル崩壊の影響とともにけやき通りへの来訪者は急激に減少，テナントが次々と撤退し，商店会は会費集めもできず崩壊状態となった．

市民が守った街路樹

　1993（平成5）年，このようなけやき通りの低迷状態を打破しようと「けやき通り発展期成会（以下，期成会）」が設立された．この年の6月25日，高さ3.75mの大型コンテナ車がケヤキの大枝と衝突する事故が発生した．福岡国道工事事務所（当時．以下，事務所）が調査し，7月初めから4.5m以下の枝の伐採を開始したのに対し，期成会は「市民が育ててきた自然環境を大きく損ねる」という抗議文書を提出，伐採の基準を3.6m以下にするよう陳情した．事務所と期成会の間で検討が繰り返され，最終的には3.8m以下に基準を改め，それを超える高さの特殊車両は通行規制する方向で合意された．

官民協働による街路景観の維持

1996（平成8）年，事務所はけやき通りの景観整備事業に着手し，期成会と意見交換しながら5カ年計画を策定，照明，植栽，周辺案内サイン，舗装部などの整備を行った．ケヤキ伐採に関する話し合いを契機に官民協働の管理体制に向けた機運が高まっており，地元負担による国道の街路樹のライトアップが行われることになった．歩行者用の照明については事務所が負担し，ケヤキをライトアップする照明に関しては期成会が負担することで整備が行われた．

さらに2001（平成13）年，けやき通りを管理している事務所は，植栽の剪定，草花の手入れ，散乱ゴミ清掃等の道路管理の一部を期成会に委託した．2003（平成15）年には，台風6号によりけやき1本が倒木したことを受けて，期成会の代表者や学識経験者，行政等によって構成される「一般国道202号けやき通り街路樹検討委員会」が設立され，街路樹剪定等の管理方法について検討を行い，植栽桝を大きくし，土壌改良剤を入れるなどの対策が行われた．さらに国土交通省が街路樹を剪定せずに地域住民とともに緑陰道路を管理する「緑陰道路プロジェクト」の取り組みを開始し，第1回モデル地区として指定され無剪定を基本方針とした街路樹管理が継続されている．

街路樹のコミュニティ再生効果

60年前に行われた道路拡幅事業によって地域コミュニティが衰退したけやき通りでは，50年前に植えられた街路樹を地域のシンボルとして，商店会，期成会という新しい地域コミュニティが生まれ，これが結果的に街路樹を中心とした地域環境を守ってきた．街路樹には単なる緑化効果以上の力があることを今後の道路整備においても理解していく必要がある．

官民協働体制の確立に向けて

現行制度では行政担当者が長年に渡って継続的に地域環境の維持に関わっていくことは困難であり，守られるべき景観の質を維持し，育てていくのは市民の責務と捉えるのが妥当である．整備完了時点がゴールではなく，整備後地域住民がいかに公共空間にかかわり，その価値を高めていけるかを考える必要がある．管理者である行政と市民が協働体制を築いていくためには，行政側に市民の意見を尊重する姿勢があることはもちろんだが，市民側が期成会のような社会的信頼性の高い組織をつくり，具体的な提案による明確な意思表示をすることが重要である．また，期成会の活動にはアドバイザーとして建築家が参加しており，市民組織をサポートする専門家が継続的にかかわるための制度設計も今後の課題として指摘できる．

図1 伐採に関する論議を報じる新聞（読売新聞 1993.9.6）

2.3.16 日野川橋詰広場

星野裕司（熊本大学）

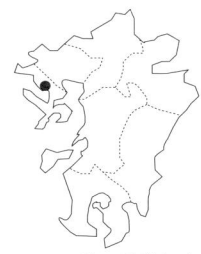

長崎県佐世保市

　佐世保市の西部を流れる日野川という小さな二級河川において，5m程度の川幅を20mまで拡げるという河川改修が行われている．対象地には，交通量の多い牽牛崎橋を中心として，上下流の椎木橋，上椎木橋が近接して架かっており，それらは河川に斜めに架かっているために，川幅を拡げるときに大きな残地が生じる（図1）．その残地を広場として整備するデザインの考え方をここに紹介する．ただ，その提案に至るまでには紆余曲折があった．

　長崎県には「美しいまちづくりアドバイザー派遣制度」がある．県内の公共事業に景観アドバイザーを派遣し，質の高い整備を行おうというものである．この事業もそれに基づいているが，景観アドバイザーへの当初の要請は，橋詰のデザインではなく，架け替えられる三橋に対する高欄や親柱などの修景設計に関するものであった．ここに，いまだ払拭できていない風景デザインへの誤解がある．デザインは化粧だという発想．風景デザインは見た目がきれいな構造物をつくることではなく，風景を通じて人々の暮らしを豊かにすることである．そのため，まずは問題の見直し（デザイン対象の転換）が必要となった．

　対象地周辺を詳しく見ると，対象区間は小中学校の通学路が交わるところとなる．そこで小中学校の通学行動を分析した結果，一番大きな三角形の残地を，子供たちが「みちくさ」する，あるいは対岸を通学する子供たちを眺める，そのような河川広場として整備することが効果的であることがわかり，その他の橋梁や護岸の修景も一体的な空間として考えることとなった．

実際，日野川全体に関する改修計画では，対象区間は思い出ゾーンと位置づけられ，「川沿いの通学風景が思い出の1ページとなる」，「地域住民の交流の場となる」ことをコンセプトとし，従来の日野川のイメージを一掃させる川づくりを目指すとされていた．

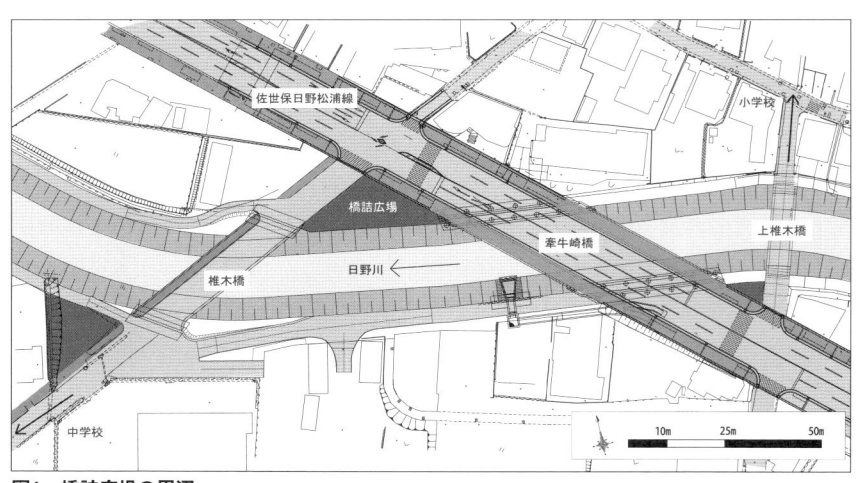

図1　橋詰広場の周辺
三つの橋の修景という課題を，中央の大きな三角形の残地を橋詰広場にするという課題に変更した

写真1　橋詰広場の模型写真
左：牽牛崎橋より見る　　右：対岸より見る

具体的に行ったデザインの考え方（図2）と模型写真（写真1）を示そう．橋詰広場とした残地は20㎡程度でとても小さい．このような敷地は，その内部の特性以上に周辺からの影響を強く受ける．そこで，この残地を幾何学的に考え，境界の「辺」の特徴を明らかにすることからデザインの検討を行った．

県道に面した辺ABを人を受け入れるエントランスとして，歩道のない市道に面した辺ACを広場を仕切る壁として，河川に面した辺BCを広場から少し下がったテラスとしてデザインしている．また，牽牛崎橋の親柱が立つ点Bから辺ACに向けて「尾根」と呼んでいる一番高い段を設けおり，その「尾根」が小さな空間に変化を与えて，交通量の多い県道と河川空間を分節することとなる．広場全体は，微妙な高低差を活かした大きな階段広場となっている．階段による空間の襞は，ここで「みちくさ」する子供たちにとって，さまざまな遊び方を刺激するきっかけとして働くだろう．

最後に，景観アドバイザーを支援する委員会においての発言を紹介しよう．ある佐世保市在住の委員は，現在の日野川はとても小さく，匂いもひどいので，「川」であるとはまったく思っていなかったが，この整備によって住民が「川」の存在に気づき，匂いなども含めた環境の問題を意識するようになるのではないかと言うのである．一つの小さな広場のデザインが，このように暮らしに結びつき，広がりのある活動となること，これが風景デザインの目指すところである．

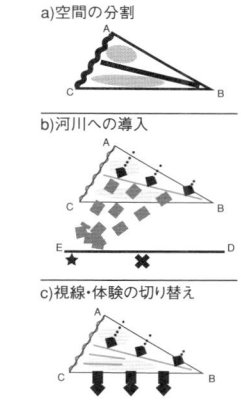

a) 空間の分割
b) 河川への導入
c) 視線・体験の切り替え

図2　広場デザインの考え方

参考文献

1) 中島幸香, 星野裕司, 小林一郎, 松尾賢太郎：「空間構成と人の動きに着目した橋詰広場のデザイン」, 景観・デザイン研究論文集, No.1, pp35-44, 2006.

ブックガイド —この3冊—

- 島谷
  1) 中村良夫,「湿地転生の記——風景学の挑戦」,新潮社
  2) 桑子敏雄,「風景の中の環境哲学」,東京大学出版会
  3) 関正和,「大地の川」,草思社

- 樋口
—パブリックオープンスペースを考えるときに重要な3冊．特に2),3)は古典的な名著．
  1) 石川幹子,「都市と緑地——新しい都市環境の創造に向けて」,岩波書店
  2) ケヴィン・リンチ (北原理雄訳),「知覚環境の計画」,鹿島出版会
  3) バーナード・ルドフスキー (平良敬一・岡野一宇訳),「人間のための街路」,鹿島出版

- 仲間
—デザインや風景を通して，人の為してきたこと，人と環境との繋がりを考えてみましょう．事実の背後には物語があります．
  1) イアン・L・マクハーグ (下河辺淳・川瀬篤美監訳),「デザイン・ウィズ・ネーチャー」,集文社
  2) 幸田文,「崩れ」,講談社文庫
  3) 海野弘,「モダンデザイン全史」,美術出版社

- 吉武
—長い歴史の中で培われてきた農山漁村の自然観，共同体観や生活観は，今後の日本の風景を考える際の大きな宝となるでしょう
  1) 杉万俊夫編著,「よみがえるコミュニティ」,ミネルヴァ書房
  2) 内山節,「里という思想」,新潮選書
  3) 桑子敏雄,「感性の哲学」,NHK Books

- 柴田
—風景とは誰のために，何のためにあるのか．デザインやプランニングを志す若人にお薦めの3冊．
  1) ランドルフ・T・ヘスター・土肥真人,「まちづくりの方法と技術」,現代企画社
  2) J・ジェイコブス (黒川紀章訳),「アメリカ大都市の死と生」,鹿島出版会
  3) 齋藤潮,「名山へのまなざし」,講談社

● 田中
——誰にでも，誰かと共有したい風景がある．地理と歴史と社会が織りなす風景を読み解く3冊．
　1) 杉谷隆・平井幸弘・松本淳，「風景のなかの自然地理［改訂版］」，古今書院
　2) 西田正憲，「瀬戸内海の発見——意味の風景から視覚の風景へ」，中央公論社
　3) エドワード・ホール，「かくれた次元」，みすず書房

● 星野
——若いころに，難解な本と格闘することも大切です．何度も向かっていける，手に取りやすい3冊．
　1) 和辻哲郎，「風土」，岩波文庫
　2) 柄谷行人，「日本近代文学の起源」，講談社文芸文庫
　3) 中村雄二郎，「共通感覚論」，岩波現代文庫

● 高尾
——風景の変容と崩壊は避けられない．
　それでも地域への眼差しは，新たな光を発見し，風景を再生する．
　1) 中谷健太郎，「由布院に吹く風」，岩波書店
　2) よしもとばなな，「海のふた」，ロッキング・オン
　3) 森まゆみ，「「谷根千」の冒険」，ちくま文庫

● 石橋
——都市環境デザインのあり方を示す2冊と，デザインを取り巻く仕事について考える1冊．
　1) ゴードン・カレン（北原理雄訳），「都市の景観」，鹿島出版会
　2) ジム・マクラスキー（六鹿正治訳），「街並をつくる道路」，鹿島出版会
　3) アラン・ホルゲイト（播繁監訳），「構造デザインとは何か」，鹿島出版会

● 小林
——まず，同じ著者の別作品を3冊ずつ読んでほしい．その上で，じっくり取り組んでください．どの本からも，豊かな風景が立ち現れて来るはず．
　1) 須賀敦子，「ヴェネツィアの宿」，文春文庫
　2) Antoine de Saint-Exupery, "The Little Prince", Puffin books（せめて英語で！）
　3) 藤沢周平，「本所しぐれ町物語」，新潮文庫

索　引

【英数字】

KL2（Kyushu Landscape League）
　……………………………………… 112

【あ行】

アースデザイン ………………… 211
アーチ構造 ……………………… 212
アーチ橋 ………………………… 218
アイデンティティ ………………… 33
アフォーダンス …………………… 24
居心地 ……………… 9, 24, 117, 221
石橋 ……………… 7, 47, 84, 105, 212
イチョウ …………………… 175, 179
囲繞感 ……………………… 13, 23
イメージ ………………………… 32
イメージ構成要素 …………… 33, 34
イメージマップ ………………… 33
入れ子構造 ……………………… 41
ヴィスタ ………………… 9, 35, 64
裏通り …………………………… 23
駅前空間 ………………………… 71
エッジ …………………………… 33
遠景 ……………………… 21, 215
エントランス …………………… 233
黄金比 …………………………… 17
大通り …………………………… 23
奥の思想 …………………… 41, 75
表と裏 …………………………… 75
表通り …………………………… 23
折り合い ………………………… 199
折れ曲がり ……………………… 30

【か行】

外部空間 ………………………… 22
回遊式庭園 ……………………… 210
街路 ……………………………… 23
街路空間 …………… 23, 156, 176
街路樹 …………………………… 20
街路のプロポーション ………… 23
街路幅員 ………………………… 23
隠れ場 ……………………… 25, 41
囲まれ感 ………………………… 13
可視領域 ………………………… 13
河積 ……………………………… 188
河跡湖 …………………………… 59
河川景観 …………………… 15, 131
河川横断方向 …………………… 188
河川縦断方向 …………………… 188
河川法 …………………………… 186
仮想行動 …………… 24, 41, 118
仮想接近性 ……………………… 27
形にする ………………………… 118
河道改修 ………………………… 59
カラーコーディネーター ……… 19
環境保全 ………………………… 186
簡潔性 …………………………… 16
神奈備山 ………………………… 55
看板調査 ………………………… 195
機能主義的都市論 ……………… 33
機能連関 ………………………… 71

規範	40, 55, 139
肌理	18
九州デザインシャレット	112
仰角	12, 85
仰瞰景	13
橋梁群	31
切土	210
近景	21, 215
近接	16
緊張感	220
空間構成	29, 39, 117, 120
空間要件	23
クスノキ	175
グッドデザイン金賞	229
クヌギ	193
クリーク	88
グループワーク	115
群化	16
景域	210
景観	4
景観アドバイザー	192, 232
景観協定	8, 69, 194
景観計画	194
景観軸	64, 228
景観体験	9, 28, 34
景観調査	6
景観把握モデル	8
景観法	195
景観緑三法	69
ゲシュタルト	16
桁構造	212
結界	29
ケヤキ	175, 230
原風景	40, 67, 73
合意形成	36, 150, 180, 198
公共空間	35, 67, 172, 231
坑口デザイン	134
構図	12
洪積台地	46
構造令	129
交通施設空間	52
高木	142, 178, 189
高欄	215
五感	12, 43
国土基盤	57
骨格のデザイン	131
固定堰	48, 130
コト	10, 139
コミュニケーション・ツール	38
コミュニティ・デザイナー	37

【さ行】

彩度	18
サスペンアーチ構造	221
里山	55, 67
障り	30
参道空間	30
シークエンス景観	5, 28, 33, 175, 214
シーン景観	5, 28, 31, 175
地	16
視覚	12
色彩調査	195
色相	18
地形学的視覚像	42
視距離	8, 21
軸線	30
自然景観	30
自然地理的な個性	52
視線入射角	14

視線誘導	142	生活基盤	57
持続可能なシステム	55	政治都市	74
しつら（設）え	25, 74, 88, 177	静的シンメトリー	17
視点	5, 8	説明会	39
視点場	8, 25, 51, 84, 202, 227	素材感	227
視野	12		
社会基盤施設	19	**【た行】**	
斜張橋	214	対岸景	145
借景	9, 185	体験装置	52, 211
借景庭園	14	対象場	8
シャレット	112	ダイナミズム	220
宗教都市	74	代理行動者	27
住民参加	186	対話する	116
主景木	175	高水敷	189
主対象	8	建物調査	195
城下町	62	多島海	46
状況景観モデル	138	棚田	54
商業都市	74	断層山地	46
照明	20	地域景観	69
植栽計画	142	地域コミュニティ	230
シルエット	21	地域主義	42
知る	115	地形学的視覚像	42
真・行・草	41, 75	地形図	52, 58
親水活動	114	地形の「つくり」	58
親水象徴	27	地勢	46
親水性	26, 141, 188	中景	21, 215
心像	32	注視点	29
人道主義的都市論	33	中心市街地問題	224
図	16	中心領域	13
水害防備林	55	沖積平野	46
水上景	28, 31	眺望	25
水路	228	眺望−隠れ場理論	25
スカイライン	52	貯水池	204
ストラクチャー	33	伝える	119
ストリートファニチャー	19	吊構造	212

低湿地 …… 46
低水路護岸 …… 187
ディストリクト …… 33
テクスチャー …… 18
テクノスケープ …… 42
デザインコード …… 75
デザインコンセプト …… 216
デザイン対象の転換 …… 121, 134, 232
田園 …… 67
添景木 …… 176
伝統的景観 …… 41, 55
転波 …… 202
透過性 …… 212
等高線 …… 58
透視形態 …… 12
動視野 …… 29
動的シンメトリー …… 17
道路景観 …… 9, 30
道路線形 …… 30
特異点探索 …… 6, 115
特性景 …… 35
都市基盤 …… 57
都市計画 …… 66
都市景観 …… 69
土地の姿 …… 4
土地利用 …… 50
土木遺産 …… 205, 209
土木学会デザイン賞
　…… 215, 217, 219, 223
土木空間 …… 209

【な行】

内部空間 …… 22, 133
日本三景 …… 42
認知限界 …… 114
認知地図 …… 33
農村風景 …… 54
ノード …… 33

【は行】

廃材 …… 189
パイロットプロジェクト …… 174
場所の格 …… 75
パス …… 33
八景 …… 40
バナキュラー …… 42
場のデザイン …… 131
パブリックイメージ …… 32
ハレとケ …… 76
微地形 …… 55
人づくり …… 36
樋門 …… 124
ヒューマンスケール …… 20
表情 …… 21, 140, 167, 188, 213, 223
日和山 …… 55
ファシリテーター …… 39, 178
風景 …… 4
風景装置 …… 133
風景体験 …… 27
風景デザイン研究会 …… 112
風水 …… 41
俯角 …… 12, 84
不可視深度 …… 13
不可視領域 …… 13
俯瞰景 …… 13, 84, 182
富士見の景 …… 35
船溜まり …… 222
プログラム・デザイン …… 36
プロセス・デザイン …… 36
プロポーション …… 17

文化的景観 … 48, 69
閉合 … 16
併設橋 … 213
包囲光 … 24
歩車共存道路 … 152
盆地景観 … 55

【ま行】

幕の内弁当 … 117, 190
マスターアーキテクト … 171
松原 … 54
ミーニング … 33
水分神社 … 55
水辺 … 26, 86, 94, 140, 205, 228
ミドルレンジ … 117
見られ頻度 … 14
見る・見られる … 31, 114
無彩色 … 19
武者返し … 203
名勝 … 42
明度 … 18
模型 … 162
モジュール … 20
モノ … 10, 16, 139
盛土 … 210

【や行】

山アテ … 9, 63
山アテの景 … 35
有彩色 … 19

【ら行】

ラーメン橋 … 215
落水表情 … 202
ランドマーク … 9, 33, 34, 173, 212
リズム感 … 221
理想郷 … 41
リノベーション … 113
流軸景 … 145
履歴 … 48
緑量 … 142
類型 … 41
類同 … 16
歴史的景観 … 65
歴史的街並み … 92, 195
路地 … 23

【わ行】

ワークショップ … 39
わかりやすさ … 33
輪中 … 55

■監修者紹介（執筆時）
小林一郎（こばやし　いちろう）
熊本大学大学院自然科学研究科教授，工学博士
風景デザイン研究会会長

【略歴】
1976年：熊本大学大学院工学研究科土木工学専攻修士課程修了
1989年：工学博士（京都大学）
1992年：国立リヨン中央工科大学（フランス）固体力学教室訪問研究員（94年3月まで）
1997年：（社）土木学会論文賞受賞
2007年：国立ナント大学（フランス）技術史研究所招待教授（4月-5月）
1997年より現職

■風景デザイン研究会（http://www.fukei-design.jp/）について
産学官からなる，九州における風景デザインの実践のための研究会で，以下の四つの活動方針を持つ．
　1）社会啓発活動（展示会・シンポジウム等の開催）
　2）研究・調査・実践活動
　3）人材育成活動（研修会・勉強会の開催）
　4）専門家と行政・NPO・市民を繋ぐネットワークの構築

なお，本書の執筆者は全員，本研究会の主力メンバーである．詳細は上記ホームページで確認ください．

風景のとらえ方・つくり方
　―九州実践編

2008年11月11日　初版1刷発行
2024年3月15日　初版8刷発行

監修者　小林一郎　© 2008
発行者　南條光章
発行所　共立出版株式会社
　　　　郵便番号　112-0006
　　　　東京都文京区小日向4-6-19
　　　　電話　03-3947-2511（代表）
　　　　振替口座　00110-2-57035
　　　　URL　www.kyoritsu-pub.co.jp
組版　　クニメディア株式会社
印刷製本　錦明印刷株式会社

検印廃止
NDC 510

一般社団法人
自然科学書協会
会員

ISBN 978-4-320-07699-0　Printed in Japan

JCOPY　<出版者著作権管理機構委託出版物>
本書の無断複製は著作権法上での例外を除き禁じられています．複製される場合は，そのつど事前に，出版者著作権管理機構（TEL：03-5244-5088，FAX：03-5244-5089，e-mail：info@jcopy.or.jp）の許諾を得てください．

造形ライブラリー

古山正雄[監修]

CREATORS LIBRARY

本シリーズは，造形の魅力を評価し，批判を加えるとともに，実践の記録としての設計論を提案するものであり，造形・建築を志す者のみならずあらゆる想像者のための参考書の一つである。

【各巻：B5変型判・並製・税込価格】

01. Mathematics for Arts
造形数理
古山正雄著

古典美の数理(分解合同／他)／曲線の数理／文様の数理(折り紙の数理／他)／パターンの数理／変化の数理／偶然性の数理／都市の数理／批評の数理／完全な無秩序は存在しない(ラムゼイパズル／他)

220頁・定価3080円・ISBN978-4-320-07675-4

02. The Beauty of Materials
素材の美学 表面が動き始めるとき…
エルウィン・ビライ著

建築家／感覚の博物誌／錯乱のニューヨーク／桂・日本建築における伝統と創造／アルハンブラ物語／ヨーゼフ・ボイス／ドナルド・ジャッド／シグアード・レベレンツ／ものの表面について／他

200頁・定価3080円・ISBN978-4-320-07676-1

03. Introduction to Architectural Systems
建築システム論
加藤直樹・大崎　純・谷　明勲著

システム最適化／線形計画法／非線形計画法／整数計画法と組合せ最適化／施設配置／設計感度解析／構造最適化／トラスのトポロジー最適化／パラメトリック曲線・曲面／メタヒューリスティックス／他

224頁・定価3300円・ISBN978-4-320-07677-8

04. journey through Architecture
建築を旅する
岸　和郎著

建築を旅する－鉄について／ル・コルビュジエを旅する／ミースを旅する／カーンを旅する／インターナショナル・スタイル以降(普遍性, 地域性／抽象性, 具象性／テクノロジー／他)／建築を旅する－都市

256頁・定価3850円・ISBN978-4-320-07678-5

05. Urban-Model Reader
都市モデル読本
栗田　治著

都市の数理モデルと研究のエートス／ヴェーバー問題と模型解法／1次元都市と2次元格子状都市のヴェーバー問題／連絡通路と距離分布の作法／人口分布の経験式／道路パターンと距離分布の理論／他

200頁・定価3300円・ISBN978-4-320-07680-8

06. landscape studies
風景学 風景と景観をめぐる歴史と現在
中川　理著

風景以前の「風景」／風景の発見／規範としての風景／歴史が作る風景／近代主義が作る眺め／都市の風景化／風景から景観へ／集落と生活景／郊外風景の没場所性／仮構される風景／生態的風景／他

216頁・定価3740円・ISBN978-4-320-07681-5

07. Architectural Mechanics
造形力学
森迫清貴著

力(力の表現と力のつり合い／他)／引張, 圧縮, せん断(ひずみと応力／他)／曲げ(断面諸量と座標変換／他)／ねじり(円形断面棒材のねじれ／他)／梁／ラーメン, アーチ, トラス／座屈(非弾性座屈／他)

248頁・定価4070円・ISBN978-4-320-07682-2

08. Practical Heritage Building Conservation
論より実践 建築修復学
後藤　治著

歴史的建造物の修復を学ぶ前に／調査(歴史調査／他)／計画・設計(防災計画／他)／施工(各部工事／他)／記録(記録による保存／他)／実務と理論, 法制度(世界文化遺産のガイドライン／他)

198頁・定価4290円・ISBN978-4-320-07683-9

---

www.kyoritsu-pub.co.jp 　共立出版　(価格は変更される場合がございます)